大学软件学院软件开发系列教材

JavaScript+jQuery 程序开发实用教程

李雨亭　吕　婕　王泽璘　编　著

U0387486

清华大学出版社
北　京

内 容 简 介

本书循序渐进地介绍了 JavaScript 开发技术。深入分析了 JavaScript 的核心知识，并在此基础上详细讲解了 jQuery 框架的使用。此外，在每个重要知识点讲解的后面，通过丰富典型的案例，使读者进一步巩固所学的知识，提高实际开发能力。

本书内容全面，实例丰富，易于理解，每章的内容都简洁紧凑，从最佳实践的角度入手，为读者更好地使用 JavaScript 及 jQuery 框架开发动态网页提供了很好的指导。

本书适合高等院校计算机科学、软件工程、数字媒体技术、通信及相关专业本、专科作为动态网页程序设计相关课程教材使用，也是打算学习和正从事 JavaScript+jQuery 动态网页设计的开发人员的教材或参考书。

图书在版编目(CIP)数据

JavaScript+jQuery 程序开发实用教程/李雨亭，吕婕，王泽璘编著. --北京：清华大学出版社，2016（2023.8重印）

大学软件学院软件开发系列教材

ISBN 978-7-302-41907-5

Ⅰ. ①J… Ⅱ. ①李… ②吕… ③王… Ⅲ. ①Java 语言—程序设计—高等学校—教材 Ⅳ. ①TP312

中国版本图书馆 CIP 数据核字(2015)第 259930 号

责任编辑：杨作梅
装帧设计：杨玉兰
责任校对：李玉萍
责任印制：丛怀宇

出版发行：清华大学出版社
    网 址：http://www.tup.com.cn, http://www.wqbook.com
    地 址：北京清华大学学研大厦 A 座   邮 编：100084
    社 总 机：010-83470000   邮 购：010-62786544
    投稿与读者服务：010-62776969, c-service@tup.tsinghua.edu.cn
    质量反馈：010-62772015, zhiliang@tup.tsinghua.edu.cn
    课件下载：http://www.tup.com.cn, 010-62791865
印 装 者：天津鑫丰华印务有限公司
经 销：全国新华书店
开 本：185mm×260mm   印 张：21.5   字 数：523 千字
版 次：2016 年 1 月第 1 版   印 次：2023 年 8 月第 11 次印刷
定 价：45.00 元

产品编号：045188-01

前　　言

　　本书立足于 JavaScript 原生语言基础，对其语法、函数和事件等作了详细介绍，并提供了大量实战案例来对重点知识点的应用进行了详细讲解。最后结合最为常用的 jQuery 框架介绍如何使用 JavaScript+jQuery 进行动态网页开发。

　　本书共分为 16 章，各章主要内容说明如下：

　　第 1 章为 JavaScript 概述，主要介绍了 JavaScript 脚本语言的主要特征和优、缺点，还介绍了 JavaScript 的具体应用及编辑 JavaScript 脚本语言的几种常用工具。

　　第 2 章讲述 JavaScript 的数据类型和运算符，主要介绍了 JavaScript 的基本语法，包括数据类型和运算符。

　　第 3 章讲述 JavaScript 的流程控制，主要介绍了 JavaScript 程序中各种流程结构。

　　第 4 章讲述 JavaScript 中的函数，主要介绍了 JavaScript 中函数的调用和使用。

　　第 5 章讲述 JavaScript 中的对象，主要介绍了对象的基本概念和 JavaScript 中常用的内置对象和浏览器对象。

　　第 6 章讲述 JavaScript 中的事件与事件处理，主要介绍了 JavaScript 中常用的事件及其处理程序的编写。

　　第 7 章讲述 JavaScript 中的 DOM 编程，在介绍文档对象模型的基础上，详细讲解了如何使用 JavaScript 语言进行 DOM 编程。

　　第 8 章讲述 CSS 样式表，主要介绍了 CSS 样式表的定义、选择器以及各种属性。

　　第 9 章讲述 JavaScript 的网页特效，主要介绍了 JavaScript 中各种常见的网页特效的实现方法。

　　第 10 章为初识 jQuery，主要对 jQuery 的基本情况进行了介绍，并讲解了 jQuery 的安装和配置。

　　第 11 章进述 jQuery 选择器，主要介绍了 jQuery 中常用选择器的基本使用方法。

　　第 12 章讲述 jQuery 中 DOM 的操作，主要介绍了 jQuery 中的各种 DOM 操作。

　　第 13 章进述 jQuery 的事件处理，在介绍 jQuery 中的事件处理机制的基础上，详细讲解了 jQuery 中常见的事件处理方法。

　　第 14 章进述 jQuery 的动画效果，详细介绍了 jQuery 中的各种动画效果的实现方法。

　　第 15 章讲述 jQuery 与 Ajax，详细介绍了 jQuery 中的 Ajax 的实现方法。

　　第 16 章讲述 jQuery 的常用插件，详细介绍了 jQuery 中的各种常用插件的使用方法。

　　本书由李雨亭、吕婕、王泽璘编著，参加编写的还有孙更新、宾晟、李宗颜、孙海伦、宫生文、解本巨、李海涛、史爱松、李晓娜、王萍萍等。

　　由于作者水平有限，本书的内容难免会有纰漏和不足之处，恳请各位专家同仁和读者批评指正。

编　　者

目　　录

第 1 章
JavaScript 概述

学习目标：

随着 Internet 的飞速发展，越来越多的用户每天都要访问各种具有实时的、动态的、可交互的网页效果的 Internet 站点。而早期静态的、缺乏交互的 HTML 页面满足不了这种要求，因此页面上这些动态效果就需要使用 JavaScript 语言来编写实现。本章将介绍 JavaScript 脚本语言的主要特征和优、缺点，还介绍 JavaScript 的具体应用及编辑 JavaScript 脚本语言的几种常用工具。

内容摘要：

- 了解 JavaScript 语言的特点
- 掌握 JavaScript 的具体应用
- 熟练掌握 JavaScript 语言的开发和调试工具

1.1 JavaScript 简介

JavaScript 是由 Netscape 公司开发的一种基于对象和事件驱动并具有安全性能的脚本语言(Scripting Language)，主要用在 Internet(国际互联网或因特网)的客户端上，是"浏览器"上的程序语言。当 Web 服务器输出内容(包括 JavaScript 的程序代码)到浏览器时，JavaScript 可以操纵浏览器上的一切内容，在浏览器上提供用户交互、页面美化、增强 Web 页面的"智能性"，使网页包含更多活跃的元素和更加精彩的内容。

HTML 语言是网页设计中普遍采用的一种超文本标记语言，但 HTML 自身不能为网页提供动态支持，也不能接收用户输入，更不能对用户请求做出反应。JavaScript 可以嵌入到 HTML 页面中使网页具有动态效果，并具有交互性，它的出现弥补了 HTML 语言的缺陷。

1.1.1 JavaScript 语言简史

JavaScript 是一种可以用来给网页增加交互性的编程语言。JavaScript 语言的最初名称为 LiveScript，由 Netscape 公司开发。在 Sun 公司推出 Java 语言之后，Netscape 公司与 Sun 公司合作，于 1995 年 12 月推出了一种新的语言，称为 JavaScript 1.0。JavaScript 和 Java 虽然很类似，但并不一样，Java 是一种比 JavaScript 更复杂的面向对象编程语言，而 JavaScript 则是相当容易了解的脚本语言。JavaScript 开发者可以不那么注重程序技巧，所以许多 Java 的特性在 JavaScript 中并不支持。

与当时已经存在的 Perl 等基于服务器的计算机语言相比，由于 JavaScript 能够在当时的 Netscape Navigator 2.0 浏览器中进行操作，也就意味着它可以在客户端运行。因此 JavaScript 具有很大的优势，受到广大程序员的欢迎并飞速发展起来。

不久 Microsoft 公司的浏览器 Internet Explorer 3.0 也开始支持 JavaScript 了。此后，许多公司相继宣布承认 JavaScript 为 Internet 上的开放式脚本编写标准，并且把它添加到了自己的产品中。目前，流行的浏览器都支持 JavaScript。

📖 **说明：** Microsoft 公司也有自己的 JavaScript，称为 JScript。JavaScript 和 JScript 基本相同，只是在一些细节上有出入。

1.1.2 JavaScript 的特点

JavaScript 是一种基于对象(Object)和事件驱动(Event Driven)并具有安全性能的脚本语言。其特点主要表现在以下几个方面。

1. 简单性

JavaScript 是一种脚本语言，像其他脚本语言一样，JavaScript 同样也是一种解释性语言。它的基本结构形式与 C、C++十分类似。但它不像这些语言一样需要先编译，而是在程序运行过程中被逐行地解释。它与 HTML 标记结合在一起，从而方便用户的使用操作。

2. 动态性

JavaScript 是动态的，它可以直接对用户或者客户输入做出响应，无须经过 Web 服务程序。它对用户请求的响应采用事件驱动的方式进行。事件驱动就是指在主页中执行了某种操作所产生的动作，就称为"事件"，如按下鼠标、移动窗口、选择菜单等都可以视为事件，当事件发生后，可能会引起相应的事件响应。

3. 基于对象的语言

JavaScript 是一种基于对象的语言，这意味着它能运用已经创建的对象，但不能派生新的对象，也就是没有像 Java 等面向对象程序设计语言所具有的继承、多态等特点，这使得 JavaScript 更容易学习和掌握。

4. 安全性

JavaScript 是一种安全的语言，它不允许访问本地的硬盘，也不能将数据存入到服务器上，更不允许对网络文档进行修改和删除，而只能通过浏览器实现信息浏览或动态交互。从而有效地防止数据的丢失。

5. 跨平台性

JavaScript 依赖于浏览器本身，与操作环境无关，只要是能运行浏览器的计算机并支持 JavaScript 的浏览器就可以正确执行。

正是以上的这些 JavaScript 的特点，使得它在 Web 编程领域中被广泛地普及和运用，具有广阔的发展前景。

1.1.3　JavaScript 在页面中的应用

在使用 JavaScript 语言进行网页制作时，JavaScript 不但可以用于编写客户端的脚本程序，用来实现在 Web 浏览器端解释并执行脚本程序；而且还可以编写在服务器端执行的脚本程序，以实现服务器端处理用户提交的信息，并相应地更新浏览器显示的 Web 服务器程序。

📖 **说明：** JavaScript 包含两种区分程序的方式：在用户计算机上运行的程序称为客户端 (client-side)程序；在服务器上运行的程序称为服务器端(server-side)程序。

1. JavaScript 在客户端的应用

客户端的 JavaScript 脚本程序是被嵌入到 HTML 页面中或从外部连接到 HTML 页面的。当用户使用浏览器请求 HTML 页面时，JavaScript 脚本程序与 HTML 页面一起被下载到客户端，由客户端的浏览器读取 HTML 页面，并解析其中是否含有 JavaScript 脚本。如果有，就解释执行并以页面方式显示出来。整个过程如图 1-1 所示。

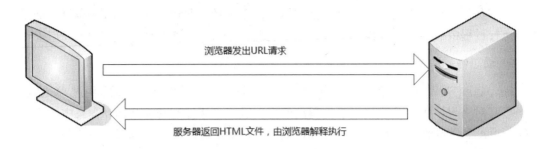

图 1-1　客户端 JavaScript

客户端 JavaScript 可以实现很多功能。在 HTML 页面中使用 JavaScript，可以利用表单元素和超链接使网页直接对用户做出响应；也能够利用警告、提示和确认信息向用户提示所发生的错误；还可以利用 JavaScript 程序改变浏览器窗口的外观等。

例如，使用 JavaScript 客户端程序输出一个简单的"Hello, World!"的消息，实现代码如下：

```
<script type="text/javascript">
var msg ='Hello,World!'
alert(msg);
</script>
```

2. JavaScript 在服务器端的应用

在服务器端，JavaScript 也是嵌入 HTML 页面的，服务器端使用<server></server>标签对。服务器端代码不会被浏览器直接解释，需要通过服务器解释执行。服务器端 JavaScript 有许多扩展的对象、方法、属性和事件。服务器端 JavaScript 经过编译以后生成二进制代码组成.web 文件。

说明： 由于服务器端 JavaScript 是厂商特有的服务端技术，而且使用它的开发人员远远少于客户端 JavaScript。所以本书没有对它进行详细介绍。

1.2　HTML 页面中嵌入 JavaScript 的方法

在开始创建 JavaScript 程序之前，首先需要掌握创建 JavaScript 程序的方法以及如何在 HTML 页面中调用 JavaScript 程序。

为了能够让浏览器识别 HTML 页面中的 JavaScript 脚本代码，脚本代码必须包含在 Script 容器标签内。换言之，要用打开标签<script>开始脚本，用关闭标签</script>来结束脚本。具体格式如下。

```
<script>
  JavaScript 程序
</script>
```

<script></script>标签对的位置并不是固定的，可以出现在 HTML 页面的<head>

</head> 或 者 <body></body> 标 签 对 之 间 。 也 可 以 在 一 个 页 面 的 多 个 位 置 , 通 过 <script></script>标签对来嵌入多段 JavaScript 代码。

在 HTML 中嵌入 JavaScript 程序可以使用两种方式。<script>标签有两个可选属性,这两个属性决定 JavaScript 脚本代码是以何种方式嵌入到 HTML 页面的。这两个属性的具体说明如表 1-1 所示。

表 1-1　WTK 目录结构功能描述

属　性	描　述
src	包含 JavaScript 源代码的文件的 URL。文件应以.js 为扩展名
language	表示在 HTML 中使用哪种脚本语言

如果使用 src 属性,就能够把存储到某个单独文件中的 JavaScript 代码从外部引入进来,并将这个文件加载到 HTML 页面中。如果将 language 属性设置为“JavaScript”,表示 HTML 页面中的脚本语言是 JavaScript,这样就可以直接在 HTML 页面中编写 JavaScript 脚本程序。

说明: 这两种属性可以单独使用,也可以并用。

上述两种方法嵌入到 HTML 页面中的 JavaScript 脚本都是在页面载入时开始运行的。这种在页面载入时就运行的脚本,称为实时脚本。如果 JavaScript 脚本是在页面载入后响应用户操作动作时才运行的,这种方式称为延时脚本。延时脚本是通过将 JavaScript 代码定义在函数中实现的。

1.2.1　页面中定义 JavaScript 代码

在 HTML 页面中,可以直接在页面中编写 JavaScript 程序代码。即通过<script>标签的 language 属性,来指定页面中所使用的脚本编写语言,具体的格式如下:

```
<script language="JavaScript" >
JavaScript 脚本代码
</script>
```

下面通过一个例子来说明页面中直接定义 JavaScript 代码的应用,如实例 1.1 所示。

实例 1.1　页面中直接定义 JavaScript 代码。其代码如下:

```
<html>
<head>
<title>页面中直接定义 JavaScript 程序</title>
</head>
<body>
<h2>
<script language="JavaScript">
    var str="第一个 JavaScript";
    document.write(str);
</script>
</h2>
</body>
</html>
```

将页面保存为 firstscript.htm 文件，在浏览器中执行，结果如图 1-2 所示。

图 1-2　页面中直接定义 JavaScript 代码执行结果

说明： 对于小的脚本和基本 HTML 页面来说，将 JavaScript 程序直接包括进 HTML 文件是很方便的。但当页面需要长且复杂的脚本时，这样做会有些麻烦。

1.2.2　链接外部 JavaScript 文件

为使 HTML 文件以及 JavaScript 脚本的开发和维护更为容易，JavaScript 规范建议用户将 JavaScript 脚本保存于单独的文件中，并利用<script>标签的 src 属性把外部 JavaScript 文件链接到 HTML 文件中。

说明： 外部文件的扩展名应是.js。尽管这不是强制的，但使用该扩展名便于确定每个文件包含的内容。

使用<script>标签的 src 属性的具体格式如下：

```
<script  Language="JavaScript"  src="aaa.js">
</script>
```

例如，假定创建了一个文件 MyCommonFunctions.js，该文件与 HTML 页面位于同一个目录下，则为了把该外部 JavaScript 文件链接到网页上，应使用以下<script>标记：

```
<script type="text/javascript" src="MyCommonFunctions.js"></script>
```

浏览器会读取这行代码，并把文件的内容作为网页的一部分包含进来。链接外部文件时，不能在<script>标记中放置任何 JavaScript 代码。例如，下面的代码是无效的：

```
<script type="text/javascript" src="MyCommonFunctions.js">
var myVariable;
if ( myVariable == 1 )
{
// do something
}
</script>
```

下面通过一个例子来说明链接外部 JavaScript 文件的应用。

实例 1.2　链接外部 JavaScript 文件。

(1) 创建外部 JavaScript 文件 aaa.js。其代码如下：

```
<!--
  document.write("这段文字来源自外部文件 aaa.js.");
-->
```

在使用 JavaScript 脚本时要注意，并不是所有的浏览器都可以正确解析 JavaScript 脚本。因此，在那些浏览器中编写的脚本将处于一种不是被解析而是直接显示的危险，解决的方法是将所有的脚本放在 HTML 注释中来避免这种事件的发生。在代码中通过<!-- -->标识进行注释，若不能够解析 JavaScript 代码的浏览器，则所有在其中的代码均被忽略；若能够解析，则执行并显示其结果。

(2) 创建 HTML 文件。其代码如下：

```
<html>
<head>
<title>链接外部 JavaScript 文件</title>
</head>
<body>
<script language="JavaScript" src="aaa.js">
</script>
</body>
</html>
```

将页面保存为 linkscript.htm 文件，在浏览器中执行，结果如图 1-3 所示。

图 1-3　链接外部 JavaScript 文件的执行结果

说明：　使用独立的.js 文件来编写 JavaScript 脚本可以为程序带来很大的方便。实际操作时，可以将经常使用的小程序编写成.js 文件，然后可以在程序中调用。修改这些.js 文件也很方便，而不必在页面的每一处去修改源代码。

1.2.3　事件调用 JavaScript 程序

之前介绍的 JavaScript 代码，在 HTML 文件中都是通过直接调用方式嵌入到页面中的。此外，还可以在 HTML 标签的事件中调用 JavaScript 程序，如 onclick 事件、onload 事件等。

下面通过一个例子来说明如何通过事件来调用 JavaScript 程序。

实例 1.3 事件调用 JavaScript 程序。其代码如下：

```html
<html>
<head>
<title>an onload script</title>
<script language="javascript">
<!--
function done(){
alert("the page has finished loading.")
}
-->
</script>
</head>
<body onload="done()">
    页面原始内容不包含任何脚本语句.
</body>
</html>
```

将页面保存为 load.htm 文件，在浏览器中执行，结果如图 1-4 所示。

图 1-4　事件调用 JavaScript 程序的执行结果

说明： 还有一种简约的格式可以使事件调用 JavaScript 程序，如在链接标记中使用 `<a href="javascript:alert ('Hello World') ">Click me</a>`调用。

1.3　JavaScript 代码的编辑工具

因为 JavaScript 只是纯文本，所以可以使用几乎任何文本编辑器来编辑 JavaScript。JavaScript 文件必须是纯文本格式，只有这样 Web 浏览器才能理解它们。本节将介绍几种比较常用的编写 JavaScript 的工具。

🏴 **说明：**　可以使用 Microsoft Office Word 这样的文字处理工具，但是一定要确保 Word
将文件保存为纯文本格式，而不是采用它自己的文件格式。

1.3.1　纯文本编辑器

在 Windows 系统中，最常用的文本编辑器是记事本(Notepad)。此外，专业人员喜欢使
用如 SciTE、Notepad++、Editplus 等文本编辑器。无论使用什么编辑器，都不要忘记用扩
展名.html 或者.htm 保存纯文本文件。

下面使用 Windows 系统自带的记事本文本编辑器来演示如何创建包含 JavaScript 程序
的 HTML 文件。

(1) 选择【开始】|【程序】|【附件】|【记事本】菜单命令，打开记事本编辑器。

(2) 创建 HTML 文件，在其中输入图 1-5 所示的代码。

(3) 选择【文件】|【保存】菜单命令，保存文件为 hello.htm。双击 hello.htm 在浏览器
中执行，具体效果如图 1-6 所示。

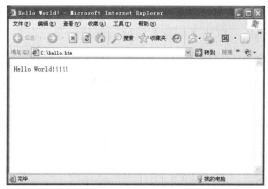

图 1-5　在文本编辑器中输入 JavaScript 代码　　　　图 1-6　页面执行结果

虽然使用纯文本编辑器编写 JavaScript 程序非常简单易学，但其中所有的代码都必须
一一输入，如果不小心输错了，检查起来也不容易找到错误。但使用纯文本编辑器编写
JavaScript 脚本，是在实实在在地学习 JavaScript，而不是学习如何使用编辑软件。通过亲
自编写代码，可以熟悉 JavaScript 的基本知识。

1.3.2　Dreamweaver

Adobe 公司推出的 Dreamweaver 以其方便的可视化编辑和强大的站点管理功能，使得
用户可以快速创建 Web 页面。使用 Dreamweaver 来编辑 JavaScript 脚本比使用记事本更加
方便，而且可以快速检验出编写过程中出现的语法错误。

下面将具体介绍 Dreamweaver 的编辑环境及创建嵌入 JavaScript 脚本程序的 HTML 页
面的具体过程。

(1) 首先介绍 Dreamweaver 的操作环境。状态栏位于文档窗口的底部，其中，有 3 个
重要工具：标签选择器、窗口大小弹出式菜单和下载指示器。主窗口是主工作区，包括文

档窗口、文档工具栏、属性面板及其他面板组,如图 1-7 所示。

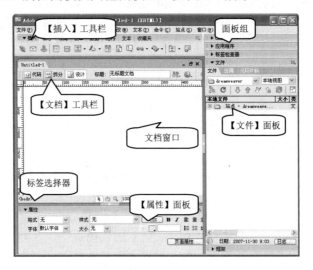

图 1-7　Dreamweaver 的操作环境

(2) 选择【文件】|【新建】菜单命令,打开【新建文档】对话框,默认选择 HTML,单击【创建】按钮,新建一个空白的 HTML 文档,如图 1-8 所示。

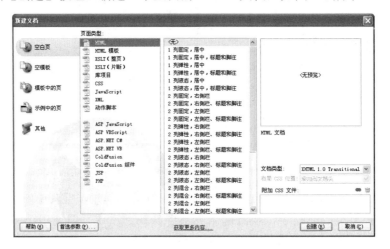

图 1-8　新建 HTML 文档

(3) 设计 HTML 页面,并且设置标题为"欢迎光临我的主页",在页面的相应位置插入 JavaScript 程序,这里就只输出一句欢迎语句,具体代码如下:

```
<script>
var str="欢迎来到我的小窝,希望能够给您带来一些快乐!";
document.write(str);
</script>
```

(4) 单击 按钮,选择【预览在 IExplore】命令,在浏览器中执行该 HTML 文件,从图 1-9 中可以看到,使用 JavaScript 程序输出的欢迎语句已经成功输出。

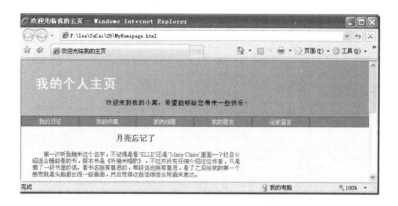

图 1-9　页面执行结果

课 后 小 结

本章主要对 JavaScript 语言从演变发展、基本特点、功能作用等方面做了简明介绍。并结合实例，演示了在 HTML 文档中嵌入 JavaScript 代码的几种方法。开发 JavaScript 程序的工具有很多，用户可以根据自己的需要选择简洁易学的纯文本编辑器，也可以选择功能强大的专业化脚本编辑工具。

习　　题

1. 简述 JavaScript 语言的特点。
2. 使用文本编辑器编写一个在页面中显示"Hello World"字样的 HTML 页面。

第 2 章

JavaScript 的数据类型和运算符

学习目标：

JavaScript 脚本语言同其他程序设计语言一样，有其自身的基本数据类型、表达式和算术运算符。JavaScript 有一套其自身的语法规则和基本框架结构，这是掌握 JavaScript 语言和开发 JavaScript 程序的基础。

内容摘要：

- 熟悉 JavaScript 的语法规则
- 掌握 JavaScript 的数据类型
- 熟练掌握 JavaScript 的运算符

2.1　JavaScript 的语法规则

所有的编程语言都有自己的一套语法规则，用来详细说明如何使用该语言来编写程序。JavaScript 语言也不例外，为了确保 JavaScript 代码正确运行，必须遵守其语法规则。

说明： 在编写 JavaScript 代码时，由于 JavaScript 不是一种可独立运行的语言，所以必须既关注 JavaScript 的语法规则，又要熟悉 HTML 的语法规则。

2.1.1　区分大小写

JavaScript 是严格区分大小写的。例如，在程序代码中定义一个标识符 computer(首字母小写)的同时还可以定义一个标识符 Computer(首字母大写)，二者是完全不同的两个符号。一般来说，在 JavaScript 中使用的大多数标识符都采用小写形式。如保留字全部都为小写，但也有一些名称采用大小写组合方式，如 onClick、onLoad、Date.getFullYear 等。

2.1.2　代码的格式

JavaScript 中的代码有其固定的格式。在 JavaScript 程序中，每条功能执行语句的最后必须以分号结束。一个单独的分号也可以表示一条语句，这种语句叫作空语句。为了使程序代码整齐美观，而采取的对齐或者缩进文本的格式不是必需的。代码可以按编写者的意愿任意编排，只要每个词之间用空格、制表符、换行符或者大括号、小括号等分隔符隔开就可以了。

在 JavaScript 程序中，一行可以写一条语句，也可以写多条语句。一行中写多条语句时，语句之间使用分号分隔。当在一行中只写一条语句时，可以省略语句结尾的分号，此时以回车换行符作为语句的结束。例如，以下写法都是正确的。

```
int  c=10;      //此行结尾的分号可以省略
int  x=5;
```

或

```
c=10;  x=5;      //此行 C=10;之后的分号不能省略
```

或

```
c=10        //语句结尾省略了分号
x=5;
```

说明： 为了便于阅读，即使一行只有一条语句，最好也在语句末尾加上一个分号。

如果一条语句被分成了一行以上，JavaScript 会自动在该行结尾插入分号，使换行符之前的一行形成一条语句。例如，如果按以下格式输入以下语句。

```
return
```

```
false;
```

本来想表达的意图是以下语句：

```
return false;
```

但 JavaScript 在解释时会在 return 之后自动插入一个分号，而形成以下的两条语句：

```
return;
false;
```

从而产生代码错误。因此，要注意同一条语句要写在一行中，其间不要插入换行符。

但作为 HTML 标签属性值的 JavaScript 脚本程序代码的最后一条语句结尾处的分号可以省略，例如：

```
<input type=button value=text onclick="alert (new Date())">
```

其中 alert(new Date())后面就省略了分号。

2.1.3　代码的注释

为程序添加注释可以起到解释程序的作用，提高程序的可读性。此外，还可以使用注释来暂时屏蔽某些程序语句，让浏览器暂时不要理会这些语句。等到需要的时候，只要取消注释标记，这些程序语句就又可以发挥作用了。

实际上，注释是脚本的重要组成部分，注释有利于提高脚本的可读性。为程序加入适当的注释，其他人就可以借助注释来理解和维护脚本，从而有利于团队合作开发，提高开发效率。

JavaScript 可以使用两种方式书写注释：单行注释和多行注释。

(1) 单行注释。

单行注释以两个斜杠开头，然后在该行中书写注释文字，注释内容不超过一行。例如：

```
//这是对一个函数的定义
```

(2) 多行注释。

多行注释又叫注释块，它表示一段文字都是注释的内容。多行注释以符号"/*"开头，并以"*/"结尾，中间部分为注释的内容，注释内容可以跨越多行，但其中不能有嵌套的注释。例如：

```
/* 这是一个多行注释，这一行是注释的开始
函数定义的开始
……
函数定义的结束*/
```

2.1.4　常量

JavaScript 的常量又称为字面常量，是程序中不能改变的数据，与数据类型相对应，有以下几种常量。

1. 整型常量

整型常量可以使用十六进制、八进制和十进制表示。十六进制以 0x 或者 0X 开头。如 0x8a。八进制必须以 0 开头，如 0167。十进制的第一位不能是 0(数字 0 除外)，如 235。

2. 实型常量

实型常量是由整数部分加小数部分表示，如 11.376 和 689.78，实型常量也可以使用科学记数法来表示，如 8E7、7e6。

3. 布尔常量

布尔常量不是真就是假。其值只有两种：true 和 false。

4. 字符串常量

JavaScript 中没有单独的字符常量，而只有表示由若干字符所组成的字符串常量。字符串常量使用单引号(')或双引号(" ")引起来的若干字符，如"abc"，"a book"等。一个字符串中不包含任何字符也是可以的，其形式为" "，表示一个空字符串。

5. null 常量

JavaScript 中的 null 常量表示一个变量所指向的对象为空值。

6. undefined 常量

undefined 常量用于表示变量还没有被赋值的状态。null 表示赋给变量的值为"空"，"空"是一个有特殊意义的值。而 undefined 则是表示还没有对变量赋值，变量的值还处于未知状态。

2.1.5 空白符和换行符

JavaScript 会忽略程序中记号之间的空格、制表符和换行符，除非它们是字符串常量的组成部分。这里的记号就是指一个关键字、变量名、数字、函数名或者其他各种实体。具体来说，可以分为以下 3 种情况。

(1) 如果标识符、运算符之间有多于一个的空白字符，对于解释器来讲，多个空白字符相当于一个空白字符的分隔作用。例如，下面的两行代码是等价的：

```
var name="王五";
var name =   "王五";
```

(2) 如果在一个记号中插入了空格或制表符，JavaScript 就会将它分成两个记号。例如，area 是一个变量名，而 ar ea 则是两个独立的变量 ar 和 ea。

(3) 如果字符串常量本身包含空格，如"cell phone"，JavaScript 解释器在解释代码的过程中会保留这些空格。

说明： 由于 JavaScript 忽略出现在其他地方的空白，因此，可以自由地缩进代码行，可以采用整齐、一致的方式自由安排程序的格式，以便于阅读和理解程序。

2.1.6　标识符

标识符是指 JavaScript 中定义的符号，如变量名、函数名、数组名等。在 JavaScript 中，合法的标识符的命名规则和 Java 语言以及其他许多编程语言的命名规则相同，即标识符可以由大小字母、数字、下划线(_)和美元符号($)组成，但标识符不能以数字开头，不能是 JavaScript 中的保留字。

例如，下面的几个标识符是合法的：

```
username
user_name
_userName
$username
```

下面的几个标识符是非法的：

```
int              //int 是 JavaScript 中的保留字
78.2             //78.2 是由数字开头，并且标识符中不能含有点号(.)
Hello world      //标识符中不能含有空格
```

2.1.7　保留字

每种程序语言都有自己的保留字，不能将它们用作程序中的标识符。JavaScript 同其他程序语言一样，也拥有自己的保留字。JavaScript 保留字是指在 JavaScript 语言中有特定含义，成为 JavaScript 语法的一部分的那些字符。它们只能在 JavaScript 语言规定的场合中使用，而不能用作变量名、函数名等标识符。表 2-1 列出了 JavaScript 的保留字。

表 2-1　保留的 JavaScript 的关键字

abstract	do	if	package	throws
boolean	double	implements	protected	transient
break	else	import	public	true
byte	extends	in	return	try
case	false	instanceof	short	var
catch	final	int	static	void
char	finally	interface	super	while
class	float	long	switch	with
const	for	native	synchronized	
continue	function	new	this	
default	goto	null	throw	

📖 **说明：** 在最新的 ECMAScript V4 标准(草稿)中还将 is、namespace 和 use 作为了保留字。使用时应该也避免使用这几个保留字。

除了不能将保留字用作标识符外，还有很多其他的词也不能被用作标识符。它们是被

JavaScript 用作属性名、方法名和构造函数名的词。如果用这些名字创建了一个变量或函数，就会重定义已经存在的属性或函数。编写程序时，在给变量或函数命名时不应该和这些全局变量或函数的名字相同。另外，还要避免定义以两个下划线开头的标识符，因为 JavaScript 常常将这种形式的标识符用于内部。

2.2 数 据 类 型

JavaScript 中的数据类型可以分为两类：基本数据类型和引用数据类型。JavaScript 的基本数据类型包括数值型、字符串型和布尔型以及两个特殊的数据类型(空值和未定义)。另外，还支持数组、函数、对象等引用数据类型。由于 JavaScript 采用弱类型的变量声明形式，因而变量在使用前可以先不作声明，而是在使用或赋值时再确定其数据类型。

2.2.1 数值型

数值型(number)是最基本的数据类型，可以用于完成数学运算。JavaScript 与其他程序设计语言的不同之处在于，它并不区分整型数值和浮点型数值。在 JavaScript 中，所有数字都是由浮点型表示的。

如果一个数值直接出现在 JavaScript 程序中时，称为数值直接量。JavaScript 支持的数值直接量的形式有以下几种。

1. 整型直接量

一个整型直接量可以是十进制、十六进制和八进制数。例如，下面列出了几个整型直接量：

```
25        //整数 25 的十进制表示
037       //整数 31 的八进制表示
0x1A      //整数 26 的十六进制表示
```

2. 浮点型直接量

浮点型直接量即带小数点的数。它既可以使用常规表示法，也可以使用科学记数法来表示。使用科学记数法表示时，指数部分是在一个整数后跟一个"e"或"E"，它可以是一个有符号的数。下面是一些浮点型直接量：

```
3.1415    //常规表示法
-3.1E12   //常规表示法
.1e12     //科学记数法，该数等于 0.1×10¹²
52E-12    //科学记数法，该数等于 52×10⁻¹²
```

说明： 一个浮点数组必须包含一个数字、一个小数点或"e"(或"E")。

- 特殊数值

JavaScript 中还定义了一些表示特殊数值的常量，如表 2-2 所示。

表 2-2　JavaScript 中特殊的数值常量

常　量	含　义
Infinity	表示正无穷大的特殊值
NaN	特殊的非数字值
Number.MAX_VALUE	可表示的最大值
Number.MIN_VALUE	可表示的最小负数(与零最接近的值)
Number.NaN	特殊的非数字值
Number.POSITIVE_INFINITY	表示正无穷大的特殊值
Number.NEGATIVE_INFINITY	表示负无穷大的特殊值

2.2.2　字符串类型

字符串是由字符、数字、标点符号等组成的序列，是 JavaScript 中用来表示文本的数据类型。

说明：　JavaScript 和 C 以及 C++、Java 不同的是，它没有 char 这样的字符数据类型，要表示单个字符，必须使用长度为 1 的字符串。

1. 字符串直接量

字符串直接量是由单引号或双引号括起来的一串字符，其中可以包含 0 个或多个字符。下面为一些字符串直接量：

```
"fish"
'李白'
"5467"
"a line"
"That's very good. "
'"What are you doing?", he asked.'
```

字符串直接量两边的引号必须相同，即对一个字符串来说，要么两边都是双引号，要么两边都是单引号；否则一边加单引号，一边加双引号会产生错误。此外，由单引号定界的字符串中可以含有双引号，由双引号定界的字符串中也可以含有单引号，如上面的最后一行即是单引号中包含了双引号来定界字符串。

说明：　HTML 使用双引号来定界字符串，由于要在 HTML 文档中使用 JavaScript，所以最好养成在 JavaScript 语句内使用单引号的习惯，这可以避免与 HTML 代码冲突。

2. 转义字符

有些包含在字符串中的字符，由于在 JavaScript 语法上已经有了特殊用途，而不能以常规的形式直接加入这些符号。为了解决这个问题，JavaScript 专门为这类字符提供了一种特殊的表达方式，称为转义字符。

转义字符以反斜杠(\)开始，后面跟一些符号。这些由反斜杠开头的字符表示的是控制字符而不是字符原来的含义。表 2-3 列出了 JavaScript 支持的转义字符及其代表的实际意义。

表 2-3　JavaScript 中的转义字符

字　符	含　义
\0	NULL 字符(\u0000)
\b	退格符(\u0008)
\t	水平制表符(\u0009)
\n	换行符(\u000A)
\v	垂直制表符(\u000B)
\f	换页符(\uDDCC)
\r	回车符(\uDDCD)
\"	双引号(\u0022)
\'	撇号或单引号(\u0027)
\\	反斜杠符\ (\u005C)
\xXX	由两个十六进制数值 XX 指定的 Latin-1 编码字符，如 \xA9 即是版权符号的十六进制码
\uXXXX	由 4 位十六进制数的 XXXX 指定的 Unicode 字符，如 \u00A9 即是版权符号的 Unicode 编码
\XXX	由 1~3 位八进制数(从 1~377)指定的 Latin-1 编码字符，如 \251 即是版权符号的八进制码(ECMAScript V3 不支持，不要使用这种转义序列)

2.2.3　布尔型

布尔型主要用来代表一种状态，其数据的值只有两个，由布尔型直接量 true 和 false来表示，分别代表真和假。

例如，

```
a = =1
```

这行代码测试了变量 a 的值是否和数值 1 相等，如果相等，结果就是布尔值 true；否则结果就是 false。

2.2.4　空值型

JavaScript 中还有一个特殊的空值型数据，用关键字 null 来表示。它是 JavaScript 中的一种对象类型，常常被看作对象类型的一个特殊值，即代表"无对象"的值。如果一个变量的值为 null，那么就表示它的值不是有效的对象、数字、字符串和布尔值。

null 可用于初始化变量，以避免产生错误，也可用于清除变量的内容，从而释放与变量相关联的内存空间。当把 null 赋值给某个变量后，这个变量中就不再保存任何有效的数据了。

2.2.5　未定义值

JavaScript 中还有一个特殊的未定义值，用全局变量 undefined 来表示。当使用了一个并未声明的变量或声明了变量但还没有为变量赋值时，将返回 undefined 值。

null 和 undefined 既有区别又有联系。null 是 JavaScript 中的保留字，而 undefined 却不是 JavaScript 中的保留字，而是在 ECMAScript V3 标准中系统预定义的一个全局变量。

虽然 undefined 和 null 值不同，但是= =运算符却将二者看作相等。如果想区分判断 null 和 undefined，那么应该使用测试一致性的运算符= = =或 typeof 运算符。

2.2.6　类型转换

JavaScript 是一种松散类型的程序设计语言，并没有严格的规定变量的数据类型，也就是说，已经定义数据类型的变量，可以通过相应的方法进行数据类型的转换。

例如，如果字符串"5"和数字 10 进行算术加法运算，就需要首先将字符串"5"转换为数值型。

为了适应不同的情况，JavaScript 提供了两种数据类型转换的方法：一种方法是将整个值从一种类型转换为另一种数据类型(称为基本数据类型转换)；另一种方法是从一个值中提取另一种类型的值，并完成类型转换。

JavaScript 提供了 3 个方法实现基本数据类型之间的转换。

- String()：将其他类型的值转换为字符串，如 String(123)将数值 123 转换为字符串 "123"。
- Number()：将其他类型的值转换为数值型数据。例如，Number(false)可以将布尔型直接量 false 转换为数值 0。
- Boolean()：将其他类型的值转换为布尔型值。除 0、NaN、null、undefined、" " (空字符串)被转换为 false 外，所有其他值都被转换为 true。

实例 2.1　JavaScript 基本数据类型转换。其代码如下：

```
<HTML>
<HEAD>
  <TITLE>基本数据类型转换</TITLE>
  <SCRIPT Language="JavaScript">
  var num1 ="100";
  var num2="200";
  document.write("num1='100'  num2='200'");
  var result=Number(num1)+Number(num2);
  document.write("<br>数值的运算结果为：",result);
  var st=String(num1);
  result=st+200;
  document.write("<br>字符串与数字的运算结果为：",result);
  var bo=Boolean(num1);
  result=bo+num2;
  document.write("<br>字符串与布尔值的运算结果为：",result);
  result=bo+200;
  document.write("<br>数值与布尔值的运算结果为：",result);
  document
```

```
    </SCRIPT>
  </HEAD>
<BODY>
  </BODY>
</HTML>
```

将页面保存为 shuju.htm 文件，在浏览器中执行，结果如图 2-1 所示。

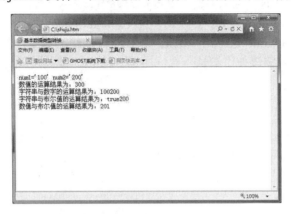

图 2-1　基本数据类型程序运行结果

JavaScript 中还提供了 3 种通过提取数据进行数据类型转换的方法，即 parseInt()、parseFloat()和 eval()。

(1) 提取整数的 parseInt()方法。

parseInt()方法用于将字符串转换为整数，其语法格式如下：

```
parseInt(numString,[radix])
```

其中，第一个参数为必选项，指定要转化为整数的字符串。当仅包括这个参数时，表示将字符串转换为十进制整数。第二个参数是可选的，使用该参数能够完成八进制、十六进制等数据的转换。但不管指定按哪一种进制转换，parseInt()方法总是以十进制值返回结果。

例如，parseInt("123abc45")的返回值是 123。而 parseInt("100abc",8)表示将"100abc"按八进制数进行转化，由于"abc"不是数字，所以实际是将八进制数 100 转换为十进制，转换的结果为十进制数 64。

(2) 提取浮点数的 parseFloat()方法。

parseFloat()方法用于将字符串转换为浮点数，其语法格式如下：

```
parseFloat(numString)
```

该方法与 parseInt()方法相似，不同之处在于 parseFloat()方法能够转换浮点数。其参数即为要转换的字符串，如果字符串不以数字开始，则 parseFloat()方法将返回 NaN，表示所传递的参数不能转换为一个浮点数。

例如，parseFloat("12.3abc")转化的结果为 12.3。

(3) 计算表达式值的 eval()方法。

eval()方法用于计算字符串表达式或语句的值，其语法格式如下：

```
eval(codeString)
```

其参数是由 JavaScript 语句或表达式组成的一个字符串，eval()方法能够计算出该字符串表达式的值。

例如，eval("2+3*5-8")可以计算表达式 2+3*5-8 的值，并返回计算结果 9。

实例 2.2　JavaScript 数据类型转换方法的使用。其代码如下：

```
<HTML>
 <HEAD>
  <TITLE>数据类型转换方法的使用</TITLE>
  <SCRIPT Language="JavaScript">
    var s1 ="100abc";
    var s2="20.5";
    document.write("s1=\"100abc\"  s2=\"20.05\"");
    num1=parseInt(s1);
    num2=parseInt(s2);
    document.write("<br>将 s1 转换为整型后的结果为:",num1);
    document.write("<br>将 s2 转换为整型后的结果为:",num2);
    num1=parseInt(s1,8);
    num2=parseInt(s1,2);
    document.write("<br>将 s1 作为八进制数转换的结果为:",num1);
    document.write("<br>将 s1 作为二进制数转换的结果为:",num2);
    num2=parseFloat(s2);
    document.write("<br>将 s2 转换为浮点型的结果为:",num2);
    result=eval("100"+s2);
    document.write("<br>eval(\"100\"+s2)的返回值为:",result);
  </SCRIPT>
 </HEAD>
<BODY>
</BODY>
</HTML>
```

将页面保存为 tranferfun.htm 文件，在浏览器中执行，结果如图 2-2 所示。

图 2-2　数据类型转换方法的使用实例的运行效果

程序中 eval("100"+s2)在执行时，是先进行字符串"100"和字符串 s2 的连接运算，然后再计算整个字符串的值，而不是分别将"100"和 s2 转化为数值再进行算术加法运算，所以最后的结果为 10020.5，而不是 120.5。

2.3 变　　量

与其他编程语言一样，JavaScript 也是采用变量存储数据的。变量就是程序中一个已命名的存储单元。变量的主要作用是存取数据和提供存放信息的容器。对于变量必须明确变量的名称、类型和变量的值这 3 方面的特性。

2.3.1　变量的命名

JavaScript 中的变量命名要遵守以下几点规则。

(1) 变量名必须以大写字母、小写字母或下划线(_)开头，其他的字符可以是字母、下划线或数字。变量名中不允许出现空格、"+"号、"-"号等其他符号。

(2) 不能使用 JavaScript 中的保留字作为变量名，如 var、int、double、true 等都不能作为变量的名称。

(3) JavaScript 变量名是区分大小写的，因此在使用时必须确保大小写相同。变量名大小写不同的变量，如 name、Name、NAME，将被视为不同的变量。

(4) JavaScript 变量命名规范与 Java 类似，对于变量名为一个单词的，则建议其为小写字母，如 area；对于变量名由两个或两个以上的单词组成的，则建议第二个和第二个以后的单词的首字母为大写，如 userName。

(5) 在对变量命名时，最好把变量名与其代表的内容含义对应起来，以便能方便地区分变量的含义，如 name 变量就很容易让人明白其代表的内容。

例如，下面的变量名是合法的：

```
user_name
$user_name
_user_name
my_variable_example
myVariableExample
```

而下面的变量名是不合法的：

```
%user_name
1user_name
$user_name
~user_name
+user_name
```

2.3.2　变量的声明

JavaScript 是弱类型语言，因此它不像大多数编程语言那样强制限定每种变量的类型，即在创建一个变量时可以不指定该变量将要存放何种类型的信息。

JavaScript 中声明变量的方式有两种：一种是使用关键字 var 显式声明变量；另一种是使用赋值语句隐式声明变量。

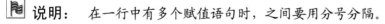 **说明：**　为了提高程序的可读性和正确性，建议对所有变量都使用显式声明。

1. 显式声明变量

格式 1：

```
var 变量名 1[,变量名 2,变量名 3,…]
```

下面是使用格式 1 声明变量的示例代码：

```
var  i;
var  a,b,c;
var  name,password;
```

在声明变量的同时，可以为变量指定一个值，这个过程称为变量的初始化。但该过程不是强制性的，可以声明一个变量，但不初始化这个变量，此时，该变量的数据类型为 undefined。

格式 2：

```
var 变量名 1=值 1[,变量名 2=值 2 变量名 3=值 3,…]
```

下面是使用格式 2 声明变量的示例代码：

```
var  name='张三';
var  i=0,j=1;
var  flag=true;
```

在为变量赋初值后，JavaScript 会自动根据所赋的值而确定变量的类型。例如，上面的变量 name 会自动定义为字符串型，变量 i 和 j 为数值型，变量 flag 为布尔型。

2. 隐式声明变量

在 JavaScript 中声明变量时，还可以在使用格式 2 声明变量时省略关键字 var，即直接在赋值语句中隐式地声明变量。使用赋值语句隐式声明变量的格式为：

格式 3：

```
变量名=值;
```

例如，之前的变量声明语句，也可以写成以下格式：

```
name='张三';
i=0;j=1;
flag=true;
```

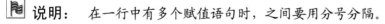 **说明：**　在一行中有多个赋值语句时，之间要用分号分隔。

实例 2.3　JavaScript 中变量的声明。其代码如下：

```
<HTML>
```

```
<HEAD>
  <TITLE>变量声明</TITLE>
  <SCRIPT Language="JavaScript">
    var name;          //显式声明变量但未初始化变量
    var age=20;        //显式声明变量并初始化变量
    sex='男';          //使用赋值语句隐式声明变量
    document.writeln("变量 name 的初始值: ",name);
    document.writeln("<br>变量 name 的类型是: ",typeof(name));
    document.writeln("<br>变量 age 的初始值: ",age);
    document.writeln("<br>变量 age 的类型是: ",typeof(age));
    document.writeln("<br>变量 sex 的初始值: ",sex);
    document.writeln("<br>变量 sex 的类型是: ",typeof(sex));
  </SCRIPT>
</HEAD>
<BODY>
</BODY>
</HTML>
```

将页面保存为 tranferfun.htm 文件，在浏览器中执行，结果如图 2-3 所示。

图 2-3　实例 2.3 的运行结果(显式声明的变量的值)

说明：　为了提高程序的可读性和正确性，建议对所有的变量都使用关键字 var 显式声明变量，这样可以区分变量和直接量。此外，全局变量必须使用 var 关键字。

2.3.3　变量的赋值

在程序中任何位置需要改变变量的值时，都可以使用赋值语句来为变量赋值。赋值语句由变量名、等号以及确定的值组成。赋值语句的格式与格式 3 相同，即：

格式 4：

变量名=值;

格式 4 与格式 3 的不同之处是，格式 3 中的变量名一般是在程序中第一次出现，表示在声明变量的同时给变量赋值，而格式 4 中的变量名可以是在程序中已经出现过的变量，经常是改变变量的值，甚至还能改变变量的类型。

　　实例 2.4　JavaScript 中变量的赋值。其代码如下：

```
<HTML>
 <HEAD>
  <TITLE>变量赋值</TITLE>
  <SCRIPT Language="JavaScript">
   salary=1000;        //在声明变量 salary 的同时给变量赋值
   document.writeln("变量 salary 的初始值: ",salary);
   document.writeln("<br>变量 salary 的类型是: ",typeof(salary));
   salary=1500;         //使用赋值语句改变变量 salary 的值
   document.writeln("<br>变量 salary 改变后的值: ",salary);
   document.writeln("<br>变量 salary 的类型是: ",typeof(salary));
   salary='我的工资'    //使用赋值语句将变量 salary 的类型由数值型变为了字符型
   document.writeln("<br>变量 salary 改变类型后的值: ",salary);
   document.writeln("<br>变量 salary 改变类型后的类型是: ",typeof(salary));
  </SCRIPT>
 </HEAD>
<BODY>
</BODY>
</HTML>
```

　　将页面保存为 var2.htm 文件，在浏览器中执行，结果如图 2-4 所示。

图 2-4　实例 2.4 的运行结果(显示每次赋值的变量的值)

2.4　运　算　符

　　运算符是完成操作的一系列符号，运算符用于将一个或几个数据按照某种规则进行运算，并产生一个操作结果，它必须作用在数据上才有效，使用运算符的数据被称为操作数。

　　根据运算类别，可以将 JavaScript 中的运算符分为以下 6 类。

- ● 　算术运算符。

- 赋值运算符。
- 关系运算符。
- 逻辑运算符。
- 字符串运算符。
- 其他运算符。

根据操作数的个数，可以将 JavaScript 中的运算符分为 3 类。

- 单目运算符：只作用于一个数据的运算符。
- 双目运算符：作用于两个数据上的运算符。
- 三目运算符：作用于 3 个数据上的运算符。

📖 **说明：** 除了条件运算符是三目运算符外，JavaScript 中其他的运算符都是双目或者单目运算。

双目运算符基本语法格式如下：

操作数 1   运算符   操作数 2

例如，100+200、"This is" + "a book." 等。

双目运算符包括+(加)、-(减)、*(乘)、/(除)、%(取模)、|(按位或)、&(按位与)、<<(左移)、>>(右移)、>>>(右移，零填充)等。

单目运算符是只需要一个操作数的运算符，此时运算符可能在运算符前或运算符后。基本语法格式如下：

操作数 1   运算符

或

运算符   操作数 1

单目运算符包括-(单目减)、!(逻辑非)、~(取补)、++(递加 1)、--(递减 1)等。

2.4.1 算术运算符

JavaScript 中的算术运算符如表 2-4 所示。

表 2-4 JavaScript 中的算术运算符

运算符	说　明
+	加法运算符
−	减法运算符
*	乘法运算符
/	除法运算符
%	取模运算符，即计算两个数相除的余数
−	取反运算符，即将运算数的符号变成相反的

运算符	说　明
++	增量运算符，递加 1 并返回数值或返回数值后递加 1，取决于运算符的位置在操作数之前还是之后
--	减量运算符，递减 1 并返回数值或返回数值后递减 1，取决于运算符的位置在操作数之前还是之后

1. 加(+)、减(−)、乘(*)、除(/)运算符

加(+)、减(−)、乘(*)、除(/)运算符符合日常的数学运算规则，两边的运算数的类型要求是数值型的(+也可用于字符串连接操作)，如果不是数值型的，JavaScript 会将它们自动转换为数值型。

2. 取模运算符(%)

取模运算符也称为取余运算符，其两边的运算数的类型也必须是数值型的。A%B 的结果是数 A 除以数 B 后得到的余数，如 11%2=1。

以上的运算符都是双目运算符，使用这些运算符时一定要特别小心，有可能会出现 NaN 或其他错误的结果，如果除数为 0 就会出现问题。

3. 取反运算(−)

取反运算的作用就是将值的符号变成相反的，即把一个正值转换成相应的负值；反之亦然。例如，x=5，则-x=-5。该运算符是单目运算符，同样也要求操作都是数值型的，如果不是数值型的，会被自动转换成数值型。

4. 增量运算符(++)和减量运算符(--)

这两种运算符实际上是代替变量 x 进行 x=x+1 和 x=x-1 两种操作的简单而有效的方法，但是该运算符是置于变量之前和置于变量之后所得到的结果是不同的。

将运算符置于变量之前，表示先对变量进行加 1 或减 1 操作，然后再在表达式中进行计算。

例如，如果 x=5，则++x+4=10，这是因为 x 先加 1 得到 6，然后再进行加法运算，所以得到结果 10，这相当于先执行了 x=x+1，然后执行 x+4。

同理，如果 x=5，则--x+4=8，这是因为 x 先减 1 得到 4，然后再进行加法运算，所以得到结果 8，这相当于先执行了 x=x-1，然后执行 x+4。

如果将运算符置于变量之后，表示先将变量的值在表达式中参加运算后，再进行加 1 或减 1。

例如，如果 x=5，则 x+++4=9，这是因为 x 的值先与 4 相加得到 9，然后 x 才加 1 得到 6，这相当于先执行了 x+4，然后再执行 x=x+1。

同理，如果 x=5，则 x--+4=9，这是因为 x 的值也是先与 4 相加得到 9，然后 x 才减 1 得到 4，这相当于先执行了 x+4，然后再执行 x=x-1。

这两个运算符都是单目运算符，同样也要求操作数都是数值型的，如果不是数值型的，会被自动转换成数值型。

实例 2.5　JavaScript 中增量和减量运算符的使用。其代码如下：

```
<HTML>
 <HEAD>
   <TITLE>增量运算符和减量运算符的使用</TITLE>
   <SCRIPT Language="JavaScript">
    var a=5;
     var b;
     document.write("a=",a);
     b=a++;
     document.write("<br>执行 b=a++后，a=",a);
     document.write("  b=",b);
     a=5;
     document.write("<br>a=",a);
     b=++a;
     document.write("<br>执行 b=++a 后，a=",a);
     document.write("  b=",b);
     a=5;
     document.write("<br>a=",a);
     b=a--;
     document.write("<br>执行 b=a--后，a=",a);
     document.write("  b=",b);
     a=5;
     document.write("<br>a=",a);
     b=--a;
     document.write("<br>执行 b=--a 后，a=",a);
     document.write("  b=",b);
     a=5;
     document.write("<br>a=",a);
     b=a+++5;
     document.write("<br>执行 b=a+++5 后，a=",a);
     document.write("  b=",b);
     a=5;
     document.write("<br>a=",a);
     b=++a+5;
     document.write("<br>执行 b=++a+5 后，a=",a);
     document.write("  b=",b);
     a=5;
     document.write("<br>a=",a);
     b=a--+5;
     document.write("<br>执行 b=a--+5 后，a=",a);
     document.write("  b=",b);
     a=5;
     document.write("<br>a=",a);
     b=--a+5;
     document.write("<br>执行 b=--a+5 后，a=",a);
     document.write("  b=",b);
   </SCRIPT>
  </HEAD>
  <BODY>
  </BODY>
</HTML>
```

将页面保存为 var3.htm 文件，在浏览器中执行，结果如图 2-5 所示。

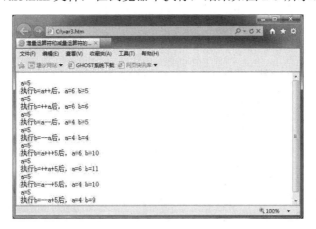

图 2-5　增量和减量运算符实例的运行结果

2.4.2　赋值运算符

在之前创建变量时，实际上已经使用了赋值运算符(=)给变量赋初值。赋值运算符(=)的作用是将其右边的表达式的值给左边的变量。

例如，a=5+1 就表示把赋值号右边的表达式 5+1 计算出来的结果值 6 给左边的变量 a，这样变量 a 的值就是 6。

赋值运算符(=)还可以用来给多个变量指定同一个值，如 a=b=c=1，执行该语句后，变量 a、b、c 的值都为 1。

除了直接赋值外，还可以在赋值运算符(=)之前加上其他的运算符，构成复合赋值运算符。表 2-5 列出了常用的复合赋值运算符。

表 2-5　JavaScript 中的复合赋值运算符

运算符	说　明
=	赋值运算符，将运算符左边的变量设置为右边表达式的值
+=	加法赋值运算符，将运算符左边的变量加上右边表达式的值，即 a+=b，等同于 a=a+b
-=	减法赋值运算符，将运算符左边的变量减去右边表达式的值，即 a-=b，等同于 a=a-b
*=	乘法赋值运算符，将运算符左边的变量乘以右边表达式的值，即 a*=b，等同于 a=a*b
/=	除法赋值运算符，将运算符左边的变量除以右边表达式的值，即 a/=b，等同于 a=a/b
%=	取模赋值运算符，将运算符左边的变量用右边表达式的值求模，即 a%=b，等同于 a=a%b

实例 2.6　JavaScript 中赋值运算符的使用。其代码如下：

```
<HTML>
<HEAD>
  <TITLE>赋值运算符的使用</TITLE>
  <SCRIPT Language="JavaScript">
    var a=10;
    document.write("a=",a);
```

```
    a+=3;
    document.write(" 执行 a+=3后,a=",a);
    a=10;
    document.write("<br>a=",a);
    a-=3;
    document.write(" 执行 a-=3后,a=",a);
    a=10;
    document.write("<br>a=",a);
    a*=3;
    document.write(" 执行 a*=3后,a=",a);
    a=10;
    document.write("<br>a=",a);
    a/=3;
    document.write(" 执行 a/=3后,a=",a);
    a=10;
    document.write("<br>a=",a);
    a%=3;
    document.write(" 执行 a%=3后,a=",a);
    </SCRIPT>
  </HEAD>
 <BODY>
 </BODY>
</HTML>
```

将页面保存为 var4.htm 文件，在浏览器中执行，结果如图 2-6 所示。

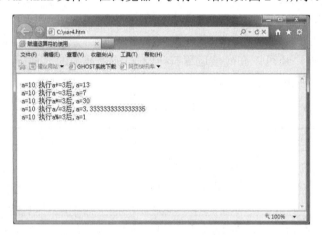

图 2-6　赋值运算符实例的运行结果

2.4.3　关系运算符

关系运算符又称为比较运算符，是一个双目运算符，用于比较操作数之间的大小等关系，关系运算符的操作数可以是数值、字符串，也可以是布尔值，其运算结果是 true 或 false。JavaScript 中的关系运算符如表 2-6 所示。

表 2-6　JavaScript 中的关系运算符

运算符	说　明
<	小于
<=	小于等于
>	大于
>=	大于等于
==	等于
===	严格等于
!=	不等于
!==	严格不等于

说明：　严格等于(===)和严格不等于(!==)运算符是 ECMAScript 标准中的运算符，因此只在 Navigator 4.06 以上和 IE4 以上的浏览器中支持。

　　如果比较的两个操作数为数值型，则按数学上的比较原则来比较。如果比较的两个操作数为布尔值，JavaScript 认为 true 大于 false。如果比较的两个操作数为字符串型时，要按字符编码依次自左到右进行比较。

实例 2.7　JavaScript 中关系运算符的使用。其代码如下：

```
<HTML>
 <HEAD>
  <TITLE>比较运算符</TITLE>
  <SCRIPT Language="JavaScript">
   var i=5,j=8;
    var b1=true,b2=false;
    var s1="Shanghai";
    var s2="ShangHai";
    var s3="I am a boy.";
    var s4="I am a girl.";
    var s5="北京";
    var s6="天津";
    document.write("数值型比较：5>8=",i>j);
    document.write("<br>布尔值比较：true>false=",b1>b2);
    document.write("<br>字符串比较：");
    document.write("<br>'Shanghai'>'ShangHai'=",s1>s2);
    document.write("<br>'Shanghai'=='ShangHai'=",s1==s2);
    document.write("<br>'I am a boy.'>'I am a girl.'=",s3>s4);
    document.write("<br>'北京'>'天津'=",s5>s6);
    document.write("<br>忽略大小写比较
'Shanghai'=='ShangHai'=",s1.toUpperCase()==s2.toUpperCase());
    </SCRIPT>
  </HEAD>
 <BODY>
 </BODY>
</HTML>
```

程序中使用 s1.toUpperCase()和 s2.toUpperCase()方法将字符串 s1 和 s2 全部转换为大写字母。将页面保存为 var5.htm 文件，在浏览器中执行，结果如图 2-7 所示。

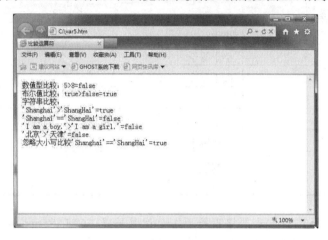

图 2-7　关系运算符实例的运行结果

JavaScript 提供的运算符==和!=分别用于完成判断两个操作数是否相等，其中操作数可以是各种类型。除了相等和不相等运算符之外，JavaScript 还提供了严格等于(===)和严格不等于(!==)运算符，用于测试两个操作数是否完全一样，包括值是否相等以及类型是否相同。这两个运算符在比较之前不进行类型转换直接测试是否相等。只有两个操作数的值相等并且类型也相同时，一致性测试运算===的计算结果才为 true；否则其值为 false。例如，表达式"58"==58 的结果为 true，而表达式"58"===58 的结果为 false，原因在于它们的数据类型不一致(一个操作数为字符串型，另一个为数值类型)。

2.4.4　逻辑运算符

逻辑运算符通常在条件语句中使用，它们与关系运算符一起构成复杂的判断条件。JavaScript 中提供了 3 种逻辑运算符：逻辑与(&&)、逻辑或(||)、逻辑非(!)，如表 2-7 所示。

表 2-7　JavaScript 中的逻辑运算符

运算符	说　明
&&	逻辑与，当两个操作数的值都为 true 时，运算结果为 true
||	逻辑或，只要两个操作数中有一个值为 true 时，运算结果就为 true
!	逻辑非，对操作数取反，即 true 值非运算的结果为 false，false 值非运算的结果为 true

其中逻辑与和逻辑或运算符是双目运算符，而逻辑非运算符是单目运算符。它们所连接的操作数都是逻辑型变量或表达式。对于连接的非逻辑型变量或表达式，在 JavaScript 中将非 0 的数值看作是 true，而将 0 看作是 false。

(1) 逻辑与(&&)。只有当两个操作数的值都为 true 时，运算结果才为 true；否则为 false。因此，如果逻辑与运算符左边的表达式的计算结果为零、null 或空字符串，那么整个表达式的结果就肯定是 false；如果逻辑与运算符左边的表达式的计算结果为 true，此时计算逻辑与运算符右侧的表达式，如果这个表达式的值也是 true，那么整个表达式的结果为 true；否则，如果左边值为 true，右边值为 false，整个表达式的值将为 false。

(2) 逻辑或(||)。只要两个操作数中有一个值为 true 时，运算结果就为 true，如果两个操作数的值都为假，则运算结果为假。如果逻辑或运算符左边的表达式计算结果为 true，那么就不再计算或运算符右边的表达式的值，并且整个表达式的值为 true；如果逻辑或运算符左边的表达式计算结果为 false，那么计算或运算符右侧的表达式的值，如果这个值为 true，那么整个表达式的值为 true；如果右侧表达式计算的结果也为 false，那么整个表达式的值为 false。

(3) 逻辑非(!)。用于否定一个运算的结果。"真"的逻辑非值为"假"，"假"的逻辑非值为"真"。逻辑非是一个单目运算符，它只有一个操作数，如!true 或!(5>8)。

实例 2.8 JavaScript 中逻辑运算符的使用。其代码如下：

```
<HTML>
 <HEAD>
  <TITLE>逻辑运算符</TITLE>
  <SCRIPT Language="JavaScript">
   var a=10,b=20,c=30,d=40;
   document.write("a=",a," b=",b," c=",c," d=",d);
   document.write("<br>true&&false=",true&&false);
   document.write("<br>true||false=",true||false);
   document.write("<br>!true=",!true);
   document.write("<br>!false=",!false);
   document.write("<br>(a>b)&&(d>c)=",(a>b)&&(d>c));
   document.write("<br>(a>b)||(d>c)=",(a>b)||(d>c));
   document.write("<br>!(a>b)=",!(a>b))
  </SCRIPT>
 </HEAD>
<BODY>
</BODY>
</HTML>
```

将页面保存为 var6.htm 文件，在浏览器中执行，结果如图 2-8 所示。

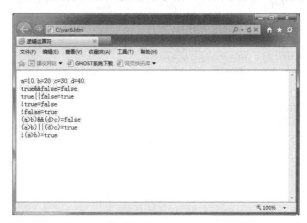

图 2-8 逻辑运算符实例的运行结果

2.4.5　字符串运算符

在 JavaScript 中只有一个字符串运算符，即连接运算符(+)，它是一个双目运算符，可以将两个字符串连接起来形成一个新的字符串。例如"This"+"is"的运算结果为"This is"，"中国"+"北京"运算结果为"中国北京"。

当操作数中至少有一个操作数是字符串时，JavaScript 将自动把另一操作数转换为字符串。例如，"36"+2 的运算结果为"362"，"It is"+true 的运算结果为"It is true"。

另外，字符串连接运算符还可以和前面的赋值运算符联合使用，形成"+="运算符，它的作用是，将运算符右侧的字符串拼接到该运算符左侧字符串的后面，并将结果赋值给运算符左侧的操作数。

实例 2.9　JavaScript 中字符串运算符的使用。其代码如下：

```
<HEAD>
  <TITLE>字符串运算符</TITLE>
  <SCRIPT Language="JavaScript">
   var a="this";
    var b=" is ";
    var c=10;
    var d=true;
    var e;
    document.write("a=",a," b=",b," c=",c," d=",d);
    document.write("<br>a+b=",e=a+b);
    document.write("<br>e=",e);
    document.write("<br>e+c=",e+c);
    document.write("<br>e+d=",e+d);
    document.write("<br>c+c=",c+c);
    document.write("<br>d+d=",d+d);
    document.write("<br>e+e=",e+e);
    e+=c;
    document.write("<br>执行完 e+=c 后, e=",e);
  </SCRIPT>
 </HEAD>
<BODY>
 </BODY>
</HTML>
```

将页面保存为 var7.htm 文件，在浏览器中执行，结果如图 2-9 所示。

图 2-9　字符串运算符实例的运行结果

说明：　如果字符串运算符中两个操作数都为数值型或布尔型，则按加法进行运算。布尔型中的 true 被转换为数值 1，false 则转换为数值 0。

2.4.6　其他运算符

除了前面介绍的各种运算符以外，JavaScript 还提供了位操作运算符、条件运算符等其他的运算符。表 2-8 列出的是有关位操作的运算符。

表 2-8　JavaScript 中的位运算符

运算符	说　明
~	按位取反运算符
<<	按位左移运算符
>>	按位右移运算符
>>>	无符号右移运算符
&	按位与运算符
^	按位异或运算符
|	按位或运算符
&=	按位与赋值运算符
|=	按位或赋值运算符
^=	按位异或赋值运算符
<<=	按位左移赋值运算符
>>=	按位右移赋值运算符
>>>=	按位无符号右移赋值运算符

表 2-9 列出了 JavaScript 中其他的一些运算符。

表 2-9　JavaScript 中的其他运算符

运算符	说　明
?:	三目条件运算符。例如，x?a:b 表示如果 x 为真，则整个表达式的值为 a 的值；否则为 b 的值
,	逗号运算符，计算两个表达式的值，并返回第二个表达式的值
delete	用于删除对象并释放该对象所占用的空间
typeof	用于返回操作数的数据类型
void	运算符对表达式求值，并返回 undefined
instanceof	判断对象是否是指定的对象类型
new	用于创建用户自定义对象实例
in	判断指定属性是否是对象的属性。当指定属性是对象的属性时返回真；否则返回假

2.4.7　运算符的优先级

运算符优先级是指在一个表达式中，运算符的优先顺序，程序的执行顺序将依据运算符的优先级顺序。例如，在进行四则运算时，规则是先乘除、后加减，即乘法和除法的运算优先级高于加法和减法的优先级，同一优先级的运算符按从左到右方式进行计算，这就是运算符的结合方式。所有的算术运算符都是从左向右执行，所以如果有两个或者更多的算术运算符有相同的优先级，那么左边的将先执行，然后依次执行。

如下面的表达式：

```
x = 5 + 9 - 3 * 2 + 30/6
```

该例子中，乘和除将首先被运算，接下来是加和减，运算中还包含了乘和除两个优先级相同的运算符号，所以左边的乘法将先被执行，然后是除；3*2 等于 6，30/6 等于 5，则原式变为：x=5+9-6+5，接下来按从左到右的顺序进行加减运算，最后的结果 x=13。

如果想改变运算的执行顺序，就需要使用成对的括号，括号内的运算将比括号外的运算先执行。如果同样是上面几个运算数，写成下面的表达式：

```
x = (5 + 9 - 3) * 2 + 30/6
```

括号里的表达式将先被执行，结果是 11，原式变为 x=11*2+30/6，然后进行乘除运算，接下来是加减运算，最后的结果是 27，这个结果与前一个例子的结果就完全不相同了。

如果两个或者两个以上的运算符有相同的优先级，JavaScript 根据运算符的执行顺序进行排序，一般都是从左向右。但是也有一些是从右向左。表 2-10 中列出了 JavaScript 中的运算符优先级以及运算符的结合方式，同一优先级的运算符放在同一行上，表格自上向下运算符的优先级逐渐降低，在"结合性"一栏中列出的运算符的结合性是从右向左的，其余运算符的结合性均为从左向右。

表 2-10　JavaScript 中运算符优先级和结合性

优先级	运算符	结合性(从右向左)
1	括号运算，函数调用，数组游标	
2	!, ~, +, -, ++, --, typeof, new,void, delete	+(一元加), -(一元减), ++, --, !, ~
3	*, /, %	
4	+, -	
5	<<, >>, >>>	
6	<, <=, >, >=	
7	= =, !=, = = =, != =	
8	&	
9	^	
10			
11	&&	
12	‖	

续表

优先级	运算符	结合性(从右向左)
13	?:	?:
14	=, +=, -=, *=, /=, %=, <<=, >>=,>>>=, &=, ^=, !=	=, *=, /=, +=, -=, %=, <<=, >>=,&=, ^=,!=
15	逗号 (,)操作符	

课 后 小 结

本章主要介绍了 JavaScript 语言的基本语法规则，以及数据类型、变量和运算符的基本使用方法，为后续 JavaScript 的流程控制语句的学习打下基础。

习　题

一、填空题

1. JavaScript 里面的标识符不能以_____开头。

2. 根据变量的作用域，可以把变量分为_____或者_____。

3. 在 JavaScript 运算符中，_____拥有最高的优先级。

4. _____运算符可以连接两个字符串。

二、选择题

1. 下面(　　)是声明变量和赋值的正确语法。

　　A. var myVariable="Hello";　　　　B. var myVariable=Hello;

　　C. "Hello" =var myVariable;　　　　D. var "Hello"= myVariable;

2. 下面(　)是合法的变量名。

　　A. %varoable_name　　　　　　　B. 1varoable_name

　　C. varoable_name　　　　　　　　D. +varoable_name

3. 下述(　　)不是引用数据类型。

　　A. 函数　　　　　B. 数组　　　　　C. 布尔类型　　　D. 对象

4. 下面(　　)不是浮点数。

　　A. -439.35　　　B. 3.17　　　C. 10　　　　D. -7e11

5. 下面(　　)转义字符可以在字符串中加入一个换行操作。

　　A. \b　　　　　B. \f　　　　　C. \n　　　　D. \r

6. 在语句 return Value=count++中，如果 count 的初始值为 10，则 Value 的值为(　　)。

　　A. 10　　　　B. 11　　　　C. 12　　　　D. 20

7. 表达式 50=="fifty"的值为(　　)。

　　A. true　　　　B. false　　　　C. 50　　　　D. "fifty"

8. 如果 x 的值为 1，执行 y=eval(x+"2*2"); 语句后，y 的值为(　　)。

    A. "1+2*2"　　　　　B. "12*2"　　　　C. 6　　　　　　D. 24

三、上机练习题

定义 3 个变量，分别为整型、浮点型和字符串，对它们进行算术运算(加、减、乘、除等)，将结果输出到页面上。

第 3 章
JavaScript 的流程控制

学习目标：

在程序设计范畴中，流程控制是程序编写的精髓。流程是程序代码执行的顺序，JavaScript 同其他程序语言一样，其流程控制也分为顺序结构、选择结构和循环结构这 3 种基本结构。通过程序执行流程的控制与设计，可以让程序在实现其基本功能的基础上，因时因地制宜地展现程序设计的魅力，这是掌握 JavaScript 语言设计和开发的核心。

内容摘要：

- 熟悉 JavaScript 中各种流程结构
- 熟练掌握选择结构设计
- 熟练掌握循环结构设计

3.1 JavaScript 中的选择结构

选择结构主要是通过条件语句来实现的，它根据一定的条件决定下一步执行哪些语句。JavaScript 提供了两种类型的条件语句：if 语句和 switch 语句。其中，if 语句用于从两条执行流程中选择其一执行，而 switch 语句用于从多条执行流程中选择其一执行。

3.1.1 if 语句

if 语句是最简单的条件语句，其语法格式如下：

```
if  (条件表达式)  {
            复合语句;
        }
```

其中用大括号括起来的一条或多条语句称为复合语句，在程序中可以将其看作一条语句。如果复合语句中只有一条语句，则可以省略大括号。

if 语句在执行时，首先计算条件表达式的值，如果其值为 true，就执行复合语句；否则跳过大括号中的复合语句，直接执行 if 语句后面的语句。

```
<SCRIPT Language="JavaScript">
   var x;
   x=prompt("请输入变量 x 的值:","");
   if (x>0)  {
      document.write("x 为正数");
    }
</SCRIPT>
```

在上述示例代码中，首先利用 prompt()方法显示提示对话框，并等待用户在文本框中输入内容，并将输入的内容赋值给变量 x，然后利用 if 语句判断表达式 x>0 是否成立，从而决定是否执行 document.write("x 为正数")语句。

3.1.2 if...else 语句

在实际使用时，往往需要根据条件来判断是执行 A 操作还是执行 B 操作，这时就需要使用 if...else 语句了。

if...else 语句能从两种可能的执行流程中选择其一执行，其语法格式如下：

```
if  (条件表达式)  {
        复合语句1;
}
else  {
        复合语句2;
    }
```

if...else 语句在执行时，首先计算条件表达式的值，如果其值为 true，那么就执行复合语句 1；否则执行复合语句 2。

实例 3.1　if...else 语句的使用。其代码如下：

```
<HTML>
 <HEAD>
  <TITLE>使用 if...else 语句求绝对值</TITLE>
   <SCRIPT Language="JavaScript">
    var x;
    x=prompt("请输入变量 x 的值：","");
    x=parseInt(x);
    if (x>=0) {
      document.write(x,"的绝对值是：",x);
    }
    else {
      document.write(x,"的绝对值是：",-x);
    }
  </SCRIPT>
 </HEAD>
<BODY>
</BODY>
</HTML>
```

将页面保存为 if1.htm 文件，在浏览器中执行，将弹出如图 3-1 所示的提示输入变量 x 的值的消息框。

图 3-1　输入变量的提示框

当输入数值 7，并单击"确定"按钮后，将显示如图 3-2 所示的运行结果。

图 3-2　输入正数后的页面运行结果

当输入数值-7，并单击"确定"按钮后，将显示如图 3-3 所示的运行结果。

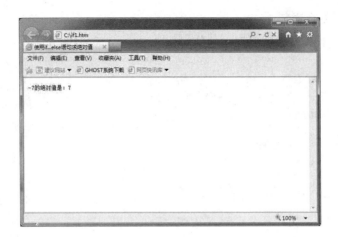

图 3-3　输入负数后的页面运行结果

3.1.3　嵌套 if...else 语句

当需要从多个流程中选择一个流程执行时，可以把一个 if 语句作为另一个 if 语句的复合语句部分，从而形成嵌套的 if 语句。

```
if  (表达式1)  {
    if  (表达式2) {
        复合语句1;
}
    else {
        复合语句2;
        }
}
else {
if  (表达式3) {
        复合语句3;
}
    else {
        复合语句4;
        }
}
```

说明： 在嵌套的 if 语句中，else 总是与它最近的 if 配对。

在嵌套 if...else 语句中，还有一种比较特殊的用于处理多分支选择的结构，其具体语法格式如下：

```
if  (表达式1)  {
    复合语句1;
}
else  if (表达式2)  {
    复合语句2;
}
……
```

```
else  if (表达式 n) {
     复合语句 n;
}
else {
     复合语句 n+1;
}
```

使用上述语句结构时，首先判断表达式 1 的值是否为真，如果为真，则执行复合语句 1；否则接着判断表达式 2，如果表达式 2 的值为真，则执行复合语句 2，依次判断，可进行若干个条件的判断，直到最后判断表达式 n 的值是否为真，如果为真，则执行复合语句 n；否则执行复合语句 n+1。在各个条件的判断过程中，只要有一个条件为真，就执行相应的复合语句，而不再判断后面的条件，也不再执行这个结构中的其他语句，程序直接转到整个语句结构后面的语句执行。

图 3-4 是以 n 为 4 为例的语句的流程图，可以更好地理解该语句结构的执行过程。

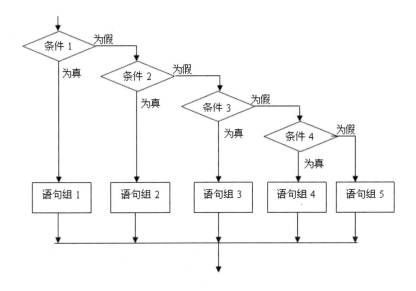

图 3-4 嵌套 if…else 语句实现多分支选择的结构流程

实例 3.2 百分制成绩转化为等级输出。其代码如下：

```
<HTML>
<HEAD>
  <TITLE>将学生成绩转化为五个等级</TITLE>
  <SCRIPT Language="JavaScript">
  var score;
  score=eval(prompt("请输入你的考试成绩(0-100): ",""));
  if (score>=90) {
       document.write("你的成绩是：A，你真棒！");
  }
  else if (score>=80){
       document.write("你的成绩是：B，也不错！");
     }
  else if (score>=70){
```

```
        document.write("你的成绩是：C，再努努力就更好了！");
    }
    else if (score>=60){
        document.write("你的成绩是：D，刚及格，要继续加油啊！");
    }
    else {
        document.write("你的成绩是：E，要努力啦，不然就掉队了！");
    }
    </SCRIPT>
 </HEAD>
<BODY>
 </BODY>
</HTML>
```

将页面保存为 if2.htm 文件，在浏览器中执行，如果输入的分数为 89，结果如图 3-5 所示。

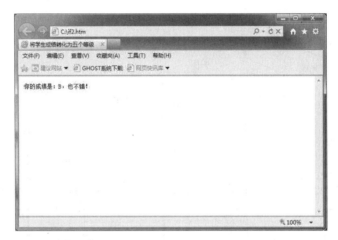

图 3-5　百分制成绩转化为等级实例的运行结果

本实例通过将学生的成绩转化为 A、B、C、D、E 这 5 个等级，演示了利用嵌套 if…else 语句实现多分支选择结构的方法。通过本程序可以看出，如果嵌套层次较多，会使程序结构比较复杂，阅读起来不方便，也很容易出错。因此，JavaScript 同其他语言一样，也提供了专门用于处理多分支选择的 switch 语句。

3.1.4　switch 语句

switch 语句是 JavaScript 中提供的另一种条件语句。switch 语句用于从多个流程中选择一个流程执行，在某些情况下可以与嵌套 if…else 语句相互替换。但使用 switch 语句可以使程序结构更加清晰，便于阅读和维护。

switch 语句的语法格式如下：

```
switch (表达式) {
  case 常量表达式 1：
      语句组 1；
      break；
```

```
case 常量表达式 2:
    语句组 2;
    break;
case 常量表达式 3:
    语句组 3;
    break;
    ……
default:
    语句组 n+1;
}
```

　　switch 语句在执行时，首先计算表达式的值，然后自上而下与常量表达式进行比较，如果与某个常量表达式的值相等，则执行该常量表达式后面相应的语句组，当遇到 break 语句时将跳出 switch 语句；否则将继续执行 switch 中的后续语句。因此在每个 case 语句中，如果不添加 break 语句，程序将会把匹配的常量表达式后的所有分支都执行一遍。而一般情况下往往是先选择其中一个分支执行，所以要在每个 case 子句中添加上 break 语句。

　　说明：　　switch 语句中各个 case 语句的常量表达式的值必须各不相同。

　　实例 3.3　　使用 switch 实现百分制成绩转化为等级输出。其代码如下：

```
<HTML>
 <HEAD>
  <TITLE>使用 switch 语句将学生成绩转化为五个等级</TITLE>
   <SCRIPT Language="JavaScript">
   var score;
    score=eval(prompt("请输入你的考试成绩(0-100): ",""));
    score=parseInt(score/10);   //将分数转化为 0-10 之间的整数
    switch (score){
      case 10:
      case 9:
          document.write("你的成绩是：A，你真棒！");
           break;
      case 8:
         document.write("你的成绩是：B，也不错！");
           break;
      case 7:
         document.write("你的成绩是：C，再努努力就更好了！");
           break;
      case 6:
        document.write("你的成绩是：D，刚及格，要继续加油啊！");
           break;
        default:
        document.write("你的成绩是：E，要努力啦，不然就掉队了！");
      }
    </SCRIPT>
  </HEAD>
 <BODY>
 </BODY>
</HTML>
```

将页面保存为 switch.htm 文件，其所实现的功能与实例 3.2 是完全一样的，不过使用
switch 语句将会使程序结构更清晰。

3.2　JavaScript 中的循环结构

当程序中的某些部分需要被反复执行时，就需使用循环结构了。在 JavaScript 中常用
的循环语句有 while 语句、do…while 语句、for 语句等。

3.2.1　while 语句

while 语句用于当满足指定条件时，反复执行一组语句的情况，其语法格式如下：

```
while (表达式)
   {
      语句组；
   }
```

while 语句执行时，首先判断表达式的值，如果表达式的值为真，则执行语句组，直
到表达式的值为假时止。因而在语句组中应该有改变表达式的值，从而使循环趋向于结束
的语句；否则将会形成死循环。

📖 说明：　while 语句执行时，要先判断表达式的值，如果表达式的值一开始就为假，
则循环体中的语句组将一次也不会被执行。

实例 3.4　while 语句的使用。其代码如下：

```
<HTML>
 <HEAD>
  <TITLE>循环语句</TITLE>
   <SCRIPT Language="JavaScript">
   var i=1;          //循环变量
    while (i<=5)   //循环开始位置，测试循环条件
      {
         document.write("这是第"+i+"行");
         document.write("<br>");   //换行
         i++;         //增加 i 的值，使 i 的值趋向于 5，去掉该语句会形成死循环
      }              //循环语句结束位置
   </SCRIPT>
 </HEAD>
<BODY>
</BODY>
</HTML>
```

将页面保存为 while.htm 文件，在浏览器中执行，结果如图 3-6 所示。

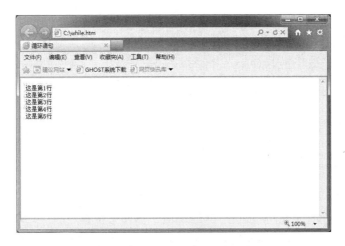

图 3-6　while 循环实例的运行结果

程序执行时，循环变量 i 的初值为 1，条件表达式 i<=5 的值为真，因而输出 "这是第 1 行"，并换行，在循环体中 i 的值加 1 变为 2，然后返回，继续判断条件表达式 i<=5，仍然为真，继续输出 "这是第 2 行"，……，直到 i 的值加到 5，输出 "这是第 5 行" 并换行后，i 的值变成 6，条件表达式 i<=5 为假，条件不满足了，所以退出循环。

3.2.2　do...while 语句

do...while 语句与 while 语句的功能很相似，也是用于在满足指定条件时反复执行一组语句。其语法格式如下：

```
do {
    语句组；
} while (表达式)；
```

说明：　do...while 与 while 语句在语法上的一个重要差别是 do...while 语句的末尾使用分号来结束整个语句，而 while 语句的末尾则不需要分号。

do...while 语句在执行时首先执行循环体中的语句组，然后再判断表达式的值，如果表达式的值为真，则重复执行语句组，直到表达式的值为假时退出循环。

do...while 语句和 while 语句的差别在于 while 语句在执行时首先判断循环条件是否成立，然后再确定是否进入循环体执行循环；而 do...while 语句是先执行循环体的语句，然后再测试循环条件是否成立，从而确定是否继续重复执行循环体中的语句。即 do...while 循环体中的语句组至少会被执行一次。

实例 3.5　do...while 语句的使用。

```
<HTML>
 <HEAD>
  <TITLE>求 1 到 10 的阶乘</TITLE>
   <SCRIPT Language="JavaScript">
   var result=1;            //用于存放求阶乘的结果
   var i=1;                 //循环变量
```

```
    do
      {                               //循环开始位置
      result*=i;              //求阶乘
      document.write(i,"的阶乘为:",result);          //输出
      document.write("<br>");
       i++;          //增加 i 的值，使 i 的值趋向于 10，去掉该语句会形成死循环
      } while (i<=10);
    </SCRIPT>
  </HEAD>
 <BODY>
 </BODY>
</HTML>
```

将页面保存为 dowhile.htm 文件，在浏览器中执行，结果如图 3-7 所示。

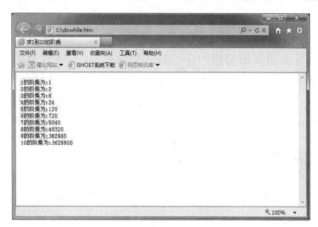

图 3-7　do…while 循环实例的运行结果

3.2.3　for 语句

前面讲解的两种循环都是利用条件表达式来控制循环的，如果在循环次数已知的情况下，可以使用 for 语句，来使得程序更加简洁。for 语句的语法格式如下：

```
for (初始表达式;条件表达式;增量表达式)
{
   语句组;
}
```

for 语句中包括一个圆括号，其中包含 3 个使用分号分隔的表达式，这 3 个表达式的主要作用如下。

- 初始表达式。用于声明 for 循环中使用的变量并为其赋初始值，该表达式只在循环开始时执行一次。
- 条件表达式。用于指定 for 循环执行结束的条件，每次执行循环时都要先判断该条件表达式的值，如果表达式的值为真，则执行循环体中的语句；如果条件表达式的值为假，则退出循环。
- 增量表达式。用于修改包含在条件表达式中的循环变量的值，通过增加或减少循

环变量的值，从而使循环趋向结束。该表达式是在每次执行循环体之后执行的。
整个 for 语句执行的流程如下。

(1) 首先执行初始表达式，给循环变量(或其他变量)赋初值。

(2) 然后判断条件表达式的值，如果条件表达式的值为真，则执行循环体中的语句组；如果条件表达式的值为假，则退出循环。

(3) 接着执行增量表达式，改变循环变量的值。

(4) 重复执行(2)、(3)步，直到条件表达式的值为假退出循环。

for 语句等价于下述的 while 语句：

```
初始表达式;
while (条件表达式) {
    语句组;
    增量表达式;
};
```

实例 3.6　for 语句的使用。其代码如下：

```
<HTML>
 <HEAD>
  <TITLE>用 for 语句求 1 到 10 的阶乘</TITLE>
   <SCRIPT Language="JavaScript">
    var result=1;              //用于存放求阶乘的结果
for (var i=1;i<=10;i++)        //循环开始位置
  {
         result*=i;            //求阶乘
         document.write(i,"的阶乘为:",result);          //输出
         document.write("<br>");
       }
   </SCRIPT>
 </HEAD>
<BODY>
</BODY>
</HTML>
```

将页面保存为 for.htm 文件，在浏览器中执行，执行结果与实例 3.5 完全一致。

3.2.4　for...in 语句

JavaScript 中还提供了一个特殊的 for 语句，即 for...in 语句，它是专门用来对数组和对象进行循环遍历的。

for...in 语句的语法格式如下：

```
for (变量 in 数组或对象)
{
    语句组;
}
```

for...in 语句在执行时，对数组或对象中的每一个元素，重复执行语句组的内容，直到处理最后一个元素为止。

实例 **3.7** 利用 for...in 语句遍历数组。

```
<HTML>
 <HEAD>
  <TITLE>用 for...in 语句输出数组中的值</TITLE>
   <SCRIPT Language="JavaScript">
    var myarray=new Array();                    //用于存放求阶乘的结果
    for (var i=0;i<10;i++)                       //循环开始位置
       {
        myarray[i]=i*10;                         //给数组元素赋值
       }
    for (i in myarray)
       {
        document.write("数组中第",i,"个元素是：");    //输出数组元素位置
        document.write(myarray[i]+"<br>");       //输出数组中第 i 个元素的值
       }
   </SCRIPT>
 </HEAD>
<BODY>
 </BODY>
</HTML>
```

将页面保存为 forin.htm 文件，在浏览器中执行，结果如图 3-8 所示。

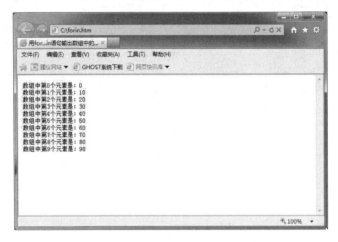

图 3-8　for...in 循环遍历数组实例的运行结果

在本实例中使用 for (i in myarray)语句对数组进行循环遍历时，变量 i 都能够依次获得数组单元的位置，并通过 document.write(myarray[i]+" ")语句输出这个位置上数组单元的值，直到整个数组被访遍历完。

3.2.5　with 语句

通过 with 语句可以遍历对象的属性和方法，而不需要每一次都输入对象的名称。with 语句的语法结构如下：

```
with (对象名)
```

```
{
    语句组;
}
```

使用 with 语句，在语句组中使用对象名所属的属性和方法时，可以省略对象名。尤其是在遍历访问对象属性和方法时，不必在每个属性名前都加其所属的对象前缀，这样可以大大减少代码量。

实例 3.8 利用 with 语句使用 document 对象属性。其代码如下：

```
<HTML>
 <HEAD>
  <TITLE>用 with 语句操作对象属性</TITLE>
  <SCRIPT Language="JavaScript">
   with(document)
     {
       bgColor="pink";      //改变 document 对象的 bgColor 属性
       fgColor="blue"        //改变 document 对象的 fgColor 属性
       write("背景是粉红色的，前景(文字)是蓝色的");
     }
  </SCRIPT>
 </HEAD>
<BODY>
</BODY>
</HTML>
```

将页面保存为 with.htm 文件，在浏览器中执行，结果如图 3-9 所示。页面的背景色被设置为粉红色，页面前景色(文字颜色)被设置为蓝色。

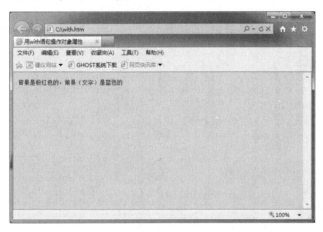

图 3-9　利用 document 对象设置页面背景色和前景色的运行结果

在本实例中 document 是文档对象(后面章节中会详细讲解)，bgColor 和 fgColor 是 document 对象的两个属性，分别代表背景色和前景色。write()是 document 对象的一个方法，用于输出括号中的内容，前面曾多次用到，但在使用时都需要在方法名前加上对象名，即用 document.write()的形式来输出内容。而在本实例中，直接使用了 with(document)语句，这是因为可以在 with 语句的语句组中省略对象名 document，而直接使用 bgColor、fgColor、write()来引用对象的属性和方法。

3.2.6 break 语句

在之前介绍的 switch 语句中使用过 break 语句，该语句用于跳出 switch 语句，执行程序中 switch 语句后面的语句。同样，break 语句也可以使用在循环语句中，用于终止循环语句的执行，从而跳出循环体接着执行循环语句后面的语句。

break 语句的语法格式如下：

```
break;
```

循环语句中的 break 语句通常会在其前加上判断条件，以 while 语句为例，含有 break 语句的 while 循环语句的基本格式如下：

```
while (表达式)
{
    语句组 1;
    if (表达式 2) break;
    语句组 2;
}
```

同样地，break 语句也可以使用在其他几种循环语句中。

实例 3.9 循环语句中的 break 语句。其代码如下：

```
<HTML>
<HEAD>
  <TITLE>使用 break 语句</TITLE>
  <SCRIPT Language="JavaScript">
    var i=1;
    var result=1;
    while (i<=10)
      {
      result*=i;
      if (result>10000) break;          //条件成立，则执行 break 语句跳出循环体
      document.write(i,"的阶乘为:",result);   //条件不成立，则执行输出语句
      document.write("<br>");
      i++;
      }
  </SCRIPT>
</HEAD>
<BODY>
</BODY>
</HTML>
```

将页面保存为 break.htm 文件，在浏览器中执行，结果如图 3-10 所示。

本实例用于计算 1～10 的阶乘并输出，但当结果大于 10000 时将提前结束循环。从图 3-10 中可以看出，程序并没有输出 1 到 10 的阶乘，而只输出了 1 到 7 的阶乘，这是由于 8! =40320，因为 40320>10000，所以 if 语句中的判断条件成立，程序执行 break 语句跳出了循环。

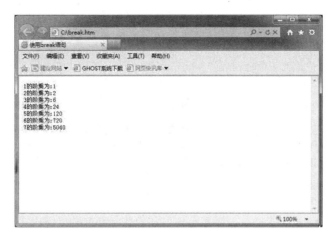

图 3-10　实例 3.9 的运行结果(满足条件时跳出循环)

3.2.7　continue 语句

除了可以使用 break 语句改变循环的执行顺序外，还可以使用 continue 语句来改变循环的执行顺序。与 break 语句的不同之处在于 continue 语句仅终止本次循环，而 break 语句则是终止整个循环。

continue 语句的语法格式如下：

```
continue;
```

同样，continue 语句也可以用于各种循环语句中，还是以 while 循环为例，含有 continue 语句的 while 语句的基本语法格式如下：

```
while (表达式)
{
    语句组 1;
    if (表达式 2) continue;
    语句组 2;
}
```

从上面的语句可以看出，continue 语句和 break 语句不同，执行 continue 语句后，只是循环体中的语句组 2 未被执行，程序将返回到判断循环条件处继续执行循环。

实例 3.10　循环语句中的 continue 语句。其代码如下：

```
<HTML>
<HEAD>
  <TITLE>使用 continue 语句</TITLE>
  <SCRIPT Language="JavaScript">
    var i;
    for (i=1;i<=100;i++)
    {
      if (i%3!=0)
        continue;
      document.write(i," ");
    }
```

```
   </SCRIPT>
  </HEAD>
 <BODY>
 </BODY>
</HTML>
```

将页面保存为 continue.htm 文件，在浏览器中执行，结果如图 3-11 所示。

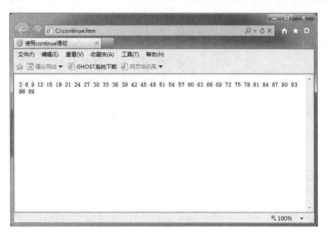

图 3-11　实例 3.10 的运行结果(满足条件时跳出当前循环)

本实例在页面中输出 1～100 中能被 3 整除的数，那些不能被 3 整除的值由于满足了 if 语句中的判断条件而执行了 continue 语句，跳出了当前循环，所以没有执行输出语句，但并没有因此终止全部循环，而是直接进入下一个循环过程。

课 后 小 结

本章主要介绍了 JavaScript 语言的程序结构，JavaScript 的程序结构分为 3 种：顺序、选择和循环。顺序结构非常简单，选择结构可以使用 if 和 switch 语句来实现，循环结构可以使用 while、do…while、for、for…in 和 with 语句来实现，其中还可以使用 break、continue 结束整个循环或结束本次循环。

习 题

一、填空题

1. 如果 do…while 语句的条件表达式的初始值为 false，do…while 循环体中的语句会执行_____次。

2. 使用_____语句终止本次循环，但不完全退出循环，而是重新开始下一次循环。

二、选择题

下面(　　)循环语句的语法是正确的?

A.　```
while (i<=5,++i) {
    document.writeln(i);
}
```

B.　```
do while (i<=5) {
    document.writeln(i);
    ++i;
}
```

C.　```
while (i<=5) {
    document.writeln(i);
    ++i;
}
```

D.　```
while (i<=5, document.writeln(i)) {
    ++i;
}
```

三、上机练习题

1. 一位同学物理、化学和数学 3 门课的成绩分别为 80、58 和 69 分,使用 if-else 结构编写程序,判断他 3 门功课是否及格并输出。

2. 用 switch 语句编写程序,根据用户输入的年龄判断是哪个年龄段的人?(年龄在 0～10 岁为儿童,10～20 岁为青少年,20～40 岁为青年,40～60 岁为中年,60 岁及以上为老年)

3. 找出 1～100 之间能被 17 整除的数,并将其打印出来。你能找到多少个这样的数?

4. 使用 while 循环计算自然数的平方。如果平方数大于 100 就停止循环;否则继续。

第 4 章
JavaScript 中的函数

学习目标:

在编写程序时, 经常需要重复使用某段程序代码, 如果每次都重新编写, 显然比较麻烦。因此, 从程序代码的维护性和结构性角度考虑, 可以将经常使用的程序代码依照功能独立出来, 这就需要使用函数来定义, 函数是完成特定任务的一段程序代码。本章将详细讲解 JavaScript 中函数的定义和使用。

内容摘要:

- 熟悉 JavaScript 中函数的定义方法
- 理解函数的参数和返回值
- 熟练掌握 JavaScript 中函数的调用
- 理解变量的作用域的概念
- 熟练掌握 JavaScript 中常用的系统函数

4.1 函数的定义

函数为程序设计人员提供了很多方便。通常在设计功能复杂的程序时，总是需要根据所要完成的功能，将程序划分为一些相对独立的部分，每部分编写为一个函数。从而使程序各部分充分独立，并完成单一的任务，使整个程序结构清晰，达到易读、易懂、易维护的目标。

在使用函数之前，必须首先定义函数。函数一般定义在 HTML 文档的<head>部分，在<script>标记内部，函数调用可以出现在任何位置。此外，函数也可以在单独的脚本文件中定义，并保存在外部文件中。

说明： JavaScript 的内置函数是在设计 JavaScript 解释器时已经定义好的一组函数，只不过这个定义过程由解释器的开发者完成，而不是应用程序的开发人员完成而已。

定义函数的语法格式如下：

```
function 函数名(形式参数 1,形式参数 2,…,形式参数 n)
{
    语句组;
}
```

其中：

- function 是定义函数的 JavaScript 保留关键字。
- 函数名是用户自己定义的，可以是任何有效的标识符，但通常要为函数赋予一个有意义的名称。
- 函数可以不带参数或带多个参数，用于接收调用函数时传递的变量和值。通常把在定义函数时的参数称为形式参数，也可以简称为形参。形式参数必须用圆括号括起来放在函数名之后，圆括号不能省略，即使是不带参数时，也要在函数名后加上括号。如果有多个形式参数，形式参数之间用逗号分隔。
- 用来实现函数功能的一条或多条语句放在大括号中，称为函数体。一般来说，函数体是一段相对独立的程序代码，用于完成一个独立的功能。函数体的最后，一般使用 return 语句将返回值返回调用函数的程序。

例如，下面示例代码定义一个函数 hello()：

```
function hello()
{
    document.write("你好！");
}
```

这是一个不带参数的非常简单的函数，用于输出字符串"你好！"。

4.2　函数的调用

在定义函数之后，就可以使用该函数了。使用函数的过程称为函数调用，只有调用该函数，才会真正执行该函数的功能。在 JavaScript 中，可以在程序代码中调用函数，也可以在事件响应程序中调用函数，还可以通过链接调用函数。

函数调用的方法非常简单，只需要在调用处写上函数名、圆括号以及要传递的参数值就可以了。函数调用的基本语法格式如下：

```
函数名(实际参数 1,实际参数 2,…,实际参数 n)
```

其中：

● 函数名要与定义函数时使用的名称相同。

● 实际参数是要传递给函数的变量或值，也可以简称为实参，其参数的类型、个数以及先后次序要与定义函数时的形式参数相同，参数名可以不同。函数在执行时，会按顺序将实际参数的值传递给形式参数。具体格式如下：

```
function 函数名(形式参数 1,形式参数 2,…,形式参数 n)
{
    语句组;
}


函数名(实际参数 1,实际参数 2,…,实际参数 n)
```

● 同定义函数时相同，函数名之后的圆括号是不能省略的，即使没有参数也要带圆括号。

如果要调用前面定义的 hello()函数，只要在程序中加入如下代码即可：

```
hello();
```

实例 4.1　函数的定义和使用。

```
<HTML>
<HEAD>
  <TITLE>定义和使用函数</TITLE>
  <SCRIPT Language="JavaScript">
    function myresume()    //函数定义
    {
        document.write("姓名: 张三");
        document.write("<br>性别: 男");
        document.write("<br>年龄: 28");
        document.write("<br>职业: 教师");
        document.write("<br>爱好: 编程");
    }
    myresume();    //函数调用
  </SCRIPT>
</HEAD>
```

```
<BODY>
</BODY>
</HTML>
```

将页面保存为 function1.htm 文件，在浏览器中执行，结果如图 4-1 所示。

图 4-1　函数调用执行结果

　　在上述程序中，首先定义了一个显示个人信息的函数 myresume()，然后使用 myresume()语句调用该函数来执行该函数的函数体中的语句。在实例中，定义函数的语句在调用函数语句之前，实际上也可以将调用函数的语句移到定义函数之前，也可以在其他程序中调用该函数。

4.3　函数的参数和返回值

　　函数在定义时，可以定义函数的参数和返回值，当函数调用时，需要设置实际参数值，当函数调用结束后，函数需要将返回值返回。

4.3.1　函数的参数

　　如果在定义函数时声明了形式参数，调用函数时就应该为这些参数提供实际的参数。在 JavaScript 中，有两种参数传递方式，即值传递和地址传递。

　　当函数参数为直接量、基本类型变量时，JavaScript 采用值传递的方式，即实参将变量的值传给形参，当在函数内对形参的值进行了修改时，并不影响实参的值。

　　调用函数的实参应该与定义函数时的形参相对应，如果出现参数不等时，JavaScript 按以下原则进行处理：如果调用函数时实参的个数多于定义函数时形参的个数，则忽略最后多余的参数。如果调用函数时实参的个数少于定义函数时形参的个数，则将最后没有接收传递值的参数的值赋为 undefined。

　　下面示例代码是实参个数多于形参个数的情况：

```
function hanshu(a,b,c,d)
{
```

```
……
}
hanshu(5,x,y);
hanshu(1,2,3,4,5);
```

其中，在函数定义中声明了四个形参 a、b、c、d，而在调用时，在第一个调用函数的
语句中，实参个数少于形参个数，只有三个实参，程序在执行时，会按顺序把 5 传递给形
参 a，把变量 x 的值传递给形参 b，把变量 y 的值传递给形参 c，而形参 d 则赋值为
undefined。在第二个调用该函数的语句中，实参个数多于形参个数，这时会依次将数值
1、2、3、4 分别传递给形参 a、b、c、d，而忽略最后的实参。

说明：　建议在函数参数传递时尽量不要出现这两种情况。

实例 4.2　带参数的函数调用。

```html
<HTML>
 <HEAD>
  <TITLE>定义和使用函数</TITLE>
  <SCRIPT Language="JavaScript">
    var name,sex,age,profession,interest;
    name="张三";
    sex="男";
    age=28;
    profession="教师";
    interest="编程";
    resume(name,sex,age,profession,interest);//调用函数
    name="王五";
    profession="工人";
    resume("李四","女",25,"记者","音乐");//调用函数
    resume(name,"男",32,profession,"读书");//调用函数

    function resume(xm,xb,nl,zy,ah)    //函数定义
     {
        document.write("<br>姓名: ",xm);
        document.write(" 性别: ",xb);
        document.write(" 年龄: ",nl);
        document.write(" 职业: ",zy);
        document.write(" 爱好: ",ah);
     }

  </SCRIPT>
 </HEAD>
<BODY>
</BODY>
</HTML>
```

将页面保存为 function2.htm 文件，在浏览器中执行，结果如图 4-2 所示。

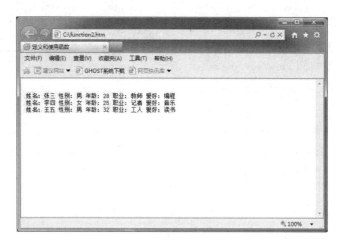

图 4-2 带参数的函数调用执行结果

与实例 4.1 类似，本实例也定义了一个输出个人信息的函数，但 resume(xm,xb,nl,zy,ah) 函数带有 5 个参数，在程序中调用该函数时，每次传递的实际参数都不同，从而完成了输出不同的人的信息的功能。

当函数参数为数组、对象时，将采用地址传递的方式，即在调用函数并传递参数时，将实参变量对应的地址传递给形参变量，函数会根据地址取得参数的值。由于形参与实参变量的地址相同，即指向同一个变量，因此，当形参的值发生改变时，实参也会随之改变。

实例 4.3 地址传递的函数调用。

```
<HTML>
<HEAD>
 <TITLE>数组作函数参数</TITLE>
 <SCRIPT Language="JavaScript">
   var a=new Array("张三","男",28,"教师","编程");
   document.write("姓名  性别  年龄  职业  爱好<br>");
   resume(a);//调用函数,参数为数组
   a[0]="李四";
   a[1]="女";
   a[2]=25;
   a[3]="记者";
   a[4]="音乐";
   resume(a);//调用函数
   a[0]="王五";
   a[1]="男";
   a[2]=32;
   a[3]="工人";
   a[4]="读书";
   resume(a);//调用函数

   function resume(a)     //定义函数
   {
       for (i in a)
```

```
            document.write(a[i]+"  ");
        document.write("<br>");
      }
    </SCRIPT>
  </HEAD>
<BODY>
</BODY>
</HTML>
```

将页面保存为 function3.htm 文件，在浏览器中执行，结果与实例 4.2 相同。在本实例中，函数的参数为一个数组，在函数调用时采用的是地址传递的方式，即将数组的首地址作为参数的值进行传递。

下面通过一个实例来说明值传递和地址传递在使用上的区别。

实例 4.4　地址传递和值传递的函数调用对比。

```
<HTML>
 <HEAD>
  <TITLE>值传递和地址传递</TITLE>
   <SCRIPT Language="JavaScript">
     var x=new Array(1,2,3);
     var y=5;
     document.write("调用函数前:<br>");
     document.write("基本类型变量的值为:",y,"<br>");
     document.write("数组的值为:");
     for(i=0;i<x.length;i++)
         document.write(x[i]," ");
     document.write("<br>");
     example(x,y);   //调用函数
     document.write("调用函数后:<br>");
     document.write("基本类型变量的值为:",y,"<br>");
     document.write("数组的值为:");
     for(i=0;i<x.length;i++)
         document.write(x[i]," ");
     function example(a,b)    //定义函数
      {
         a[0]=10;
         a[1]=20;
         a[2]=30;
         b=50;
         document.write("函数中:<br>");
         document.write("基本类型变量的值为:",b,"<br>");
         document.write("数组的值为:");
       for(i=0;i<a.length;i++)
          document.write(a[i]," ");
          document.write("<br>");
      }
    </SCRIPT>
  </HEAD>
<BODY>
</BODY>
</HTML>
```

将页面保存为 function4.htm 文件，在浏览器中执行，结果如图 4-3 所示。

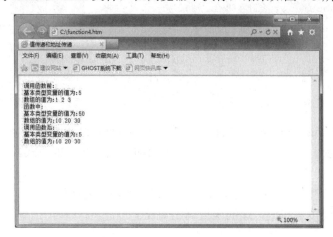

图 4-3   地址传递和值传递的函数调用执行结果对比

在本实例中调用 example(x,y)函数，并同时传递了两个参数，一个参数是数组 x，另一个参数是基本类型变量 y，在函数中改变了它们的值，当返回调用它们的主程序后，可以看到，基本类型变量的值没有改变，而数组的值发生了改变。这是由于对基本类型的参数来说，采用值传递的方式，在函数中改变了参数的值，但不会带回调用程序。而对于数组类型的参数，采用地址传递的方式，在函数中改变了参数的值，因而会将改变的值带回调用程序，所以在调用函数后，数组的值发生了改变。

4.3.2   函数的返回值

在函数中可以使用 return 语句使函数返回一个值。return 语句的基本语法格式如下：

```
return  [表达式];
```

其中，表达式的值即是要返回的值，表达式可以省略，省略表达式的 return 语句的返回值为 undefined。

📖 说明：　函数中可以使用 return 语句，也可以不使用 return 语句，但 return 语句只能出现在函数中。

程序在执行函数的过程中，当遇到 return 语句时，就将不再执行该语句后面的程序语句，而是将控制权转交给调用函数的程序。如果函数中没有 return 语句，那么 JavaScript 会隐含地在函数末尾添加一条返回 undefined 值的 return 语句。因此，可以说所有的函数都有返回值，只不过在没有显式使用 return 语句的函数中，系统缺省地添加一条返回 undefined 值的 return 语句。

例如，下面示例代码中的函数将返回两个数的最大值：

```
function max(x,y)
{
  var max=a>b?a:b;
  return max;
}
```

其中，a>b?a:b 是一个由条件运算符构成的表达式，表示当 a>b 时，表达式的值为变量 a 的值；否则表达式的值为变量 b 的值。因而使用该表达式可以将 a、b 两个中最大的值赋值给变量 max，并由 return 语句返回。

4.4　函数的嵌套和递归

JavaScript 支持函数的嵌套定义，即在一个函数内部定义和使用另一个或多个函数。这是 JavaScript 语言所独有的，C++、Java 都只支持函数的嵌套调用，但不支持函数的嵌套定义。

说明： 从 IE 4 和 Netscape Navigate 4 开始，这两个系列浏览器都开始支持函数的嵌套定义功能。

函数嵌套定义的语法格式如下：

```
function funcA()
{
//这里是函数 funcA()的一条或多条语句，其中包括myfuncB()函数的定义
  function.funcB()
    {
        //这里是函数 funcB()的一条或多条语句，可以使用 funcA()函数中声明的变量
    }
}
```

在这个结构中，funcB 称为内层函数，funcA 称为外层函数。内层函数可以使用外层函数中定义的变量，但外层函数不能使用内层函数定义的变量。外层函数可以调用内层函数。采用嵌套函数定义后，其他函数不能直接访问内层函数，只能通过外层函数进行访问，从而实现了信息的隐藏。

实例 4.5　嵌套函数的定义和使用。

```
<html>
  <head>
    <meta http-equiv="Content-Type" content="text/html; charset=gb2312"
/>
    <title>嵌套函数</title>
    <script type="text/javascript">
    function fun1(){ //定义外层函数
    function fun2(){ //定义内层函数
    var a=50;
    var b=a+5;
    return a+b;
    }
    var a=900;
    var b=Math.sqrt(a);
    return b+fun2();
    }
    </script>
```

```
  </head>
  <body>
    <div id="main">
      <script type="text/javascript">
        document.write("函数的返回值为："+fun1()); //调用外层函数
      </script>
    </div>
  </body>
</html>
```

将页面保存为 function5.htm 文件，在浏览器中执行，结果如图 4-4 所示。

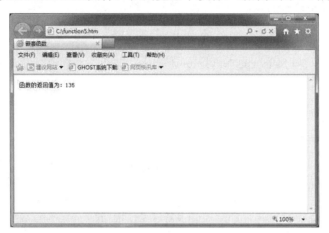

图 4-4　调用嵌套函数

在上述实例代码中，定义了外层函数 fun1()，在外层函数中定义了内层函数 fun2()，并在外层函数中调用了内层函数。这样在页面中调用函数 fun1()，函数 fun1()将调用函数 fun2()，从而形成函数的嵌套调用。

JavaScript 除了支持在一个函数中调用其他函数外，还支持在一个函数中直接调用该函数本身，或者几个函数之间相互调用，这种调用称为函数的递归调用。

下面示例代码是在函数 f1()中直接调用函数自身的形式。

```
function f1()
{
  ......
  f1();
  ......
}
```

递归函数的另一种形式是在几个函数之间相互调用，从而形成隐含递归调用。例如，下面示例代码是在函数 f1()中调用 f2()函数，又在 f2()函数中调用 f1()函数，从而形成递归。

```
function f1()
{
  ......
  f2();
```

```
......
}
function f2()
{
  ......
  f1();
  ......
}
```

递归函数效率很低，但递归函数的结构有利于理解和解决一些实际问题，如求递归函数的值、汉诺塔问题等。

实例 4.6　递归函数的使用。

```
<HTML>
 <HEAD>
  <TITLE>递归函数</TITLE>
   <SCRIPT Language="JavaScript">
    {
    function f(n)  //定义函数 f(n)
     {
     //此句是为理解程序而输出的, 去掉不影响程序所完成的功能
        document.write("调用 f(",n,")<br>");
        if (n==1)
          return 1;
        else
          return  f(n-1)+5;   //函数递归调用
     }
      document.write("f(5)的值为: ",f(5));  //调用函数 f(n)
    }
   </SCRIPT>
 </HEAD>
<BODY>
</BODY>
</HTML>
```

将页面保存为 function6.htm 文件，在浏览器中执行，结果如图 4-5 所示。

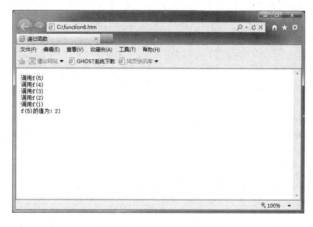

图 4-5　函数的递归调用

递归函数的执行过程可以分为两个阶段：第一阶段是"回溯"；第二阶段是"递推"。在上述实例中，程序首先"回溯"，根据公式 f(n)=f(n-1)+n，即要求 f(5)的值，必须先求出 f(5-1)的值，即 f(4)的值，同理，要求 f(4)的值要先求出 f(4-1)的值，依次类推，直到要求 f(1)的值时，即可根据公式直接求出 f(1)=1；然后再进行"递推"，即求出 f(1)值后，f(1)运行结束，程序返回调用 f(1)的程序 f(2)，求出 f(2)=f(1)+5=6；接着程序再返回调用 f(2)的程序 f(3)，求出 f(3)=f(2)+5=11；同理可以求出 f(4)=16，最后求出 f(5)=21。这就是递归函数的执行过程。即在函数调用自己时，从函数开始处重新执行，当重新执行的函数结束时，返回到调用该函数的地方继续执行。

说明： 在设计递归函数时，最重要的是要让函数在适当的时候结束递归；否则程序就无限制地运行下去，从而造成系统的崩溃。

4.5 变量的作用域

通俗地讲，作用域就是变量在什么范围起作用。在 JavaScript 中，根据变量的作用域可以把变量分为全局变量和局部变量。

在函数外声明的变量，其作用域为全局作用域，也就是说，该变量在 HTML 文档中声明后的任何程序段中都可以使用，这样的变量称为全局变量。

在函数内部声明的变量，其作用域为局部作用域，也就是说，该变量只能在定义它的函数内部使用，在这个函数外部，该变量没有意义，这样的变量称为局部变量。

实例 4.7 不同作用域变量的使用。

```
<HTML>
 <HEAD>
  <TITLE>变量的作用域</TITLE>
  <SCRIPT Language="JavaScript">
   {
    var name="张三";      //全局变量 name
    var age=20;          //全局变量 age
    function funcA()  //定义函数 funcA()
    {
     var name="李四";   //局部变量 name
     document.write("在函数内部: <br>");
     document.write("变量 name 的值为: ",name);
     document.write("<br>变量 age 的值为: ",age);
     document.write("<br>");
    }
    funcA(); //调用函数 funcA();
    document.write("在函数外部: <br>");
    document.write("变量 name 的值为: ",name);
    document.write("<br>变量 age 的值为: ",age);
   }
  </SCRIPT>
 </HEAD>
```

```
<BODY>
 </BODY>
</HTML>
```

将页面保存为 function7.htm 文件，在浏览器中执行，结果如图 4-6 所示。

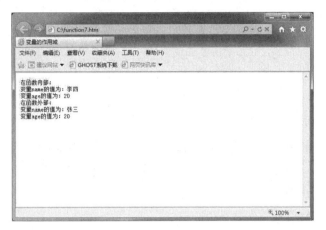

图 4-6　不同作用域变量的使用

在上述实例代码中，在函数外定义的变量 name 和 age 是全局变量，它们在整个程序范围内都可以使用，所以在 funcA()函数内外两次输出变量 age 的值都为 20。在函数 funcA()中又定义了局部变量 name，其与全局变量重名，当局部变量与全局变量重名时，在局部函数作用域内，局部变量将起作用，因而在 funcA()函数内输出 name 变量的值将为"李四"。而在函数外输出 name 变量的值将会是"张三"。

4.6　JavaScript 中的系统函数

函数除了可以在程序中定义外，JavaScript 中还预先定义了一些常用的系统函数，这些函数可以不需要定义，直接在程序中调用。

4.6.1　encodeURI 函数

encodeURI() 函数可把字符串作为 URI 进行编码并返回，而 URL 是最常见的一种 URI。该函数的语法格式如下：

```
encodeURI(URIstring)
```

其中参数 URIstring 是一个字符串，含有 URI 或其他要编码的文本。

该方法的目的是对 URI 进行完整地编码，但不会对 ASCII 字母和数字进行编码，也不会对在 URI 中具有特殊含义的 ASCII 标点符号进行编码。

实例 4.8　URI 编码。

```
<HTML>
 <HEAD>
```

```
  <TITLE>URI 编码</TITLE>
   <SCRIPT Language="JavaScript">
     document.write(encodeURI("http://www.qdu.edu.cn")+ "<br />")
     document.write(encodeURI("http://www.qdu.edu.cn/My first/")+"<br
/>")
     document.write(encodeURI(",/?:@&=+$#"))
   </SCRIPT>
  </HEAD>
 <BODY>
 </BODY>
</HTML>
```

将页面保存为 uri1.htm 文件，在浏览器中执行，结果如图 4-7 所示。

图 4-7 URI 编码后输出

从图 4-7 所示的运行结果可以看出，encodeURI() 函数不会对,/?:@&=+$#这些具有特殊含义的 ASCII 标点符号进行编码，而是将其原样输出。

说明： 如果 URI 组件中含有分隔符，如?和#，则应当使用 encodeURIComponent()
方法分别对各组件进行编码。

4.6.2 decodeURI 函数

decodeURI() 函数可对 encodeURI() 函数编码过的 URI 进行解码。该函数的语法格式如下：

```
decodeURI(URIstring)
```

其中参数 URIstring 是一个字符串，含有要解码的 URI 或其他要解码的文本。

实例 4.9 URI 解码。

```
<HTML>
 <HEAD>
  <TITLE>URI 解码</TITLE>
   <SCRIPT Language="JavaScript">
   var encodeStr = encodeURI( "http://www.126.com/index.jsp?name=孙更新" );
```

```
    document.write( "encodeStr: " + encodeStr +"<br/>");
    var decodeStr = decodeURI(encodeStr); //对 URL 进行编码后的字符串进行解码
    document.write( "decodeStr: " + decodeStr);
    </SCRIPT>
  </HEAD>
<BODY>
</BODY>
</HTML>
```

将页面保存为 uri2.htm 文件，在浏览器中执行，结果如图 4-8 所示。

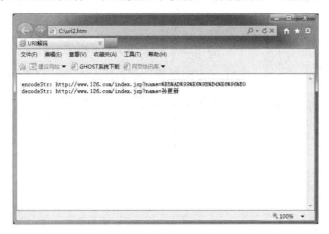

图 4-8　对 URI 编码后的字符串进行解码

从图 4-8 所示的运行结果可以看出，encodeURI() 函数编码过的 URL 经过 decodeURI() 函数解码后，将显示其原有的字符串。

那么为什么要对 URI 进行编码和解码呢？这是因为在使用 URI 进行参数传递时，经常会传递一些中文名的参数或 URL 地址，因为在有些传递页面使用 GB2312，而在接收页面使用 UTF8，这样接收到的参数就可能会与原来发送的不一致，在后台处理时会发生转换错误。利用 encodeURI() 函数对 URI 进行编码，则在传送时将不会发生错误，在后台处理时再利用 decodeURI() 函数进行解码，将得到正确的 URI。

4.6.3　parseInt 函数

parseInt() 函数用来将一个字符串按照指定的进制转换为一个整数，其语法格式如下：

```
parseInt(numString, [radix])
```

其中，第一个参数是要进行转换的字符串，第二个参数是介于 2～36 之间的数值，用于指定进行字符串转换时所用的进制。如果省略该参数或其值为 0，则字符串将以十进制来进行转换。如果它以"0x"或"0X"开头，将以十六进制来进行转换。

说明：　如果字符串的第一个字符不能被转换为数字，那么 parseInt() 会返回 NaN。

实例 4.10　字符串转换成整数值。

```
<html>
```

```
<body>
  <title>数字转换</title>
  <script type="text/javascript">
    document.write(parseInt("10") + "<br />")
    document.write(parseInt("19",10) + "<br />")
    document.write(parseInt("11",2) + "<br />")
    document.write(parseInt("17",8) + "<br />")
    document.write(parseInt("1f",16) + "<br />")
    document.write(parseInt("010") + "<br />")
    document.write(parseInt("He was 40") + "<br />")
  </script>
</body>
</html>
```

将页面保存为 parseInt.htm 文件，在浏览器中执行，结果如图 4-9 所示。

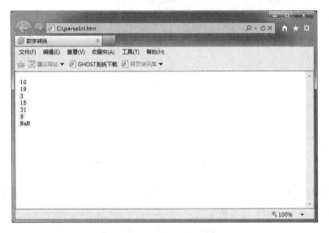

图 4-9　字符串转换结果

说明：　JavaScript 中还有功能与 parseInt()类似的 parseFloat()函数，该函数将字符串转化为浮点类型的数。

4.6.4　isNaN 函数

isNaN() 函数用于检查其参数是否是非数字值。其语法格式如下：

```
isNaN(x)
```

其中参数 x 就是要检测的值。如果 x 是特殊的非数字值 NaN(或者能被转换为这样的值)，返回的值就是 true；如果 x 是其他值，则返回 false。

isNaN()函数通常用于检测 parseFloat()和 parseInt()的结果，以判断它们表示的是否是合法的数字。当然也可以用 isNaN()函数来检测算术错误，如用 0 作除数的情况。

实例 4.11　检测数字是否非法。

```
<HTML>
<HEAD>
  <TITLE>判断数字转换</TITLE>
  <script language="javascript">
```

```
      var loginName = parseInt('amigo1121');
      if(isNaN(loginName)) {
      //如果 loginName 不是数值,执行如下语句
        alert("parseInt('qdu1121')的结果是: " + loginName);
      } else {
        alert("parseInt('qdu1121')的结果是数值!");
      }
    </script>
  </HEAD>
<BODY>
</BODY>
</HTML>
```

将页面保存为 isNaN.htm 文件，在浏览器中执行，结果如图 4-10 所示。

图 4-10　显示数字非法的提示框

4.6.5　eval 函数

eval()函数可以将某个参数字符串解析为一段 JavaScript 代码执行。其语法格式如下：

```
eval(string)
```

其中参数 string 是要解析的字符串，其中含有要执行的 JavaScript 表达式或语句。

该方法只接受原始字符串作为参数，如果函数的参数不是原始字符串，那么该方法将不作任何改变地返回。因此，不要为 eval()函数传递 String 对象来作为参数。

实例 4.12　执行字符串中的 JavaScript 代码。

```
<HTML>
 <HEAD>
  <TITLE>执行字符串中的 JavaScript 代码</TITLE>
  <script language="javascript">
    eval("x=10;y=20;document.write(x*y)")
  </script>
 </HEAD>
<BODY>
</BODY>
</HTML>
```

将页面保存为 eval.htm 文件，在浏览器中执行，结果如图 4-11 所示。

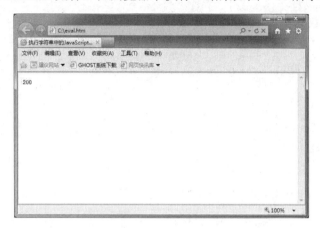

图 4-11　执行字符串中的 JavaScript 代码

从图 4-11 所示的运行结果可以看出，程序将 eval()函数中的 JavaScript 代码的执行结果 200 显示在页面上。

课 后 小 结

函数可以在一个或多个程序中被多次调用，也可以在多人开发的不同程序中应用。函数可以把大段的代码划分为一个个易于维护、易于组织的代码单位。这样，只有定义函数的人需要关心函数的实现细节，而调用函数的人则只需清楚函数的功能、调用方法即可。除了可以在程序中定义函数外，JavaScript 本身还提供了许多系统函数，可以在程序中直接调用。

习　题

上机练习题

1. 利用递归的思想，编写一个求取 n 的阶乘的函数。

2. 编写一个函数，实现将一组数据进行排序，并在程序中调用该函数，将排序结果输出。

第 5 章
JavaScript 中的对象

学习目标:

JavaScript 是一种基于对象的编程语言, 虽然并不具有面向对象语言的所有功能, 但是其确实使用并依赖于对象。JavaScript 提供了非常有用的内置对象, 简化了程序的设计。因而理解对象及其属性和方法的使用, 对于掌握 JavaScript 是非常重要的。本章将重点介绍对象的基本概念和 JavaScript 中常用的内置对象和浏览器对象。

内容摘要:

- 熟悉 JavaScript 中对象的基本概念
- 理解对象的属性和方法
- 熟练掌握 JavaScript 中常用的内置对象
- 熟练掌握 JavaScript 中常用的浏览器对象

5.1 对象的基本概念

对象编程技术自 20 世纪 70 年代开始，逐步取代了以过程为基础的结构化编程技术，成为目前占据主流地位的一种程序设计方法。在对象编程技术中，对象是构成程序的基本单位。对象是将数据和对该数据的操作代码封装起来的程序模块。它是有着各种特殊的数据(属性)和操作(方法)的逻辑实体。对象封装了所有的数据和方法，而且只有通过对象本身的方法才能操纵对象中的数据，这就使对象成为一个完全封装的实体，具有很强的模块性和可重用性。

对象编程技术可以分为面向对象(Object Oriented)和基于对象(Object-Based)两大类。Java 和 C++等属于面向对象程序设计语言，而 JavaScript 则是基于对象程序设计语言。通常"基于对象"即可以使用对象，但是无法利用现有的对象生成新的对象，基于对象的程序设计语言可以使用一些封装好的对象，只能使用对象现有的方法和属性，调用对象的方法，设置对象的属性。

简单地说，对象就是现实世界中客观存在的事物，如桌子、苹果、汽车、自行车等都是对象。在 JavaScript 中，对象本质上就是属性和方法的集合。属性主要是指对象内部所包含的一些自身的特征，而方法则表示对象可以具有的行为。例如，可以将自行车作为一个对象，"自行车"对象有以下属性：产地、型号、生产日期和颜色，自行车还有一些自己的行为，如前进、停止、后退等，这些行为可以定义为 go()、stop()和 reverse()方法。

5.1.1 对象的属性和方法

JavaScript 中对象是由属性和方法两个基本要素构成的。

属性是用来表示对象成员的一个变量，一个对象可以具有很多属性，如人这个对象具有名字、性别、年龄等属性。与之对应，在 JavaScript 中相应的对象就应该包含 name、sex 和 age 属性。通过对象的名称和属性名就可以访问对象的属性，对象名和属性之间用"."号分隔，访问格式如下：

```
对象名.属性名
```

大部分对象中的属性可以直接修改。例如，如果要把浏览器中显示的文字颜色改成蓝色，可以通过修改 document 对象的 fgColor 属性值直接实现。该属性可以按以下方式访问和设置：

```
document.fgColor = "blue";
```

上述语句将字符串"blue"赋给 doucument 的 fgColor 属性，从而使得浏览器中的文字以蓝色来显示。

说明：　还有一些对象中的属性是不能直接修改的，如字符串对象 String 的 length 属性。该属性不能通过程序直接赋值改变。

方法是对象中定义的函数，用来执行某个特定操作，表明对象所具有的行为。一个对象可以具有很多方法，方法可以用与属性相似的方式进行访问，其语法格式如下：

```
对象名.方法名(参数列表);
```

方法中如果含有多个参数，参数间需用逗号隔开，即使没有参数，也需要加括号。例如，本书前面经常使用 document 对象的 write()方法来向页面输出信息，该方法就需要有一个参数。其调用语句如下：

```
document.write("message");
```

再例如，window 对象的 prompt()方法用于创建一个供用户输入文字的对话框，其语法格式如下：

```
window.prompt(message, defaultInput);
```

该方法需要两个参数，参数间用逗号隔开。

5.1.2　对象的创建和删除

预定义对象是 JavaScript 提供的已经定义好的对象，用户可以直接使用。预定义对象包括 JavaScript 内置对象和浏览器对象。

1. 内置对象

JavaScript 将一些常用的功能预先定义成对象，用户可以直接使用，这种对象就是内置对象。内置对象可以帮助用户在编写程序时实现一些最常用、最基本的功能。

2. 浏览器对象

浏览器对象是浏览器提供的、可供 JavaScript 使用的对象。现在，大部分浏览器可以根据系统当前的配置和所装载的页面自动为 JavaScript 提供一些可供使用的对象。例如，本书前面经常用到的 document 对象就是一个浏览器对象。在 JavaScript 程序中可以通过调用浏览器对象，获得一些相应的功能。

说明：　不同的浏览器通过的浏览器对象不一定完全相同。

在使用对象之前首先必须创建对象。JavaScript 中创建对象主要有以下几种途径：
(1) 使用 new 运算符和构造函数创建对象。

使用 new 运算符可以创建一个对象的实例。实际上，程序使用的对象都是调用或操作对象的实例。要创建一个对象的实例，只要使用 new 运算符，然后跟上要创建对象的构造函数即可。new 运算符返回所创建对象的引用，程序应该把这个引用赋值给某个变量，并通过这个变量来访问所创建的对象实例。使用 new()运算符创建对象的语法格式如下：

```
var obj=new object(Parameters table);
```

其中，obj 变量用来存放新创建的对象的引用；object()是要创建的对象的构造函数；Parameters table 是构造函数的参数列表。

下面是使用 new 运算符创建对象的示例代码：

```
var car=new Object();
var newDate=new Date();
var birthday=new Date(December 12.1998);
```

(2) 使用对象直接量创建对象。

对象直接量提供了另一种创建对象的方式。对象直接量允许将对象描述字符串嵌入到 JavaScript 代码中。对象直接量是由属性说明列表构成，每个属性说明列表都由一个属性名及跟在其后的冒号和属性值构成，该列表包含在大括号中，其中的每个属性说明用逗号隔开。使用对象直接量创建对象的语法格式如下：

```
var myobject={属性名1;属性值1, 属性名2:属性值2,…属性名n;属性值n}
```

这种定义方式实际上是声明一种类型的变量，并同时进行了赋值。因此，声明后的对象直接量可以在代码中直接使用，而不必使用 new 关键字来创建对象。

实例 5.1 使用对象直接量创建对象。

```
<HTML>
 <HEAD>
  <TITLE>使用对象直接量创建对象</TITLE>
  <SCRIPT Language="JavaScript">
    {
        var circle={x:0,y:0,radius:2}//定义对象直接量
        document.write("圆心在:",circle.x," ",circle.y," 半径
为:",circle.radius);
    }
  </SCRIPT>
 </HEAD>
<BODY>
</SCRIPT>
</BODY>
</HTML>
```

将页面保存为 obj1.htm 文件，在浏览器中执行，结果如图 5-1 所示。

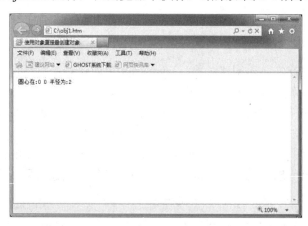

图 5-1 使用对象直接量创建对象的执行结果

在本实例中，使用对象直接量创建对象，并在程序中使用变量 circle 引用该对象，在

后续程序中，可以利用 circle 直接调用对象的属性。此种方法只是创建了对象的一个实例，如果在程序中要创建该对象的多个实例，需要将对象直接量在程序中多次定义。

如果某个对象在程序中不再被使用，可以删除该对象。在程序中删除对象，只需要将该对象设置为 null 或者 undefined 即可。

说明： JavaScript 的垃圾回收机制会自动回收不再使用的对象的内存空间，一般情况下，开发者不需对此做过多的干预。

5.2　内　置　对　象

在 JavaScript 中虽然用户可以创建自己的对象，但是也经常会使用语言中预先定义的、"固有"的对象来进行各种操作。实际上，在之前讲解中已经使用过一些 JavaScript 的内置对象，如 String 对象、Number 对象、Math 对象、Date 对象、Array 对象等。

5.2.1　String 对象

字符串是 JavaScript 中最常用的一种数据类型，几乎每个程序都会用到。与其他基本数据类型一样，字符串也具有两种形式：基本数据类型形式和对象形式。JavaScript 会根据需要在这两种形式之间进行自动转换。

String 对象是 JavaScript 中用于字符串处理的内置对象，它包含了对字符串进行处理的各种属性和方法。JavaScript 中创建字符串的方法有两种：一种是通过用引号括起来的字符串直接量赋值给变量，这种方法称为隐式方法；另一种是使用关键字 new 和字符串对象构造函数来创建 String 对象。

例如：

```
var mystring1="JavaScript 字符串";
var mystring2=new String("JavaScript 字符串");
var mystring3=new String(mystring1);
```

以上示例代码是使用 3 种方式分别给字符串 mystring1、mystring2、mystring3 进行赋值，其值都是"JavaScript 字符串"，第一种方式是直接将字符串直接量赋值给变量，后两种是使用 new 关键字和字符串对象构造函数 String()创建，其中构造函数 String()的参数既可以是字符串直接量，也可以是字符串变量。

String 对象最经常使用的属性是 length，该属性用于获得字符串中字符的个数(字符串长度)。

String 对象提供了两类方法：一类方法是用于模拟 HTML 标记，从而实现格式化字符串的功能，如改变字体大小、文字颜色等；另一类方法用于操作字符串，如查找和替换字符串、改变字符串的大小写、提取子字符串等。

String 对象的字符串格式化方法如表 5-1 所示。

表 5-1   String 对象的字符串格式化方法

方　法	标　签	说　明
big()	<BIG></BIG>	将字体略微放大显示
blink()	<BLINK></BLINK>	把 <BLINK> 标记放置在 String 对象中的文本两端
bold()	<B></B>	用粗体字显示
fixed()	<TT></TT>	用印刷体显示
fontcolor(colorname)	<FONT COLOR=" colorname"></FONT>	设定字体颜色
fontsize(num)	<FONT SIZE=" num "></FONT>	设定字体大小
italics()	<I></I>	用斜体显示
small()	<SMALL></SMALL>	将字体略微缩小显示
strike()	<STRIKE></STRIKE>	显示删除线
sub()		显示下标字
sup()		显示上标字
anchor(name)	<A NAME="name"></A>	在对象中的指定文本两端放置一个有 NAME 属性的 HTML 锚点，name 为锚记的名称
link(URL)	<A HREF="URL"> </A>	把一个有 HREF 属性的 HTML 锚点放置在 String 对象中的文本两端，其中参数 URL 为链接的地址

实例 5.2　使用 String 对象设置字符串显示格式。

```
<HTML>
 <HEAD>
  <TITLE>字符串格式化方法</TITLE>
  <SCRIPT Language="JavaScript">
  {
    var mystring=new String("JavaScript 字符串");
    document.write("mystring 字符串为:",mystring,"<br>");
    document.write("mystring 字符串长度为:"+mystring.length+"<br>");
    document.write("mystring 字符串的 big()方法:"+mystring.big()+"<br>");
    document.write("mystring 字符串的 bold()方法:"+mystring.bold()+"<br>");
    document.write("mystring 字符串的 fixed()方
法:"+mystring.fixed()+"<br>");
    document.write("mystring 字符串的 fontcolor('red')方法:"+mystring.Fontcolor
("red")+"<br>");
    document.write("mystring 字符串的 fontsize(6)方法:"+mystring.fontsize(6)+
"<br>");
    document.write("mystring 字符串的 italics()方法:"+mystring.italics()+
"<br>");
    document.write("mystring 字符串的 small()方法:"+mystring.small()+"<br>");
```

```
    document.write("mystring 字符串的 strike()方法:"+mystring.strike()+"<br>");
     document.write("mystring 字符串的 sub()方法:"+mystring.sub()+"<br>");
     document.write("mystring 字符串的 sup()方法:"+mystring.sup()+"<br>");
     document.write("mystring 字符串的 anchor('myanchor')方法:"+mystring.
anchor('myanchor')+"<br>");
     document.write("mystring 字符串的 link('http://bbs.javascript.com.
cn/')方法:"+mystring.link('http://bbs.javascript.com.cn/')+"<br>");
    }
   </SCRIPT>
 </BODY>
</HTML>
```

将页面保存为 string1.htm 文件，在浏览器中执行，结果如图 5-2 所示。

图 5-2　字符串格式化方法的执行结果

String 对象的字符串处理方法如表 5-2 所示。

表 5-2　String 对象的字符串处理方法

方　法	说　明
charAt(n)	获取字符串中第 n 个位置的字符，n 从零开始计算
charCodeAt(n)	获取字符串中第 n 个位置字符的 Unicode 编码，n 从零开始计算
concat(string1[, ...[,stringN]])	将 string1...stringN 转换为字符串并拼接在该字符串对象的字符串值后面，组成一个新的字符串并返回
fromCharCode ([code1[, code2[, ...[, codeN]]]])	获取与 Unicode 码 code1...codeN 的字符值相对应的字符串
IndexOf(substring,start)	在字符串中从 start 位置开始寻找指定的子串 substring，并返回子串第一次出现的起始位置。如果没找到，则返回-1。省略 start 时，从字符串头部开始搜索字符串
lastIndexOf(substring,start)	在字符串中从 start 位置开始寻找指定的子串 substring，并返回子串最后一次出现的起始位置。如果没找到，则返回-1。省略 start 时，从字符串头部开始搜索字符串

方　法	说　明
match(regexp)	使用指定的正则表达式匹配字符串，并返回包含匹配结果的数组，如果没有匹配结果，则返回 null
replace(regexp,replacement)	使用 replacement 替换字符串中 regexp 指定的内容，并返回替换后的结果。regexp 可以是正则表达式，也可以是一般文本。replacement 中可以包含正则表达式，也可以是一个函数
search(regexp)	获取与 regexp 匹配的第一个字符串的起始位置，如果都不匹配，则返回-1
split([separator[, limit]]))	将一个字符串用分隔符 separator 分隔为若干个子字符串，然后将结果作为字符串数组返回。其中，[limit] 用来限制返回数组中的元素个数，也可以省略。separator 可以为字符串或正则表达式对象，它标识了分隔字符串时使用的是一个还是多个字符。如果忽略该选项，返回包含整个字符串的单一元素数组
slice(start,end)	获取字符串中从 start 位置开始、到 end 位置结束的字符串。其中，不包括 end 位置的字符。如果省略 end，表示到字符串结尾。如果参数为负值，表示从字符串尾部开始计算字符串的位置。使用方法同 substring()方法一样
substr(start,length)	获取字符串中从 start 位置开始的连续 length 个字符组成的子串。省略 length 时获取从 start 开始到字符串结尾的子串
substring(from,to)	获取字符串中第 from 个字符开始、到 to-1 个字符结束的子串。如果省略 to，表示到字符串结尾。from 的有效值在 0 到字符串长度-1 之间
toLowerCase()	将字符串中的字符全部转换为小写
toUpperCase()	将字符串中的字符全部转换为大写
toString()	返回对象的字符串表示
valueOf( )	返回指定对象的原始值

说明： 以上字符串处理方法中，toString()方法和 valueOf()方法是 JavaScript 的内置对象都具有的方法，分别用于返回指定对象的字符串表示和对象的原始值。

实例 5.3　使用 String 对象的字符串处理方法。

```
<HTML>
<HEAD>
 <TITLE>字符串处理方法</TITLE>
  <SCRIPT Language="JavaScript">
  {
    var mystring=new String("JavaScript 字符串");
    document.write("mystring 字符串为:",mystring.valueOf(),"<br>");
    document.write("mystring 字符串中第 6 个字符为:"+mystring.charAt(5)+"<br>");
    //注意起始位置从 0 开始计算,因此要得到第六个字符要使用 charAt(5)
    document.write("mystring 字符串中第 6 个字符的 Unicode 码为:"+mystring.
charCodeAt(5)+"<br>");
    document.write("Unicode 码为 99 的字符是:"+String.fromCharCode(99)+
```

```
"<br>");
         //注意使用 fromCharCode()方法不需要创建字符串对象,而是直接使用 String.
fromCharCode(99)
     document.write("mystring.concat('方法')的结果为:"+mystring.concat("方
法")+"<br>");
     document.write("mystring.indexOf('a')的运行结果为:"+mystring.indexOf
("a")+ "<br>");
     document.write("mystring.lastIndexOf('a')的运行结果为:"+mystring.lastIndexOf
("a")+"<br>");
     document.write("mystring.slice(4,10)的运行结果为:"+mystring.slice(4,10)+
"<br>");
     document.write("mystring.substr(4,6)的结果为:"+mystring.substr(4,6)+
"<br>");
     document.write("mystring.substring(4,10)的运行结果为:"+mystring.substring
(4,10)+"<br>");
     document.write("mystring.toLowerCase()的运行结果为:"+mystring.toLowerCase()+
"<br>");
     document.write("mystring.toUpperCase()的运行结果为:"+mystring.toUpperCase()+
"<br>");
     }
   </SCRIPT>
 </BODY>
</HTML>
```

将页面保存为 string2.htm 文件，在浏览器中执行，结果如图 5-3 所示。

图 5-3　字符串处理方法的执行结果

字符串中有关字符位置的计算是从 0 开始的，因此，如本实例中要得到字符串中的第
6 个字符时，charAt()方法中的参数就要是 5，而不是 6。其他涉及字符在字符串中位置的
方法如 slice()、substr()、substring()等都与此类似。

5.2.2　Number 对象

Number 对象实际上是数值基本类型的对象封装形式，从而可以将数字作为对象直接
进行操作。

创建 Number 对象的基本语法格式如下：

```
var 变量名=new Number(数值);
```

例如，下面示例代码：

```
var num1=new Number(100);
var num2=new Number(13.78);
```

分别创建了整数和浮点型数值的 Number 对象。

Number 对象的属性如表 5-3 所示。

表 5-3   Number 对象的属性

属　　性	说　　明
MAX_VALUE	代表可表示数值的最大值
MIN_VALUE	代表可表示数值的最小值
NaN	代表不是数值。与全局量 NaN 的意义和作用相同
NEGATIVE_INFINITY	表示负无穷大。在数值下溢出时得到该值
POSITIVE_INFINITY	表示正无穷大。在数值上溢出时得到该值，与全局量 Infinity 相同

Number 对象中的属性是一组常量，这组常量属于 Number 对象本身，而不属于 Number 对象的实例。因此，在引用这些常量时，应该直接使用 Number 来调用，而不是使用 Number 对象的实例名称。例如，语句 var max=Number.MAX_VALUE 是正确的，而 max.MAX_VALUE 则是错误的。

Number 对象提供了如表 5-4 所示的方法。

表 5-4   Number 对象的方法

方　　法	说　　明
toExponential(digits)	将数值转换为指数方式表示的字符串形式返回。指数表示中，整数部分占一位数字，小数点后的位数由 digits 决定。如果实际数字位数大于 digits，则进行截断；如果实际数字位数小于 digits，则在末尾添 0；如果省略 digits，则按实际位数显示
toFixed(digits)	返回字符串形式表示的数值，不使用指数表示方式。小数点后的位数由 digits 参数指定。digits 的有效值在 0～20 之间
toLocaleString()	使用本地数字格式将数值转换为字符串，在不同语言的系统中，千位分隔式可能不同
toPrecision(precision)	返回一个包含 precision 位有效数字表示的字符串，按本地数字格式进行转换。precision 的有效值在 1～21 之间。返回的字符串尽可能使用定点数表示法；否则使用指数表示法。必要时进行截断和填 0 操作
toString(radix)	按指定的进制 radix 将数值转换为字符串，并返回该字符串。Radix 的有效值在 2～36 之间。省略 radix 参数时，按十进制进行转换

实例 5.4　Number 对象的方法。

```
<HTML>
 <HEAD>
  <TITLE>Number 对象的方法</TITLE>
  <SCRIPT Language="JavaScript">
  {
    var num1=new Number(12345.78345652789);
    var num2=new Number(10);
    document.write("num1 数值为:",num1.valueOf(),"<br>");
    document.write("num1.toExponential(3)的值为:",num1.toExponential(3),
"<br>");
    document.write("num1.toFixed(4)的值为:",num1.toFixed(4),"<br>");
    document.write("num1.toLocaleString()的值为:",num1.toLocaleString(),
"<br>");
    document.write("num1.toPrecision(18)的值为:",num1.toPrecision(18),
"<br>");
    document.write("num1.toPrecision(15)的值为:",num1.toPrecision(15),
"<br>");
    document.write("num2 数值为:",num2.valueOf(),"<br>");
    document.write("num2.toString()的值为:",num2.toString(),"<br>");//按
十进制输出
    document.write("num2.toString(2)的值为:",num2.toString(2),"<br>");//
转化为二进制输出
    document.write("num2.toString(8)的值为:",num2.toString(8),"<br>");//
转化为八进制输出
    document.write("num2.toString(16)的值为:",num2.toString(16),"<br>");
//转化为十六进制输出
  }
  </SCRIPT>
 </BODY>
</HTML>
```

将页面保存为 number.htm 文件，在浏览器中执行，结果如图 5-4 所示。

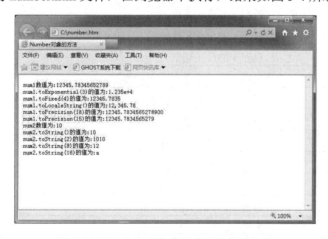

图 5-4　Number 对象常用方法的执行结果

5.2.3　Math 对象

Math 对象是 JavaScript 中提供的数学运算对象，它为用户提供了进行基本数学计算的功能。

Math 对象的属性主要是如圆周率 PI、自然对数等常用的数学常量。当在程序中需要使用这些常量时，可以通过 Math 对象直接调用表 5-5 所示的属性。

表 5-5　Math 对象的属性

属　性	说　明
E	自然对数的底，约为 2.718281828459045
LN2	2 的自然对数值，约为 0.6931471805599453
LN10	10 的自然对数值，约为 2.302585092994046
LOG2E	$\log_2 e$ 的值，其值约为 1.4426950408889633
LOG10E	e 的常用对数值，其值约为 0.4342944819032518
SQRT2	2 的平方根，其值约为 1.4142135623730951
SQRT1_2	1/2 的平方根，其值约为 0.7071067811865476
PI	圆周率，其值约为 3.141592653589793

Math 对象的属性都是常量，是属于 Math 对象本身，而不属于 Math 对象的实例。因此，在调用这些常量时，直接使用 Math 对象，而不是使用 Math 对象的实例。

Math 对象的方法则是一些常用的数学函数，如三角函数、随机数、计算平方根等。Math 对象的方法如表 5-6 所示。

表 5-6　Math 对象的方法

方　法	说　明
abs(x)	返回 x 的绝对值
acos(x)	返回 x 的反余弦值
asin(x)	返回 x 的反正弦值
atan(x)	返回 x 的反正切值
atan2(x,y)	返回 y/x(弧度值)的反正切值
ceil(x)	返回不小于 x 但最接近 x 的整数
cos(x)	返回 x 的余弦值
exp(x)	返回指数函数(e^x)的值
floor(x)	返回不大于 x 但最接近 x 的整数
log(x)	返回 x 的自然对数值
max(x,y)	返回 x,y 中较大的一个数
min(x,y)	返回 x,y 中较小的一个数
pow(x,y)	x 的 y 次方即 x^y 的值
random()	产生 0.0～1.0 之间的一个随机数

续表

方　　法	说　　明
round(x)	对 x 四舍五入取整
sin(x)	返回 x 的正弦值
sqrt(x)	返回 x 的平方根
tan(x)	返回 x 的正切值

实例 5.5　Math 对象浮点数取整的方法。

```
<HTML>
 <HEAD>
  <TITLE>Math 对象的截断运算</TITLE>
  <SCRIPT Language="JavaScript">
  { num1=15.32582;
    num2=32.692;
    document.write("num1=",num1," num2=",num2,"<br>");
    document.write("Math.ceil(num1)的值为:",Math.ceil(num1),"<br>");
    document.write("Math.ceil(num2)的值为:",Math.ceil(num2),"<br>");
    document.write("Math.floor(num1)的值为:",Math.floor(num1),"<br>");
    document.write("Math.floor(num2)的值为:",Math.floor(num2),"<br>");
    document.write("Math.round(num1)的值为:",Math.round(num1),"<br>");
    document.write("Math.round(num2)的值为:",Math.round(num2),"<br>");
  }
  </SCRIPT>
</BODY>
</HTML>
```

将页面保存为 math.htm 文件，在浏览器中执行，结果如图 5-5 所示。

图 5-5　Math 对象中浮点数取整方法的执行结果

从本实例中可以看出 ceil()、floor()和 round()这 3 个浮点数取整方法的区别，即 ceil()方法将小数部分一律向整数部分进位，floor()方法则一律舍去，而 round()方法则是进行四舍五入。

5.2.4　Date 对象

JavaScript 中定义了 Date 对象来操作日期和时间，它可以用来获取和设置日期和时间的某一部分。Date 对象的值是一个整数，表示自 1970 年 1 月 1 日 0 时到所表达时间之间的毫秒数。正值表示该日期之后的时间，负值表示该日期之前的时间。

Date 对象共有 6 种创建实例的方式，其具体语法格式如下：

```
var 变量名=new Date();
var 变量名=new Date("month-dd,yyyy,hh:mm:ss");
var 变量名=new Date("month-dd,yyyy");
var 变量名=new Date(yyyy,month,dd, hh,mm,ss);
var 变量名=new Date (yyyy,month,dd);
var 变量名=new Date(milliseconds);
```

其中：

第一种格式没有参数，表示创建一个新的 Date 对象，其值为创建对象时系统中的当前日期时间。当需要得到系统当前时间时，应该采用这种语法格式。

第二种格式表示创建一个按"月日年时分秒"格式指定初始日期值的新的 Date 对象。

第三种格式表示创建一个按"月日年"格式指定初始日期值的新的 Date 对象，此时时间值设置为 0。

第四种格式表示创建一个按"年月日时分秒"格式指定初始日期值的新的 Date 对象。

第五种格式表示创建一个按"年月日"格式指定初始日期值的新的 Date 对象，此时时间值设置为 0。

第六种格式表示创建一个新的 Date 对象，并用从 1970 年 1 月 1 日 0 时到指定日期之间的毫秒总数为初值时。

Date 对象具体使用的示例代码如下：

```
var now=new Date();
var mydate1=new ("11-18,2006,20:12:00");
var mydate2=new ("11-18,2006");
var mydate3=new (2006,11,18, 20:12:00);
var mydate4=new (2006,11,18);
var mydate5=new(1000000);
```

Date 对象提供了很多方法，可以分成两大类。一类是 Date 对象本身的静态方法，直接使用 Date 本身来调用，这类方法如表 5-7 所示。

表 5-7　Date 对象的静态方法

方　法	说　明
parse(date)	分析字符串形式表示的日期时间，并返回该日期时间对应的内部毫秒数表示值
UTC(yr,mon,day,hr,min,sec,ms)	返回全球标准时间(UTC)或格林尼治时间(GMT)的 1970 年 1 月 1 日到所指定日期之间所间隔的毫秒数

另一类是 Date 对象的实例调用的方法，即在使用时必须先创建一个 Date 对象的实例，使用该实例名才能调用这些方法。此类方法中很多方法都具有两种格式：一种格式使用本地的日期时间进行操作；另一种格式的方法使用全球标准时间(UTC，或格林尼治时间 GMT)进行操作，这类方法的名称中都含有"UTC"字符串。

　　📓　**说明：**　为了方便查阅，采用简略形式将两个方法的名称合并在一起写，如 get[UTC]Date()代表两个方法：getDate()和 getUTCDate()，它们具有相同的功能，只不过前一个方法使用本地时间进行操作，后一个方法使用通用时间进行操作。

　　Date 对象的实例方法如表 5-8 所示。

表 5-8　Date 对象的实例方法

方　法	说　明
Get[UTC]Date()	返回当前日期是该月份中的第几天，有效值在 1～31 之间
get[UTC]Day()	返回当前日期是星期几，有效值在 0～6 之间，其中 0 表示星期天，1 表示星期一，……，6 表示星期六
get[UTC]Month()	返回当前日期的月份，有效值在 0～11 之间
getYear()	返回当前日期的年份，这个年份可以是 2 位数字或 4 位数字表示的
get[UTC]FullYear()	返回当前日期用 4 位数表示的年份
get[UTC]Hours()	返回当前时间的小时部分的整数
get[UTC]Minutes()	返回当前时间的分钟部分的整数
get[UTC]Seconds()	返回当前时间的秒数
get[UTC]Milliseconds()	返回当前时间的毫秒部分的整数
getTime()	返回从 1970 年 1 月 1 日到当前时间之间的毫秒数
getTimeZoneOffset()	返回以 GMT 为基准的时区偏差，以分钟计量
set[UTC]Date(day)	以参数 day(1～31 之间的整数)指定的数设置 Date 对象中的日期数。返回从 1970 年 1 月 1 日凌晨到 Date 对象指定的日期和时间之间的毫秒数
set[UTC]Month(month)	将 Date 对象中的月份设置为参数 month 指定的整数(0～11)
setYear(year)	将 Date 对象中的年份设置为参数 year 指定的整数(可以是 2 位的或 4 位的)
set[UTC]FullYear(year,[month,[date]])	将 Date 对象中的年、月、日设置为参数 year、month、date 指定的值，其中 year 为 4 位整数，为必选项
setTime(milliseconds)	将 Date 对象的时间设置为参数 milliseconds 指定的整数。这个数表示从 1970 年 1 月 1 日凌晨到要设定时间之间的毫秒数
set[UTC]Hours(hour[,min,[sec,[,ms]]])	将 Date 对象中的时、分、秒、毫秒设置为参数 hours、min、sec、ms 所指定的整数，其中 hours 的值在 0～23 之间

方　法	说　明
set[UTC]Minutes(minutes[sec,[,ms]])	将 Date 对象中的分、秒、毫秒设置为参数 minutes、sec、ms 所指定的整数，其中 minutes 的值在 0~59 之间
set[UTC]Seconds(seconds[,ms])	将 Date 对象中的秒、毫秒设置为参数 seconds、ms 所指定的整数，其中 seconds 的值在 0~59 之间
set[UTC]MilliSeconds(milliseconds)	将 Date 对象中的毫秒数设置为参数 milliseconds 指定的整数(0~999)
toString()	将时间信息返回为字符串
toGMTString()	返回 Date 对象代表的日期和时间的字符串表示，采用 GMT 时区表示日期(已废弃)
toUTCString()	返回 Date 对象代表的日期和时间的字符串表示，采用 UTC 时区表示日期
toLocaleString()	返回 Date 对象代表的日期和时间的字符串表示，采用本地时区表示，并使用本地时间格式进行格式转换
toDateString()	返回 Date 对象代表的日期和时间中日期的字符串表示，采用本地时区表示日期
toLocaleDateString()	返回 Date 对象代表的日期和时间中日期的字符串表示，采用本地时区表示日期，并使用本地时间格式进行格式转换
toTimeString()	返回 Date 对象代表的日期和时间中时间的字符串表示，采用本地时区表示时间
toLocaleTimeString()	返回 Date 对象代表的日期和时间中时间的字符串表示，采用本地时区表示时间，并使用本地时间格式进行格式转换
valueOf()	返回对象的原始值

实例 5.6　显示当前日期和时间。

```
<HTML>
<HEAD>
  <TITLE>显示当前的日期和时间</TITLE>
  <SCRIPT Language="JavaScript">
  { var today=new Date();
    //下面显示当前的日期
    var year=today.getFullYear();
    var month=today.getMonth()+1;
    //注意 getMonth()返回的月份是从 0 开始计算的,所以加 1 后的值才是当前的月份
    var day=today.getDate();
    var week=today.getDay();
    switch(week)
      { case 0: week="星期日";break;
        case 1: week="星期一";break;
        case 2: week="星期二";break;
        case 3: week="星期三";break;
        case 4: week="星期四";break;
```

```
        case 5: week="星期五";break;
        case 6: week="星期六";break;
      }
    document.write("今天是"+year+"年"+month+"月"+day+"日"+week+"<br>");
    //下面显示当前的时间
    var hour=today.getHours();
    var minute=today.getMinutes();
    var second=today.getSeconds();
    var ms=today.getMilliseconds();
  document.write("现在是北京时间"+hour+"点"+minute+"分"+second+"秒"+ms+"毫
秒<br>");
   }
   </SCRIPT>
 </BODY>
</HTML>
```

将页面保存为 date.htm 文件，在浏览器中执行，结果如图 5-6 所示。

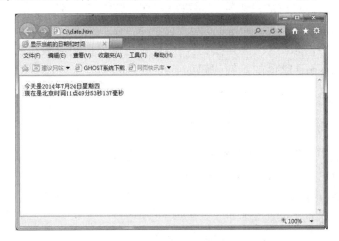

图 5-6　显示系统的当前日期和时间

5.2.5　Array 对象

Array 对象是 JavaScript 提供的一个实现数组特性的内置对象。数组是一种具有相同类型值的集合，它的每一个值称为数组的一个元素。数组代表内存中一块连续的空间(单元)，可以将多个值按一定顺序存储起来，并通过数组的名称和下标直接访问数组中的元素。

在使用 Array 对象之前，必须先创建 Array 对象，即声明数组。创建 Array 对象可以使用以下几种语法格式：

```
var 数组名=new Array();
var 数组名=new Array(n);
var 数组名=new Array(e0,e1,…,em);
```

其中：

第一种方式声明了一个空数组，它的元素个数初始为 0。

第二种方式声明了一个具有 n 个元素的数组，但每一个元素的值尚未定义。

第三种方式声明了一个有 m 个元素的数组，并给它的各个元素赋值，其值依次为 e0,e1,…,em。

下面是使用这 3 种语法格式创建数组对象的示例代码：

```
var myarray=new Array();
var sno=new Array(10);
var color=new Array("red","green","blue");
```

在创建 Array 数组时，并未指定数组的类型。与其他语言中数组只能存储具有相同数据类型的值不同，JavaScript 允许在一个数组中存储任何类型的值，也就是说，可以定义以下的数组：

```
var arr=new Array("abc",0,1,true);
```

而且在 JavaScript 中，无论在创建数组对象时是否指定了数组元素的个数，都可以根据需要动态调整元素的个数。

创建数组对象后，可以通过下标访问数组元素。数组下标放在方括号中，从 0 开始计数，而且必须为整数。

如果在创建数组时未给数组元素赋值，可以使用赋值语句给数组元素赋值。例如，为之前创建的数组 myarray 赋值的示例代码如下：

```
myarray[0]="Julia";
myarray[1]="female";
myarray[2]=25;
```

如果数组元素中的值有一定的规律，可以使用循环语句为数组元素赋值。在输出数组元素的值时，一般也要使用循环语句。

实例 5.7 循环遍历数组。

```
<HTML>
 <HEAD>
  <TITLE>创建和遍历数组</TITLE>
  <SCRIPT Language="JavaScript">
  { var a=new Array(5);
    for(var i=0;i<5;i++)
     {
       a[i]=i*i;
      }
    for(i in a)
     {
       document.write(a[i]+" ");
      }
   }
  </SCRIPT>
 </BODY>
</HTML>
```

将页面保存为 array1.htm 文件，在浏览器中执行，结果如图 5-7 所示。

图 5-7　显示数组中的所有元素

　　JavaScript 中使用 for…in 语句或 with 语句可以使对数组的遍历操作更为简单。在上述实例代码中，就使用 for…in 语句遍历访问了 Array 对象实例 a 中的 5 个元素。

　　Array 对象提供了许多属性和方法，其中 length 属性是最经常被使用到的，该属性将返回数组元素的个数。如果在创建数组时指定了数组的长度，那么即使数组中还未存储数据时，该属性值也将是这个指定的长度值；但如果数组中存储的元素个数超过了定义时的长度，则该属性的值为数组中实际存储的元素的个数。

　　Array 对象还提供了很多方法，利用这些方法，可以实现数组元素的排序、拼接等操作。表 5-9 列出了 Array 数组对象中的实例方法。

表 5-9　Array 对象的实例方法

方　法	说　明
concat([item1[, item2[, . . . [, itemN]]]])	将两个或两个以上的数组合并为一个新的数组，item1,…,itemN 是要连接的项目，它们将会按照从左到右的顺序添加到新数组中
join(separator)	使用指定的分隔符将数组元素依次拼接起来，形成一个字符串并返回
pop()	移除数组中的最后一个元素并返回该元素，同时数组长度减少 1，相当于数据结构中的出栈操作
push ([item1[, item2[, . . . [, itemN]]]])	在数组的末尾增加一个或多个数组元素，并返回增加元素后的数组长度，相当于数据结构中的入栈操作
reverse()	返回一个元素顺序被反转的 Array 对象
shift()	移除数组中的第一个元素并返回该元素，同时数组长度减少 1，相当于数据结构中的出队列操作
unshift([item1[, item2[, . . . [, itemN]]]])	将指定的元素插入数组开始位置并返回该数组，同时数组长度增加，相当于数据结构中的入队列操作

续表

方　法	说　明
slice(start,end)	从现有的数组中提取指定个数的数据元素，形成一个新的数组。所提取元素的下标从 start 开始，到 end 结束，但不包括 end。如果省略 end，表示到数组的末尾；如果 end 为负数，表示是倒数第 2 个元素
sort(sortfunction)	返回一个元素已经进行了排序的 Array 对象。其中 sortfunction 参数可选，省略该参数时，按字母顺序或汉字的拼音方式排序；否则使用 sortfunction 指定的排序方式。sortfunction 为排序函数的名称，该函数使用两个参数，返回一个整数值。当第一个参数大于第二个参数时，返回大于零的值；当第一个参数等于第二个参数时，返回等于零的值；当第一个参数小于第二个参数时，返回小于零的值
splice(start, deleteCount, [item1[, item2[, . . . [,itemN]]]])	从一个数组中移除一个或多个元素，如果必要，在所移除元素的位置上插入新元素，返回所移除的元素。start 为必选项，指定从数组中移除元素的开始位置，这个位置是从 0 开始计算的。deleteCount 也为必选项，指定要移除的元素的个数。item1, item2, ..., itemN 不是必选项。要在所移除元素的位置上插入的新元素
toLocaleString()	用于将日期型对象转换为一个 String 对象，这个对象中包含了用当前区域设置的默认格式表示的日期
toString()	返回数组的字符串表示
valueOf()	返回数组对象的原始值，即将数组的元素转换为字符串，这些字符串由逗号分隔，连接在一起

实例 5.8 Array 数组的常用方法。

```
<HTML>
 <HEAD>
  <TITLE>Array 对象的方法 1</TITLE>
  <SCRIPT Language="JavaScript">
 { var s1=new Array("北京","天津","上海");
   var s2=new Array("重庆");
   document.write("数组 s1 为: "+s1.valueOf()+"<br>");
   document.write("数组 s2 为: "+s2.toString()+"<br>");
   var s3=s1.concat(s2)
   document.write("合并数组 s1 和 s2 后的数组 s3 为:<br> "+s3+"<br>");
   document.write("合并后的数组 s3 调用 join()方法的结果为:<br> "+s3.join('-
')+"<br>");
   s3.splice(1,2,"济南","太原","郑州");
   document.write("对上面的数组再次调用 splice(1,2,'济南','太原','郑州')方法
的结果为: <br>"+s3+"<br>");
   s4=s3.slice(1,4);
  document.write("对上面的数组调用 slice(1,4)方法的结果为:<br> "+s4+"<br>");
   }
  </SCRIPT>
 </BODY>
</HTML>
```

将页面保存为 array2.htm 文件，在浏览器中执行，结果如图 5-8 所示。

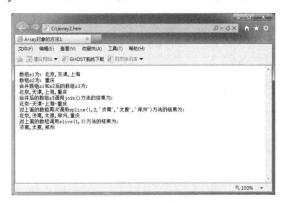

图 5-8　Array 数组对象的常用方法

在上述实例代码中，首先创建了两个数组对象，然后调用 concat()方法将其合并为一个新的数组，最后调用 slice()方法分别替换和截取数组对象中的元素。

前面介绍的数组都是一维数组，但是，有时候需要在程序中使用多维数组。例如，访问矩阵中的元素。JavaScript 本身并没有提供对多维数组的直接支持，但是，可以通过对 Array 对象的嵌套构造出二维及多维数组，其实质是将二维数组中的每个元素又看作是一个数组。

实例 5.9　Array 对象实现二维数组。

```
<HTML>
<HEAD>
 <TITLE>创建和使用二维数组</TITLE>
  <SCRIPT Language="JavaScript">
  { var student=new Array();
    student[0]=new Array("张萍","女",18,"网络");
    student[1]=new Array("刘一章","男",19,"电子商务");
    student[2]=new Array("马迎春","女",17,"软件");
    student[3]=new Array("刘志清","田",18,"网络");
    student[4]=new Array("张力","女",18,"电子商务");
    document.write("姓名 ","性别 "," 年龄 "," 所学专业<br>");
    for (i=0;i<5;i++)   //使用循环语句输出数组元素的值
      {
          for(j in student[i])
          {
            document.write(" "+student[i][j]);   //输出每个数组元素的值
          }
          document.write("<br>");
      }
    }
   </SCRIPT>
 </BODY>
</HTML>
```

将页面保存为 array3.htm 文件，在浏览器中执行，结果如图 5-9 所示。

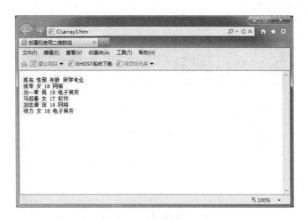

图 5-9　Array 数组实现的二维数组

在上述实例代码中，首先创建了一个名称为 student 的 Array 数组实例，然后在给 student 的数组元素 student[0]、student[1]、student[2]、student[3]、student[4]赋值时，又再次创建 Array 数组实例并直接为数组赋值。这样就形成了一个二维数组。然后使用循环语句输出二维数组中每个元素的值，访问二维数组元素时需要使用两个下标，即"student[i][j]"的形式。可以看到二维数组实际上是通过一维数组中嵌套一维数组来实现的，在二维数组中还可以再嵌套数组，当数组嵌套是多层时就形成了多维数组。

5.3　浏览器对象

浏览器是一个显示页面文档的窗口，在编写 JavaScript 程序时，浏览器被认为是一组相互关联的对象。浏览器对象取决于使用的浏览器，而不是取决于具体编程语言。所以在 JavaScript 语言中浏览器对象不需要创建可以直接使用。浏览器对象共包含 6 个具体对象，其层次关系如图 5-10 所示。

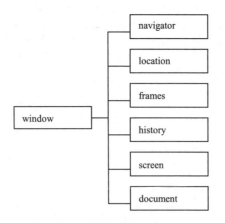

图 5-10　浏览器对象层次结构

- window 对象：提供了处理浏览器窗口的方法和属性，它处于对象层次的最顶层。
- navigator 对象：提供用户浏览器的相关信息。

- location 对象：代表当前文档的 URL。
- frames 对象：代表浏览器窗口中的框架，实际上是 window 对象的子对象集合。
- history 对象：代表当前浏览器窗口的浏览历史，提供了与历史清单有关的信息。
- screen 对象：代表当前显示器的信息，可以获得当前窗口大小及分辨率的设置。
- document 对象：该对象代表浏览器窗口中所加载的文档。

5.3.1　window 对象

window 对象表示浏览器中打开的窗口，可以提供关于窗口状态的信息。利用 window 对象可以访问窗口中显示的文档、捕获窗口中发生的事件和影响窗口的浏览器特性。

window 对象提供了一组丰富的属性和方法，其中一些属性本身也是一个对象，window 对象常用属性和方法分别如表 5-10 和表 5-11 所示。

表 5-10　window 对象的常用属性

属　性	说　明
name	窗口的名字，窗口名称可通过 window.open()方法指定，也可以在 <frame>标记中使用 name 属性指定
closed	判断窗口是否已经被关闭，返回布尔值
length	窗口内的框架个数
opener	代表使用 open 打开当前窗口的父窗口
self	当前窗口，指对本身窗口的引用
window	当前窗口，与 self 属性意义相同
top	当前框架的最顶层窗口
defaultstatus	默认的状态栏信息
status	状态栏的信息
innerHeight innerWidth	网页内容区高度与宽度
outerHeight outerWidth	网页边界的高度与宽度，以像素为单位，适用于 Netscape4+
pageXOffset pageYOffset	网页左上角的坐标值，指定当前文档向右、向下移动的像素数
scrollbars	浏览器的滚动条
toolbar	浏览器的工具栏
menubar	浏览器的菜单栏
locationbar	浏览器的地址栏
document	只读，引用当前窗口对象
frames	记录窗口中包含的框架
history	只读，引用 history 对象
location	引用 location 对象

实例 **5.10**　在浏览器状态栏中显示信息。

```
<html>
```

```
<head>
<title>defaultStatus</title>
<script language="javascript">
    window.defaultStatus="欢迎学习 javascript";
</script>
</head>
<body>
    window.defaultStatus="欢迎学习 javascript";
</body>
</html>
```

将页面保存为 window1.htm 文件，在浏览器中执行，结果如图 5-11 所示。

图 5-11   浏览器状态栏中显示默认字符串

在上述实例代码中，利用 window 对象的 defaultStatus 属性设置了浏览器默认的状态栏信息。window 对象的 status 属性可以用于设置状态栏显示的文本，当该属性没有被设置时，浏览器的状态栏将显示默认的文本信息。window 对象的常用方法如表 5-11 所示。

表 5-11   window 对象的常用方法

方　　法	说　　明
open()	打开一个新窗口，返回值为窗口名
close()	关闭窗口
clearInterval()	清除定时器，无返回值
clearTimeout()	清除先前设置的超时，无返回值
setTimeout()	等待 n 毫秒后，执行表达式
setInterval()	每隔 n 毫秒，执行表达式
moveBy()	正值为窗口往右往下移动，负值相反
moveTo(x,y)	窗口移到 x,y 坐标处(左上角)
resizeBy()	调整窗口大小，往右往下地增加
resizeTo(w,h)	调整窗口的宽度和高度
focus()	得到焦点

方　法	说　明
blur ()	失去焦点
home()	类似浏览器工具栏的主页
stop()	类似浏览器工具栏的停止
back()	类似浏览器工具栏的后退
forward()	类似浏览器工具栏的前进
alert()	弹出警告信息
confirm()	弹出警告信息，增加 ok、cancel 按钮，根据用户单击的按钮返回 true 或 false
prompt()	弹出对话框，返回用户输入的文本

这些方法中最常用的是 open()方法，该方法用来打开一个窗口，返回的就是所打开的窗口对象。其具体语法格式如下：

```
open(URL,window_name,params)
```

其中，URL 是必选属性，表示新窗口文档的地址；window_name 表示新窗口的名称；params 表示对窗口属性的设置参数。

例如，打开一个名称为 test.htm 的窗口，具体代码如下：

```
window.open("test.htm")
```

window 对象提供了两个方法来实现定时器的效果，分别是 setTimeout() 和 setInterval()。其中，前者可以使 JavaScript 代码在指定时间后自动执行；而后者则可以使 JavaScript 代码每经过指定时间就自动执行一次。其语法格式如下：

```
window.setTimeout(expression,milliseconds);
window.setInterval(expression,milliseconds);
```

其中，expression 是用引号括起来的一段 JavaScript 代码，或者是一个函数名，到了指定的时间，系统便会自动调用该程序代码或者函数。当使用函数名作为调用句柄时，不能带有任何参数。milliseconds 表示延时或者重复执行的时间间隔的毫秒数。

此外，windows 对象还提供了 alert()、confirm()、prompt()这 3 个弹出提示信息的方法。

alert()方法用来显示警告信息。该方法有一个参数，即显示的文本字符串。具体语法格式如下：

```
window.alert(message);
```

其中，message 表示将转换的字符串直接显示在对话框上的文字信息。

该消息框是模式对话框，即用户必须先关闭该消息框后才能继续进行操作。该消息框如图 5-12 所示，消息框中提供了一个"确定"按钮，用以关闭该消息框。

prompt()方法将弹出一个图 5-13 所示的包含"确定"按钮、"取消"按钮和一个文本框的对话框。

图 5-12 alert()方法弹出的提示框　　　　图 5-13 prompt()方法弹出的提示框

用户可以在文本框中输入信息，当用户单击"确定"按钮，则返回文本框中的内容，如果用户单击"取消"按钮，则返回 null 或默认值。具体语法格式如下：

```
window.prompt(message,defaultValue);
```

其中，message 表示显示在对话框中的文字；defaultValue 表示文本框的默认值。

例如，下面示例代码：

```
var userName=window.prompt("请输入您的姓名：","");
```

上述代码利用 prompt()方法提示用户输入其姓名，使用 userName 变量获取用户在文本框中输入的内容。

confirm()方法的作用是在弹出的提示框中显示一条信息让用户确认，在弹出的对话框中包含"确定"和"取消"两个按钮，如果用户单击"确定"按钮，则方法将返回 true；否则将返回 false。该对话框也是模式对话框，用户必须在响应该对话框(单击一个按钮)将其关闭后，才能进行下一步操作。其具体语法格式如下：

```
window.confirm(message);
```

confirm()方法弹出的对话框如图 5-14 所示。

图 5-14 confirm()方法弹出的对话框

5.3.2 document 对象

document 对象是 window 对象的一个属性。它表示当前窗口或指定窗口对象的文档，该对象包含了 HTML 文档中从<head>标签开始到</body>标签中的全部内容。

document 对象中常用的属性如表 5-12 所示。

表 5-12 document 对象的常用属性

属　　性	说　　明
title	本 HTML 文档的标题，指<head>标记里用<title>...</title>定义的文字。在 Netscape 浏览器中本属性不接受赋值
location	本文档所在的位置 URL
lastModified	当前文档的最后修改日期，是一个 Date 对象

属　　性	说　　明
referrer	链接到当前文档的 URL
bgcolor	本文档默认的背景色，指<body>标记的 bgcolor 属性所表示的背景颜色
fgcolor	本文档默认的前景色文本颜色，指<body>标记的 text 属性所表示的文本颜色
linkColor	带超链接的文字颜色，指<body>标记的 link 属性所表示的连接颜色
vlinkColor	mouseOver 时超链接的颜色，指<body>标记的 alink 属性所表示的活动链接颜色
aLinkColor	访问过的超链接的颜色，指<body>标记的 vlink 属性所表示的活动链接颜色
forms[]	本文档中的表单对象，数组，下标从 0 开始
forms.length	本文档中的表单个数
links[]	本文档中的超链接对象数组，下标从 0 开始
links.length	本文档中的超链接对象的个数
anchors[]	本文档中的书签对象数组，下标从 0 开始
anchors.length	本文档中的书签对象的个数
images[]	本文档中的图像对象数组，下标从 0 开始
images.length	本文档中的图像对象的个数

实例 5.11　输出页面中链接、锚、窗体的个数。

```
<html>
<head><title>输出页面中链接、锚、窗体的个数</title>
</head>
<body>
<form Name="form1">
请输入数据：
<input Type="text" Name="text1" value="">
</form>
<a name="Link1" href="test31.htm">链接一</a><br>
<a name="Link2" href="test32.htm">链接二</a><br>
<a href="#Link1">锚点一</a>
<a href="#Link2">锚点二</a>
<br>
<script Language="javascript">
document.write("文档有"+document.links.length+"个链接"+"<br>");
document.write("文档有"+document.forms.length+"个窗体"+"<br>");
document.write("文档有"+document.anchors.length+"个锚点");
</script>
</body>
</html>
```

将页面保存为 document1.htm 文件，在浏览器中执行，结果如图 5-15 所示。

在 document 中主要有 links、anchors 和 forms 3 个主要的对象，分别代表文档页面中的链接、锚点和表单。forms 对象是与 HTML 文档中<form>...</form>标签相对应的，其 length 属性指文档中所包含的表单个数。上述代码中 document.forms.length 反映该文档中所创建的表单数目。链接对象 links 指的是 HTML 文档中<a href=...> </a>标签定义的一个超文本或超媒体的 URL，锚对象 anchors 主要指向页面里的特定位置，其定义也是利用<a href=...> </a>标签，但其 href 属性是页面中定义的其他<a></a>标签中的 name 属性值。在上述代码中分别使用 document.anchors.length 和 document.links.length 获得页面中锚点和链接的数量。

图 5-15　浏览器中表单、锚点和链接的数量

document 对象中的常用方法如表 5-13 所示。

表 5-13　document 对象的常用方法

方　法	说　明
open	删除现有文档，在一个窗口中打开指定的文件
close()	关闭 open()打开的文档
write(string)	向当前文件写入一个字符串，string 是一个字符串表达式
writeln(string)	同 write 方法，但它表示写入一行，新的显示将在下一行发生。在 IE 浏览器中它只添加一个空格
clear()	清除本网页的显示内容

说明： window.open()和 document.open()方法的区别：window.open()方法打开一个浏览器窗口，并载入指定的 HTML 文档。而 document.open()方法则是删除现有文档的内容，打开一个新的数据流，供 write()和 writeln()方法输出文档。

5.3.3　frame 对象

浏览器窗口可以划分为独立的小窗口，每个小窗口称为框架(Frame)，在 HTML 文档中通过<frameset>标签可以定义多个框架，在 JavaScript 中可以通过 window.frames[]来实现对每个独立的窗口目标的引用。window 对象中包含的针对 frame 对象的常用属性如表 5-14 所示。

表 5-14　window 对象中关于 frame 的常用属性

window 对象属性	说　明
frames[]	存放当前窗口中所有 frame 对象的数组
length	窗口中 frame 的数目，和 window.frames.length 等同
name	当前窗口的名字
parent	对父窗口的引用
self	对窗口自身的引用
top	对最高级别窗口的引用，这个值通常和 parent 一致，除非 frame 中有更多的 frame

frame 对象常用的属性和方法分别如表 5-15 和表 5-16 所示。

表 5-15　frame 对象的常用属性

属　性	说　明
contentDocument	返回文档框架的内容
frameBorder	设置或获取是否显示框架的边框
id	获取标识对象的字符串
longDesc	设置或获取对象长描述的统一资源标识符(URI)
marginHeight	设置或获取显示框架中文本的上下边距高度
marginWidth	设置或获取显示框架中文本的左右边距宽度
name	设置或获取框架的名称
noResize	设置或返回框架是否可以被重定、大小
scrolling	设置或返回框架是否可以滚动
src	设置或返回框架内加载内容的 URL

表 5-16　frame 对象的常用方法

方　法	说　明
cols	设置或获取对象的框架宽度
id	获取标识对象的字符串
rows	设置或获取对象的框架高度

实例 5.12　不同窗口设置不同的背景颜色。

```html
<html>
<head>
</head>
<frameset rows="*" cols="30%,*" framespacing="1" frameborder="yes" border=
"1" bordercolor="#FF00FF">
<frame src="frame1.htm" name="frm1">
<frame src="document1.htm" name="frm2">
</frameset>
```

```
</frameset><noframes></noframes>
</html>
```

将页面保存为 frame.htm 文件，该页面中使用<frameset>标签设置一个左右框架，将页面分为两部分。

```
<html>
<head>
<title>子窗口1</title>
<script language="javascript">
function setFrameColor() {
window.top.frames[0].document.bgColor="red";
window.top.frames[1].document.bgColor="blue";
}
</script>
</head>
<body onLoad="setFrameColor();">
<h2>左侧窗口</h2>
</body>
</html>
```

将页面保存为 frame1.htm 文件，其中语句 window.top.frames[0].document.bgColor="red";表示将左侧框架的背景颜色设置为红色，语句 window.top.frames[1].document. bgColor="blue";表示将右侧框架的背景颜色设置为蓝色，代码<body onLoad="setFrameColor();">表示在页面加载时，将调用 setFrameColor()函数自动执行。frame.htm 文件在浏览器中执行，结果如图 5-16 所示。

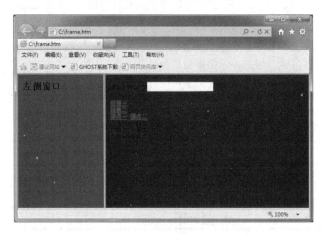

图 5-16　设置不同窗口中的背景颜色

5.3.4　history 对象

每个浏览器窗口都有一个维护浏览器最近访问过的网页的列表，这个列表在 JavaScript 中是使用 history 对象来表示的。通过对 history 对象的引用，可以让浏览器返回到它曾经访问过的网页。其功能和浏览器中工具栏上的"后退"和"前进"按钮基本上是一样的。

history 对象常用的属性和方法分别如表 5-17 和表 5-18 所示。

表 5-17　history 对象的常用属性

属　性	说　明
length	存储在记录清单中的网页数目
current	当前网页的地址
next	下一个历史记录的网页地址
previous	上一个历史记录的网页地址
noshade	设置分隔线为实心分隔线

表 5-18　history 对象的常用方法

方　法	说　明
back()	回到客户端查看过的上一页
forward()	回到客户端查看过的下一页
go()	(整数或 URL 字符串) 前往某个网页

其中，back()方法与单击浏览器中"后退"按钮的功能相同，forward()方法与单击浏览器中"前进"按钮的功能相同。go()方法可以选择 URL 作为参数，也可以选择整数为参数，如-3、-2、-1、0、1、2、3 等，go(0)表示将浏览器定位到当前的位置。go(-2)表示回退到在当前页之前访问过的前两页，同理，正整数是前进到当前页之后访问过的页面。

📖 **说明：**　back()方法相当于 go(-1)，forward()方法相当于 go(1)。

实例 5.13　读取访问过的页面个数。

```html
<html >
<head>
<meta http-equiv="Content-Type" content="text/html; charset=gb2312" />
<title>hisyory</title>
<script language="javascript">
 function show(){
 var count=history.length;
 alert("您访问的页面总数为："+count);
}
</script>
</head>
<body>
<input name="anniu" type="button" onClick="show();" value="浏览器访问情况" />
</body>
</html>
```

将页面保存为 history.htm 文件，在浏览器中执行，结果如图 5-17 所示。

图 5-17　显示浏览器访问过的页面数量

5.3.5　location 对象

location 对象包含了当前页面的地址（URL）信息，可以通过设置该对象的属性值，来改变 URL 地址。

location 对象常用的属性和方法分别如表 5-19 和表 5-20 所示。

表 5-19　location 对象的常用属性

属　　性	说　　明
hash	设置或返回 href 属性中在#符号后面的内容。指定浏览器到一个位于文档中的 anchor 位置，相当于一个书签
host	设置或返回 URL 或本地所在的域名及端口号
hostname	设置或返回本地或是 URL 所在的域名
href	设置或返回完整的 URL，该属性提供一个指定窗口对象的整个 url 的字符串
pathname	设置或返回由 location 对象指定的 file 名称或是路径
port	设置或返回与 URL 有关的端口号
protocol	设置或返回 URL 部分所使用的协议。包括协议名，且后面紧跟着(:)分界
search	设置或返回 href 属性里?号之后的内容

表 5-20　location 对象的常用方法

方　　法	说　　明
assign("URL")	加载新的文档，通过该方法可以实现把一个新的 URL 赋给 location 对象
reload("URL")	重新载入当前文档，促使浏览器重新下载当前的页面，相当于"刷新"页面功能
replace("URL")	用指定的文档来替换当前的文档

实例 5.14　自动改变页面地址。

```
<html>
<head>
```

```
<meta http-equiv="Content-Type" content="text/html; charset=gb2312" />
<title>location</title>
<script language="JavaScript">
var new_window
function new_win(){
new_window=window.open("http://www.ptpress.com.cn","","width=400,height=
400")
}
setTimeout("win_loc()",5000)
function win_loc(){
new_window.location="http://www.qdu.edu.cn"
}
</script>
</head>
<body onload="new_win()">
</body>
</html>
```

将页面保存为 location.htm 文件，在浏览器中执行，结果如图 5-18 所示。

图 5-18　改变地址前后显示在浏览器中的页面

在上述代码中利用 window.open("http://www.ptpress.com.cn","","width=400,height=400")
打开一个窗口，其宽度和高度都为 400 像素。然后利用 setTimeout("win_loc()",5000)方法设
置 5 秒钟延迟后自动执行 win_loc()函数，在该函数的定义中，利用 location 对象设置页面
显示的新的 URL 地址，从而实现了自动改变页面地址的功能。

5.3.6　navigator 对象

为了让页面兼容常用的浏览器，在页面显示时，首先需要知道页面在哪一个浏览器中
运行。因此，当浏览器显示网页时，浏览器将自动创建一个 navigator 对象，该对象用以提
供显示当前页面的浏览器的信息。

使用 navigator 对象可以获取用户使用的浏览器的版本，浏览器可以控制的 MIME 类

型，浏览器中已经安装的插件等信息。navigator 对象的属性和方法分别如表 5-21 和表 5-22 所示。

表 5-21　navigator 对象的常用属性

属　性	说　明
appCodeName	浏览器的代码名称
appName	浏览器的名称
appVersion	浏览器的版本信息
language	浏览器支持的语言信息
mimeTypes	浏览器支持的所有 MIME 类型数组
platform	浏览器编译适合的机器类型
plugins	浏览器已安装的所有插件数组
userAgent	浏览器中用户代理头信息

表 5-22　navigator 对象的常用方法

方　法	说　明
javaEnabled	测试是否支持 Java 组件
plugins.refresh	使新安装的插件有效，并可选重新装入已打开的包含插件的文档
preference	允许一个已标识的脚本获取并设置特定的浏览器参数
taintEnabled	指定是否允许数据污点

说明：　navigator 对象的属性都是只读的。

实例 5.15　获取浏览器的基本信息。

```html
<html>
<head>
<meta http-equiv="Content-Type" content="text/html; charset=gb2312" />
<title>浏览器基本信息</title>
<script language="JavaScript">
document.write("浏览器名称: "+navigator.appName+"<br>")
document.write("浏览器版本号: "+navigator.appVersion+"<br>")
document.write("浏览器用户代理: "+navigator.userAgent+"<br>")
document.write("运行平台: "+navigator.platform+"<br>")
document.write("是否支持 cookie: "+navigator.cookieEnabled+"<br>")
document.write("用户语言: "+navigator.userLanguage+"<br>")
</script>
</head>
<body>
</body>
</html>
```

将页面保存为 navigator.htm 文件，在浏览器中执行，结果如图 5-19 所示。

图 5-19 显示浏览器的基本信息

课 后 小 结

JavaScript 是一种基于对象的编程语言，对象本质上是属性和方法的集合。本章主要介绍了 JavaScript 中的内置对象和浏览器对象。这两类对象都是在 JavaScript 语言中可以直接使用的，读者需要重点掌握这些对象的属性和方法，以便在实际开发中灵活运用。

习　　题

一、填空题

1. 面向对象编程的 3 种基本特征是封装性、继承性和＿＿＿＿＿＿＿。

2. 一个 JavaScript 对象是由＿＿＿＿＿和＿＿＿＿＿两个基本要素构成。

3. 在 JavaScript 中，创建一个名为 day 的日期对象，使用当前日期为初始值，则创建的语句为＿＿＿＿＿＿＿＿＿＿＿＿＿。

4. String 对象的＿＿＿＿＿＿属性用于表示字符串的长度。

5. Array 对象的 reverse()方法用于＿＿＿＿＿＿＿＿＿＿＿＿＿＿＿＿＿＿。

二、判断题

1. JavaScript 是一种基于对象的语言。 （ ）

2. 访问对象的属性时，可能通过"对象名.属性名"来访问。 （ ）

3. 使用 Math 对象的实例名称来引用 Math 对象的方法。 （ ）

三、选择题

1. 下面( )的对象与浏览列表有关。

   A. location，history   B. window，location

   C. navigator，window   D. historylist，location

2. 在 HTML 中，Location 对象的(　　)属性用于设置或检索 URL 的端口号。

    A.　hostname　　　　B.　host　　　　　C.　pathname　　　D.　href

四、上机练习题

1. 指定时间关闭窗口。

2. 在 HTML 文档中建立两个表单，第一个表单中设置一个单行文本框和密码，在第二个表单中设置单选按钮和复选框，给表单和表单元素命名，使用 JavaScript 输出表单和表单元素的名称以及表单的值。

第 6 章

JavaScript 中的事件与事件处理

学习目标:

JavaScript 使我们有能力创建动态页面,而事件(Event)是动态页面的核心,也是把页面中所有元素粘在一起的胶水。当与浏览器中显示的页面进行某些类型的交互时,事件就发生了。因而理解和掌握 JavaScript 中的事件及事件处理过程,对于掌握 JavaScript 是至关重要的一个环节。通过本章的学习,读者能够培养使用事件处理用户与浏览器交互的能力,从而能够制作出具有良好交互性的网页。

内容摘要:

- 熟悉 JavaScript 中事件的基本概念
- 理解 event 对象的属性和方法
- 熟练掌握 JavaScript 中常用的事件及其处理程序

6.1 事件及事件处理程序

JavaScript 的事件和事件处理程序为网页增添了丰富的交互性。事件是用户在操作浏览器的过程中，由用户触发或由浏览器自身触发的动作，浏览器捕获这些动作，根据用户编程时设置的对应这些动作的事件处理程序，触发相应的处理过程，从而实现交互过程。

6.1.1 事件和事件处理程序

事件是浏览器响应用户交互操作的一种机制。当然，任何程序包括浏览器本身都有一套已经设计好的响应各种事件的方法。JavaScript 的事件处理机制是可以改变浏览器响应用户操作的标准方法，这种事件处理机制可以改变浏览器响应用户操作的方式，改变浏览器本身的固定的事件处理模式，这样就开发出具有个性的、交互性的网页，使网页更具有灵活性。例如，可以增加页面的动态效果，可以在客户端验证用户的表单输入等。

事件定义了用户与页面交互时产生的各种操作，例如，单击超链接或按钮时，将产生一个单击(click)操作事件。事件不仅可以在用户交互过程中产生，浏览器自己的一些动作也可以产生事件。例如，当载入一个页面时，将会发生 load 事件，卸载一个页面时，就会发生 unload 事件等。

一个利用 JavaScript 实现交互功能的网页的代码中必然包含以下 3 个部分的内容：

① 在 HTML 页面的 Head 部分定义一些 JavaScript 函数，其中的一些可能是事件处理函数，另外一些可能是为了配合这些事件处理函数而编写的普通函数。

② HTML 本身的各种控制标记。

③ 拥有句柄属性的 HTML 标记，主要涉及一些界面元素。这些元素可以把 HTML 同 JavaScript 代码相连。

句柄用于存储特定事件处理函数的信息。它的形式一般是在事件的名称前面加前缀 on，如 load 事件的句柄就是 onload。

事件处理是指浏览器为了响应某个事件而进行的处理过程。事件处理是对象化编程的一个很重要的环节，没有了事件处理，程序就会变得呆板，缺乏灵活性。浏览器在程序运行的大部分时间都等待交互事件的发生，并在事件发生时，自动调用事件处理程序，完成事件处理过程。

事件处理的过程可以这样表示：发生事件——启动事件处理程序——事件处理程序做出反应。其中，要使事件处理程序能够启动，必须使对象知道触发了什么事件，要启动什么处理程序；否则这个流程就不能进行下去。事件的处理程序可以是任意 JavaScript 语句，但是实际的网页编程中，一般使用网页设计者自定义的函数(Function)来处理事件。

6.1.2 指定事件处理程序

在 HTML 页面中使用 JavaScript 编写事件处理程序时，需要将编写的事件处理程序与浏览器触发的事件关联起来，只有这样，当事件发生时才能够调用关联的处理程序来处理事件。将事件和事件处理程序进行关联的方法有 3 种。

(1) 直接在 HTML 标记中指定。这种方法是使用最普遍的。具体方法是在事件触发的对应 HTML 标签中，添加一个进行事件处理的属性，指定属性值为该事件的处理程序。该方法的语法格式如下：

```
<标记 ... ... 句柄属性="事件处理程序"  [句柄属性="事件处理程序" ...]>
```

实例 6.1　在 HTML 标签中指定事件处理程序。其代码如下：

```
<html>
<head>
<title></title>
</head>
<body onload="alert('网页加载完成！')" onunload="alert('您将关闭本网页！')">
</body>
</html>
```

将页面保存为 event1.htm 文件，在浏览器加载该页面时，将弹出如图 6-1(a)所示的提示框。当关闭页面时，将弹出如图 6-1(b)所示的提示框。

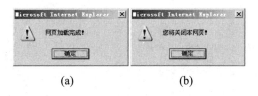

| (a) | (b) |

图 6-1　执行事件处理程序弹出的提示框

(2) 在<script>标签中编写针对特定对象的特定事件的处理代码，在定义时需要使用 for 属性指定对象，使用 event 属性指定事件。这种方法使用的比较少，经常用于网页文档中插件对象的事件处理。该方法的语法格式如下：

```
<script language="JavaScript" for="对象" event="事件">
...
(事件处理程序代码)
...
</script>
```

实例 6.2　在<script>标签中指定特定对象的事件处理程序。其代码如下：

```
<html>
<head>
<title></title>
</head>
<body>
<script language="JavaScript" for="window" event="onload">
  alert("网页加载完成！");
</script>
</body>
</html>
```

将页面保存为 event2.htm 文件。在上述代码中，只有当 window 对象的 load 事件发生时，即网页加载时，才会触发调用<script>标签中定义的 alert()方法，结果将弹出与图 6-1(a) 相同的提示框。

(3) 在 JavaScript 代码中设置事件处理程序。该方法需要设置对象的事件属性，设置事件处理程序，并指定事件属性为事件处理程序的名称或代码。该方法的语法格式如下：

```
<script language="JavaScript">
...
对象.事件 = 事件处理程序名称;
(事件处理函数或程序代码)
...
</script>
```

使用这种方法要注意的是"事件处理程序"是真正的代码，而不是字符串形式的代码。如果事件处理程序是一个自定义函数，如无使用参数的需要，就不要加"()"。

实例 6.3 在 JavaScript 代码中设置事件处理程序。其代码如下：

```
<html>
<head>
<title></title>
</head>
<body>
<script language="JavaScript">
function ignoreError()
{
  return true;
}
window.onerror = ignoreError;          //无参数，不使用 "()"
</script>
</body>
</html>
```

将页面保存为 event3.htm 文件。在上述代码中将 ignoreError()函数定义为 window 对象的 onerror 事件的处理程序。它的效果是忽略该 window 对象下任何错误，但是由引用不允许访问的 location 对象产生的"没有权限"错误是不能忽略的。

6.2 JavaScript 的常用事件

HTML 页面中经常使用的 JavaScript 事件有三大类。

① 用户操作引发的事件，主要包括 Click、MouseOut、MouseOver、MouseDown、MouseUp 等。

② 浏览器自身引起的事件，包括网页装载、表单提交等。

③ 表单内部同页面的对象的交互。

6.2.1 键盘事件

键盘事件是响应用户的键盘输入的事件，要求页面内必须有可被激活的控件。常用的键盘事件包括 KeyDown、KeyPress 和 KeyUp 等事件。

KeyDown 事件是当键盘上某个按键被按下时触发的。可用于浏览器的窗体、图像、超链接和文本区域等控件。KeyUp 事件是当键盘上某个按键被放开时触发的，KeyPress 事件也是在控件有焦点时按键被按下触发的，KeyPress 事件主要用来接收字母、数字等 ANSI 字符，非字符键不会触发 KeyPress 事件，而 KeyDown 和 KeyUp 事件通常可以捕获键盘上除了 PrintScreen 键以外的所有按键。此外，KeyPress 事件只能捕获单个字符，KeyDown 和 KeyUp 事件可以捕获组合键，但 KeyPress 事件可以捕获单个字符的大小写，但 KeyDown 和 KeyUp 事件对于单个字符捕获的 KeyValue 属性都是一个值，也就是不能判断单个字符的大小写。

说明： 对 PrintScreen 按键，KeyPress、KeyDown 和 KeyUp 事件都不能捕获。

实例 6.4 利用 KeyDown 事件显示提示对话框。其代码如下：

```html
<html>
<head>
<title></title>
</head>
<body>
<form name=fm>
<input type=text name=tx onKeyDown="alert('您刚刚按了一个键') " >
</form>
</body>
</html>
```

将页面保存为 keydown.htm 文件，在浏览器中执行，结果如图 6-2 所示。

图 6-2　触发 KeyDown 事件后弹出的提示框

浏览器加载以上代码后，页面将显示一个输入文本框，将光标定位到该文本框中，当按下键盘上的一个字符键时，会触发 KeyDown 事件，事件处理程序将调用 alert()方法弹出对话框，显示"您刚刚按了一个键"，单击"确定"按钮后，在文本框中将显示输入的字符。

6.2.2 鼠标事件

鼠标事件是响应用户的鼠标动作的事件，这些动作包括鼠标的单击、鼠标的按下和放开、鼠标的移动、鼠标的移入和移出等。

按下鼠标按键将触发 MouseDown 事件，当释放鼠标按键时将触发 MouseUp 事件，这两个事件主要应用于页面中的 button 控件。

实例 6.5 利用鼠标事件改变页面背景色。其代码如下：

```html
<html>
<head>
<title>MouseDown 和 MouseUp 的应用</title>
</head>
<body>
<form>
<input type=button value="改变背景颜色"
onMouseDown="document.bgColor='blue'"
onMouseUp="document.bgColor='green'">
</form>
</body>
</html>
```

将页面保存为 mouse1.htm 文件，在浏览器中执行，网页中将显示一个按钮，当将鼠标指针放在这个按钮上，按下左键后，网页的背景颜色将由默认的白色变为蓝色，放开鼠标左键后，网页背景就变为如图 6-3 所示的绿色。

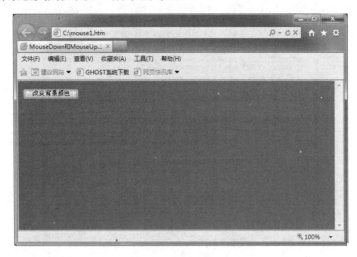

图 6-3 触发 MouseUp 事件后网页背景色的改变

Click 事件是由鼠标在一个控件上单击引发的，该事件实际是由 MouseDown(按下鼠标键)及 MouseUp(放开鼠标键)两个事件组成，该事件主要应用于 button、checkbox、link、radio、reset、submit 等控件。

实例 6.6 响应鼠标单击事件弹出提示框。其代码如下：

```html
<html>
```

```
<head>
<title></title>
</head>
<body>
<form>
<!--这里的 this 表示事件指向的目标元素-->
  <input id="b1" type="button" value="按钮 1"
      onclick="alert(this.form.b2.value);">
  <input id="b2" type="button" value="按钮 2"
      onclick="alert(form.b1.value);">
</form>
</body>
</html>
```

将页面保存为 mouse2.htm 文件，在浏览器中执行，网页中将显示两个按钮，单击任何一个按钮，都会触发 Click 事件，并弹出如图 6-4 所示的对话框显示对方按钮的 value 值。

图 6-4　触发 Click 事件后弹出的对话框

当鼠标指针到达一个控件之上时，将触发 MouseOver 事件；当鼠标指针移离一个控件时，将触发 MouseOut 事件。

实例 6.7　利用 MouseOver 事件改变显示的图片。其代码如下：

```
<html>
<head>
<title>MouseOver 和 MouseUp 的应用</title>
</head>
<body>
<center>
<img src="1.jpg" name=pic border=1 width=200 height=150>
</p>
<img src="2.jpg" border=0 width=50 height=50 align="middle"
onMouseOver="document.pic.src='2.jpg'" onMouseOut="document.pic.src=
'1.jpg' " >
<img src="3.jpg" border=0 width=50 height=50 align="middle"
onMouseOver="document.pic.src='3.jpg'" onMouseOut="document.pic.src=
'1.jpg' " >
```

```
<img src="4.jpg" border=0 width=50 height=50 align="middle"
onMouseOver="document.pic.src='4.jpg'" onMouseOut="document.pic.src=
'1.jpg' " >
</center>
</body>
</html>
```

将页面保存为 mouse3.htm 文件，在浏览器中执行，将在如图 6-5 所示的网页上方显示一幅大图片位置，下面分别显示 3 幅小图片。当鼠标指针移动到 2.jpg 之上时，将触发 MouseOver 事件，执行 document.pic.src='2.jpg'事件处理程序，这样在大图位置的图片将转换为 2.jpg，同样将鼠标指针移动到其他两幅图片上时，大图位置将相应地显示对应的图片。当鼠标从 3 个小图上的任何一个移开时，均触发 MouseOut 事件，执行 document.pic.src='1.jpg'事件处理程序，在大图位置重新显示 1.jpg。

图 6-5　触发 MouseOver 事件改变显示的图片

当鼠标指针在对象上移动时将触发 MouseMove 事件。实际上，它常常与 MouseOver 事件相关联，因为对于一个页面中的控件而言，只有当鼠标指针移入控件的有效范围内才能进行移动，即必须先发生 MouseOver 事件，然后才可能发生 MouseMove 事件。

实例 6.8　利用 MouseMove 事件弹出提示框。其代码如下：

```
<html>
<head>
<title> MouseMove 的应用</title>
</head>
<body>
<p align="center">请在下面的文字超链接上移动鼠标</p>
<p align="center"><a href="#" onmousemove="alert('您触发了 MouseMove 事件
');">超链接</a></p>
</body>
</html>
```

将页面保存为 mouse4.htm 文件，在浏览器中加载后，页面中将显示一个超链接，当鼠标在该超链接上移动时，将触发 MouseMove 事件，执行处理程序 alert('您触发了MouseMove 事件')，将弹出如图 6-6 所示的对话框，显示提示信息。

图 6-6　触发 MouseMove 事件弹出提示信息对话框

6.2.3　Load 事件和 Unload 事件

Load 事件是当浏览器加载页面时触发的，Load 事件的处理程序可以在其他所有的网页代码和 JavaScript 程序之前被执行，通常用来完成网页的初始化操作，如弹出提示窗口、显示欢迎信息或密码认证等。

实例 6.9　利用 Load 事件开启新窗口。其代码如下：

```
<html>
<head>
<title>Load 事件的应用</title>
<script language="javascript">
function showAdWin()
{
adwin=window.open("promo1.html","win2","width=200,height=30");
adwin.moveTo(600,320);
setTimeout("adwin.close()", 2000);
}
</script>
</head>
<body onLoad=showAdWin()>
<h2>这是触发 Load 事件页面</h2>
</body>
</html>
```

将页面保存为 load.htm 文件，在浏览器中执行时如图 6-7 所示，该页面会自动开启一个新窗口，打开同目录下名为 promo1.html 的页面，该窗口移到(600,320)位置显示，然后新窗口 2 秒后自动关闭。上述过程的代码被定义在名称为 showAdWin()的方法中，该方法将作为页面 Load 事件的处理程序被触发执行。

下面几种情况发生时将触发 Unload 事件：

① 用户在浏览器地址栏中输入一个新的 URL。

② 使用浏览器工具栏中的导航按钮进行页面跳转。

图 6-7 触发 Load 事件自动弹出新页面

③ 在页面中通过超链接在浏览器中载入一个新页面。

④ 浏览器被关闭时。

综上所述，在浏览器载入下一个新的网页之前，都将产生一个 Unload 事件，它跟 Load 事件的功能相反。即浏览器载入新页面时将触发 Load 事件，离开页面时将触发 Unload 事件。

实例 6.10 利用 Unload 事件弹出新窗口。其代码如下：

```html
<html>
<head>
<title>Unload 事件的应用</title>
</head>
<body
onUnload="msgwin=window.open('promo1.html','win2','width=150,height=30')">
<h3>这是触发 Unload 事件页面</h3>
<p><a href="promo1.html">跳转到 promo1.html</a></p>
</body>
</html>
```

将页面保存为 unload.htm 文件，在浏览器中加载后，可以通过以下 4 种方式触发 Unload 事件：

(1) 在浏览器地址栏中输入新的 URL，按 Enter 键，此时会触发 Unload 事件卸载原来的页面，为浏览器载入新的页面做准备。

(2) 在(1)的基础上，返回原来页面，单击工具栏中的"刷新"按钮，或者按下 F5 键刷新页面。此时会触发 Unload 事件卸载页面，并在浏览器中重新载入页面。

(3) 在页面中单击"跳转到 promo1.html"超链接，浏览器触发 Unload 事件卸载原来的页面，并载入 promo1.html 页面进行显示。

(4) 关闭浏览器，系统自动调用 Unload 事件卸载页面。

以上 4 种方式都能够触发 Unload 事件，事件处理程序会开启一个新窗口，载入 promo1.html，最终页面显示如图 6-8 所示。

图 6-8　触发 Unload 事件自动弹出新页面

6.2.4　Focus 事件和 Blur 事件

将一个控件(按钮、文本框、文本区域、选择框等)变为操作目标时，即光标进入该控件中时，将触发 Focus 事件。用户可以通过鼠标单击或按键盘上的 Tab 键，使一个控件获得焦点。此外，还可以使用 JavaScript 代码将焦点定位到某个控件上，示例代码如下：

```
<form name=fm >
<input type=text name=tx >
</form>
<script language="javascript">
document.fm.tx.focus();
</script>
```

上述代码中的语句 document.fm.tx.focus()表示将焦点放置在表单中的文本框中，当页面被浏览器载入时，文字插入点就已经在文本框中出现了。

实例 6.11　利用 Focus 事件设置提示信息。其代码如下：

```
<html>
<head>
<title>Focus 事件的应用</title>
</head>
<body>
<form name=fm>提示信息: <input type=text name=tx size=30> <br>
请输入姓名: <input type=text size=20 onFocus="document.fm.tx.value='若为英文
请区分大小写'"> <br>
请输入出生日期: <input type=text size=20 onFocus="document.fm.tx.value='请
用此格式输入: 2014 年 08 月 18 日' ">
</form>
</body>
</html>
```

将页面保存为 focus.htm 文件，在浏览器加载该页面时，显示如图 6-9 所示的 3 个文本框，当单击第一个文本框时，页面没有什么变化，因为该文本框没有设定捕获 Focus 事件。

当单击第二个文本框时，该文本框将获得焦点，从而触发 Focus 事件，事件处理程序

onFocus="document.fm.tx.value='若为英文请区分大小写'"将在第一个文本框中显示"若为英文请区分大小写"提示信息，同样，当单击第三个文本框时，该文本框将获得焦点，同样将触发 Focus 事件，事件处理程序会在第一个文本框显示"请用此格式输入: 2014 年 08 月 18 日"提示信息。

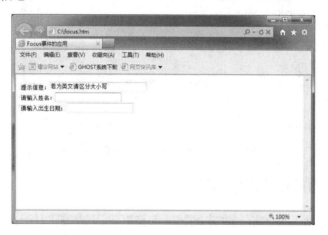

图 6-9　触发 Focus 事件在文本框中显示提示信息

Blur 事件与 Focus 事件是两个完全相反的事件。当文字插入点或鼠标指针移离一个表单中的控件(如按钮、文本框、文本区域等)时，控件将失去焦点从而触发 Blur 事件。

实例 6.12　利用 Blur 事件检查文本框是否为空。其代码如下:

```
<html>
<head>
<title>Blur 事件的应用</title>
<script language="javascript">
function checkIt( )
{  if(document.fm.tx.value=="")
       {  alert("请输入您的姓名")   }
    else  {  alert("您已经输入")     }
}
</script>
</head>
<body>
<form name=fm> 请输入姓名： <br>
<input type=text name=tx size=20 onBlur="checkIt( ) ">
</form>
</body>
</html>
```

将页面保存为 blur.htm 文件，在浏览器加载该页面时，页面中将显示一个文本框，单击该文本框使其获得焦点，在文本框中不要输入任何字符 (包括空格)，在文本框范围之外单击或按键盘上的 Tab 键，使文本框失去焦点，此时将触发 Blur 事件，会弹出如图 6-10 所示的对话框，显示"请输入您的姓名"提示信息。

图 6-10　触发 Blur 事件检查文本框是否为空

在上述代码中，定义了 checkIt( )方法，该方法通过 onBlur=" checkIt( ) "设置为 Blur 事件的事件处理程序，当 Blur 事件触发后，该方法将被执行，从而弹出提示对话框。

6.2.5　Submit 事件和 Reset 事件

Submit 事件是在\<form\>标签中声明，通常在表单中会有一个 submit 按钮，当用户完成信息输入，准备将信息提交给服务器时触发该事件。

实例 6.13　利用 Submit 事件检查表单中的控件是否为空。其代码如下：

```
<html>
<head>
<title></title>
<script language="javascript">
function checkIt( )
{  if (document.fm.tx.value=="")
     {  alert("您没有输入姓名！")
        document.fm.tx.focus()
        return false
     }
  else  {  return true  }
}
</script>
</head>
<body>
<form name="fm" method="post" action="mailto:someone@somewhere.com"
enctype="text/plain" onSubmit="return checkIt( )">
请输入您的姓名：
<input type=text name=tx size=20 >
<input type=submit value="提交">
</form>
</body>
</html>
```

将页面保存为 submit.htm 文件，在浏览器加载该页面时，表单中包含一个文本框和一个提交按钮，当在文本框中输入文字，单击"提交"按钮后，表单在提交前会触发 Submit 事件，代码 onSubmit="return checkIt()"将 checkIt()函数设置为该事件的事件处理程序，checkIt()函数的返回值若为 true 表示提交表单成功，若返回 false 则表示取消提交。checkIt()函数中通过语句 if(document.fm.tx.value=="")来检查文本框是否为空，若文本框中没有文字，则判断条件成立，执行 alert()方法，将弹出如图 6-11 所示的提示用户"您没有输入姓名！"的信息提示框。

图 6-11　触发 Submit 事件检查表单中的文本框是否为空

Reset 事件通常也是在<form>标签中声明的，它会关联到表单中的 Reset 按钮，当用户在表单中完成信息输入后，若单击 Reset 按钮，将触发 Reset 事件，会清除表单中所有控件中已经输入的信息，便于用户重新输入。

实例 6.14　利用 Reset 事件清除表单中已输入的数据。其代码如下：

```html
<html>
<head>
<title>Reset 事件的应用</title>
</head>
<body>
<form name=fm onReset="return confirm('确定要重置吗？')">
<input type=text value="请输入姓名" size="16">
<input type=reset value="重置">
</form>
</body>
</html>
```

将页面保存为 reset.htm 文件，在浏览器加载该页面时，表单中包含一个文本框和一个重置按钮，在该文本框中输入数据信息，然后单击"重置"按钮，将触发 Reset 事件，在事件处理程序中将弹出如图 6-12 所示的 confirm 对话框，单击对话框中的"确定"按钮后，表单中文本框里的内容将被重置。

图 6-12　触发 Reset 事件重置表单中的文本框中的内容

6.2.6　Change 事件和 Select 事件

1. Change 事件

当文本框、文本区域、选择框等控件中的鼠标指针移离该对象时，若控件中的内容发生改变，将会触发 Change 事件。

实例 6.15　利用 Change 事件检查文本框中的内容改变。其代码如下：

```
<html>
<head>
<title></title>
</head>
<body>
<form>
<textarea name="text" rows=3 cols=30 value=" " onChange=alert("您在文本框
中添加了新的内容")>
</textarea>
</form>
</body>
</html>
```

将页面保存为 changed.htm 文件，在浏览器加载该页面时，页面中将显示一个文本区域，在该区域输入一段文本，然后用鼠标在文本区域外单击使文本区域失去焦点，此时将触发 Change 事件，弹出如图 6-13 所示的提示对话框。

如果让文本区域重新获得焦点，但文本区域中的数据内容不做修改，如果文本区域再次失去焦点时，将不会触发 Change 事件，从中可以看出 Change 事件与 Blur 事件的不同之处。

2. Select 事件

当在文本框、文本区域等控件中的文本被选中时将会触发 Select 事件。

📖 **说明：**　支持该事件的 HTML 标签为<input type="text">, <textarea>。

图 6-13　触发 Change 事件监测文本框中内容的变化

实例 6.16　利用 Select 事件检查文本框中内容是否被选中。其代码如下：

```html
<html>
<head>
<title></title>
</head>
<body>
<form>
Select text: <input type="text" value="Hello world!"
onselect="alert('You have selected some of the text.')">
<br /><br />
Select text: <textarea cols="20" rows="5"
onselect="alert('You have selected some of the text.')">
Hello world!
</textarea>
</form>
</body>
</html>
```

将页面保存为 selected.htm 文件，在浏览器加载该页面时，页面中将显示一个文本框和一个文本区域，当用鼠标滑动选择这两个控件中的文字时，将触发 Select 事件，弹出如图 6-14 所示的提示对话框。

图 6-14　触发 Select 事件监测文本框中内容是否被选中

6.2.7　Error 事件

JavaScript 提供了在脚本执行期间处理错误的功能。当页面因为某种原因而出现错误时将触发 Error 事件，在 Error 事件处理程序中指定对错误的处理操作。Error 事件处理程序常绑定到<body>、<frameset> 、<img>等标签。

实例 6.17　利用 Error 事件检查图片载入失败错误。其代码如下：

```html
<html>
<head>
<title></title>
</head>
<body>
<img src="10.jpg" onerror="alert('图像装载错误！')">
</body>
</html>
```

将页面保存为 error.htm 文件，在浏览器加载该页面时，由于载入的图片路径错误，图片将无法正常显示在页面上，由此将产生图片载入错误，这时将触发 error 事件，对应的事件处理程序将调用 alert()方法，弹出如图 6-15 所示的错误提示对话框。

图 6-15　图片载入错误触发 Error 事件

课 后 小 结

JavaScript 为了提高 HTML 页面的交互性，提供了事件驱动模型。针对不同的事件，编制了相应的事件处理程序。本章重点讲解了 JavaScript 系统常用的事件，通过具体的实例对每个事件及其事件处理程序进行详细讲解，帮助读者深入理解每个事件的使用方法。借助对每个事件及其实例的讲解，能够深入掌握 JavaScript 的事件和事件处理方法。

习　　题

一、选择题

1. 在某一页面下载时，要自动显示出另一页面，可通过在<body>标签中使用(　　)事件来完成。

　　A. onload　　　　　B. onunload　　　C. onclick　　　　D. onchange

2. 下列 JavaScript 语句中，能实现单击一个按钮时弹出一个消息框的是(　　)。

　　A. <BUTTON VALUE ="鼠标响应" onClick=alert("确定")></BUTTON>

　　B. <INPUT TYPE="BUTTON" VALUE ="鼠标响应" onClick=alert("确定")>

　　C. <INPUT TYPE="BUTTON" VALUE ="鼠标响应" onChange=alert("确定")>

　　D. <BUTTON VALUE ="鼠标响应" onChange=alert("确定")></BUTTON>

3. 在 JavaScript 中，表单文本框(Text)不支持的事件是(　　)。

　　A. onBlur　　　　　　　　　B. onLostFocused

　　C. onFocus　　　　　　　　　D. onChange

4. 在 JavaScript 中，命令按钮(Button)支持的事件是(　　)。

　　A. onClick　　　　　B. onChange　　　C. onSelect　　　　D. onSubmit

二、上机练习题

1. 利用表单提交信息时，当表单中的文本框内容为空，弹出提示消息框。

2. 页面载入时，自动弹出欢迎信息框。

第 7 章
JavaScript 中的 DOM 编程

学习目标：

文档对象模型(Document Object Model，DOM)是 W3C 组织推荐的处理可扩展置标语言的标准编程接口。它是一种与平台和语言无关的应用程序接口(API)，可以作为网站内容与 JavaScript 互通的接口。本章在介绍文档对象模型的基础上，将详细讲解如何使用 JavaScript 语言进行 DOM 编程。

内容摘要：

● 熟悉文档编程模型中的基本概念
● 理解 DOM 编程中的基本对象和接口
● 熟练掌握 JavaScript 中 DOM 编程的各种操作

7.1 XML 基础

XML(eXtensible Markup Language，可扩展标记语言)是由 SGML (标准通用标记语言)发展而来的一种简单、灵活的文本形式的标记语言，可提供跨平台、跨网络、跨程序语言的数据描述方式。

XML 就像 HTML 一样，是一种专门在 Web 上传递信息的语言。但是 XML 不是 HTML 的替代品，XML 和 HTML 是两种不同用途的语言。XML 是用来存放数据的，是被设计用来描述数据的，重点强调是什么数据以及如何存放数据。而 HTML 是被设计用来显示数据的，重点强调是显示数据以及如何更好地显示数据。HTML 是与显示信息相关的，XML 则是与描述信息相关的。

7.1.1 XML 的文档结构

XML 非常容易学习和使用，但 XML 对于语法却有着严格的规定，只有当一个 XML 文档符合语法规定时，处理程序才能对它加以分析和处理。

名称为 city.xml 的 XML 文档基本结构如下：

```xml
<?xml version="1.0" encoding="gb2312"?>
 <!--省会城市-->
<country>
    <province id="0001">
       <province_name>黑龙江省</province_name>
        <province_city>哈尔滨</province_city>
    </province>
    <province id="0002">
       <province_name>吉林省</province_name>
        <province_city>长春</province_city>
    </province>
    <province id="0003">
       <province_name>辽宁省</province_name>
        <province_city>沈阳</province_city>
    </province>
<province id="0004">
       <province_name>山东省</province_name>
        <province_city>济南</province_city>
</province>
</country>
```

以上述 XML 文档为例，一个基本的 XML 文档包含以下几个组成部分。

1. 声明

一个 XML 文档通常以一个 XML 声明开始，代码如下：

```
<?XML version = "1.0" encoding = "GB2312" standalone = "yes/no"?>
```

XML 文档声明包含 XML 的版本以及所使用的字符集等信息。version 属性表示所采用的 XML 的版本号，encoding 属性用于指定 XML 文档的编码方式。例如，代码中 version = "1.0"表示这个文档符合 XML 1.0 规范，encoding="GB2312"表示文档的编码方式为简体中文 GB2312。

2. 根元素

XML 文档中的第一个元素就是根元素，如文档中<country>元素。</country>在文档中的结尾处，为根元素结束标记。所有的 XML 文档必须有一个根元素，并且只能有一个根元素，其他元素都嵌套在根元素中。

3. 元素

XML 文档是一个根元素下嵌套的层次结构。元素是 XML 文档的基本内容。一个元素包含一个起始标记、一个结束标记以及标记之间的数据内容。其语法格式为：

```
<标记>数据内容</标记>
```

在上述实例中的<province_name>黑龙江省</province_name>、<province_city>哈尔滨</province_city>都是 XML 文档的元素。

4. 属性

XML 元素在开始标记处可以有元素属性。例如，实例中的<province id="0002">代码，将 id 设置了 id 属性，对省份进行编号。用户可以自定义所需要的标记属性，每个属性是一个"属性名称=数值"形式组成的。可以在一个元素中设置多个属性，但是不能设置同名的属性，并且所有的属性值都必须用引号括起来。

5. 注释

XML 文档中的注释是以< ! --开始，以-->结束，中间插入注释语句。对 XML 文档中的字符数据起到一个解释说明的作用。XML 处理器不会对注释文字进行处理。例如实例文档中的<!--省会城市-->代码为注释语句。

说明： 注释语句就不允许嵌套或是重叠使用，也不允许注释出现在任何一个标记之中。

7.1.2　XML 解析器

XML 是一种解析语言，需要支持的解析器才能够处理 XML 文件的数据。XML 的解析器可以读取、更新、创建、操作一个 XML 文档。XML 文档除了被浏览器内部调用外，还可以在脚本中或者程序中调用。例如，可以通过使用 JavaScript 来实现 XML 到 HTML 的转换，从而输出 XML 文档的数据。具体实现过程如下：

```
<script language="javascript">
var xml = new ActiveXObject("Microsoft.XMLDOM")
                                        //建立一个 Microsoft.XMLDOM 对象
xml.async = false                       //关闭同步载入
xml.load("XML 文档")                    //使用 load 方法载入 XML 文档
var xsl = new ActiveXObject("Microsoft.XMLDOM")
xsl.async = false
xsl.load("XSL 文档")                    //使用 load 方法载入 XSL 文档
document.write(xml.transformNode(xsl))  //使用用 XSL 文档转换 XML 文档
</script>
```

代码说明:

- var xml = new ActiveXObject("Microsoft.XMLDOM")建立一个 Microsoft.XMLDOM 对象,并将 XML 文档读入内存。
- xml.async = false 关闭同步载入,确保在文档被完全载入前解析器不会继续执行。
- xml.load("XML 文档")使用 load()方法载入一份 XML 文件。同理使用 load 方法载入一个 XSL 文档,用于显示 XML 文档。
- document.write(xml.transformNode(xsl))将 XML 文档用 XSL 文档转换,并将结果输出到 HTML 文件中。

7.2　DOM 编程基础

DOM(Document Object Model,文档对象模型)定义了一组与平台和语言无关的接口,以便程序和脚本能够动态访问和更新文档的内容、结构及样式。DOM 是由 W3C 制定的表示 XML 文档的标准方式。

DOM 也是一种跨语言的规范,是一种 W3C 标准,目前所有 Web 浏览器在不同程度上都支持 DOM。通过 DOM 编程可以实现对 XML 文档的节点、属性、文本进行添加、删除、修改等操作。

7.2.1　DOM 文档对象模型

DOM 将 XML 文档作为树结构来查看,而 DOM 解析 XML 文档时,为 XML 文档在逻辑上建立一个树模型,树的节点就是 XML 文档上的元素、文本和属性。例如,下面的 XML 示例代码:

```
<?xml version="1.0" encoding="gb2312"?>
<country>
    <province id="0001">
        <province_name>黑龙江省</province_name>
        <province_city>哈尔滨</province_city>
    </province>
</country>
```

这个 XML 文档的树形结构如图 7-1 所示。

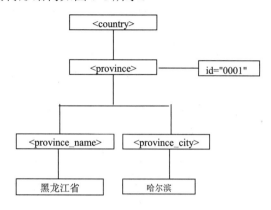

图 7-1　XML 文档的树形结构

7.2.2　DOM 中的节点

在 DOM 中，文档是由节点组成的。节点的类型主要包括元素节点、属性节点和文本节点 3 种。在图 7-1 中，<country>、< province >、< province_name >和< province_city >为元素节点，id="0001"为属性节点，黑龙江省和哈尔滨为文本节点。

文档中所有的元素、文本及属性均被作为节点，可通过 DOM 树来进行访问，从而对 XML 文档的内容进行添加、修改和删除等操作。

DOM 文档对象模型为一个树形结构，每一个节点被抽象为 Node 对象，每个 Node 对象都有相应的属性与方法，通过调用节点对象属性和方法可以完成对 XML 文档节点的访问、添加、删除和修改等操作。Node 对象常用的属性和方法如表 7-1 和表 7-2 所示。

表 7-1　Node 对象常用属性及详细说明

属　　性	说　　明
childNodes	返回某节点到子节点的节点列表
parentNode	返回某节点的父节点
firstChild	返回某节点的首个子节点
lastChild	返回某个节点的最后一个子节点
nextSibling	返回某个节点之后紧跟的同级节点，如果没有这样的节点，则返回 null
previousSibling	返回某个节点之前紧跟的同级节点，如果没有这样的节点，则返回 null
nodeName	返回节点的名称，根据其类型返回节点的名称
nodeType	返回节点的类型
nodeValue	根据其类型设置或返回某个节点的值
ownerDocument	返回某个节点的根元素(document 对象)
text	返回某节点及其后代的文本(IE 独有的属性)
xml	返回某节点及其后代的 XML(IE 独有的属性)

表 7-2　Node 对象常用方法及详细说明

方　法	说　明
appendChild()	通过把一个节点增加到当前节点的 childNodes[]组，给文档树增加节点
cloneNode()	复制当前节点，或者复制当前节点以及它的所有子孙节点
hasChildNodes()	如果当前节点拥有子节点，则返回 true
insertBefore()	给文档树插入一个节点，位置在当前节点的指定子节点之前。如果该节点已经存在，则删除之再插入它的位置
removeChild()	从文档树中删除并返回指定的子节点
replaceChild()	从文档树中删除并返回指定的子节点，用另一个节点替换它

实例 7.1　遍历 XML 文档中的节点。其代码如下：

```html
<html>
<head>
<meta http-equiv="Content-Type" content="text/html; charset=gb2312" />
<title>childnodes</title>
<script language="javascript">
var xml=new ActiveXObject("Microsoft.XMLDOM");        //创建一个 XML DOM 对象
xml.async="false";
xml.load("city.xml");                                  //加载 city.xml 文件
var x=xml.documentElement.childNodes;                  // 将节点存储到 x 数组中
for (i=0;i<x.length;i++)
  {
  document.write("节点名称：" + x[i].nodeName+"  ")
  document.write("值为：" + x[i].text + "<br />")
  }
</script>
</head>
<body>
</body>
</html>
```

将页面保存为 dom1.htm 文件，在浏览器中执行，结果如图 7-2 所示。

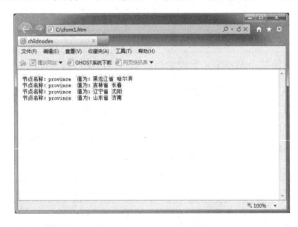

图 7-2　显示 XML 文档中节点的名称和值

本页面针对本章开头的 city.xml 文档进行遍历操作，documentElement 表示 XML 文档的根节点，利用语句 var x=xml.documentElement.childNodes; 将文档根元素节点下的子节点存储到 x 数组中。然后利用 for (i=0;i<x.length;i++){...}循环逐一输出节点的名称和值。

7.3　使用 DOM 编程

DOM 将整个文档展现为内存中的一棵树状结构，每个元素、属性都是树上的一个节点。利用 JavaScript 语言可以对树上的节点进行各种操作。

7.3.1　访问节点

XML 的 DOM 对象表示 XML 文档树的根，XML 文档中的元素节点、文本节点、注释等都是存在于 DOM 对象中的，其中 documentElement 属性返回存在于 XML 文档中的根节点。其语法格式如下：

```
documentObject.documentElement
```

在访问 DOM 节点过程中，可以使用 parentNode、childNodes、firstChild、lastChild、nextSibling、previousSibling 等属性在节点间进行导航，来获取节点的名称和节点的值。

但是，如果要快速访问 XML 文档中某个特定的节点，就需要使用 XML 的 DOM 对象的 getElementsByTagName()方法，该方法的作用是传回指定名称的元素集合，可在整个文档中查找任何 XML 元素。其基本语法格式如下：

```
var x=xmldocumentObject.getElementsByTagName("tagname ");
```

该方法返回的集合是一个列表，可以通过使用方括号标记([])或者 item()方法来逐个访问其中的节点。列表的索引值从 0 开始，第一元素为 x[0]、第二个元素为 x[1]，以此类推。

实例 7.2　访问 XML 文档中的特定节点。其代码如下：

```html
<html>
<head>
<meta http-equiv="Content-Type" content="text/html; charset=gb2312" />
<title>xml</title>
<script language="javascript">
var xmlDoc=new ActiveXObject("Microsoft.XMLDOM");  //创建一个XML DOM对象
xmlDoc.async="false";
xmlDoc.load("city.xml");                           //加载city.xml文件
var i=0;
var x=xmlDoc.getElementsByTagName("province"); //访问文档上的province标签
for (i=0;i<x.length;i++)                           //循环访问节点列表
{
   var y=x[i].childNodes                           //节点下的子节点集合
   document.write("<p>省份名称："+y[0].childNodes[0].nodeValue+"<br>")
                                                   //输出第一个子节点的值
   document.write("省会城市："+y[1].childNodes[0].nodeValue+"</p>")
```

```
    // 输出第二个子节点的值
  }
</script>
</head>
<body>
</body>
</html>
```

将页面保存为 node.htm 文件，在浏览器中执行，结果如图 7-3 所示。

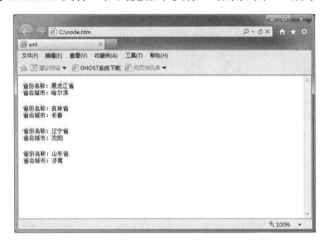

图 7-3　访问 XML 文档中特定节点

本页面利用 getElementsByTagName("province ")语句对 city.xml 文档中的 province 元素进行查找操作，将查找结果的列表赋予变量 x，然后利用循环访问节点。在循环中通过 var y=x[i].childNodes 语句提取节点的下一级子节点集合，最后利用 y[0].childNodes[0].nodeValue 和 y[1].childNodes[0].nodeValue 分别获得第一个子节点的值和第二个子节点的值，并利用 document 的 write()方法将其写到页面上。

7.3.2　创建新节点

XML 的 DOM 对象提供了一些方法用于创建不同类型的节点，主要包括以下方面。

1. createElement()方法

该方法可创建一个新的元素节点，并返回该元素的一个引用。创建语句如下：

```
var newElement= document.createElement("name");
```

其参数为字符串，这个字符串可为此元素节点规定名称。该方法将返回一个 Element 对象。将该方法的返回值赋予一个变量，通过这个变量，可实现对这个新建元素的引用。

2. createTextNode()方法

该方法可以创建一个新的文本节点，并返回该元素的一个引用。创建语句如下：

```
var newText = document.createTextNode("text");
```

其参数为字符串，用于设定节点的文本。与创建元素节点一样，可以把返回值保存到一个变量中，以便在随后的代码中引用。该方法创建文本节点后，可以使用 appendChild() 方法将此节点添加到一个节点列表中。

3．createAttribute()方法

该方法可以创建一个新的属性节点。创建语句如下：

```
createAttribute(name)
```

其参数为要创建的属性节点的名称。创建一个属性节点后，它的返回值为该属性节点。可以通过设置它的 value 属性来设置属性节点的值。

例如，设置 id 属性值为 0005，示例代码如下：

```
var newatt=xmlDoc.createAttribute("id");
newatt.value="0005";
```

7.3.3　添加节点

使用 createElement()方法、createTextNode()方法和 createAttribute()方法创建元素节点、文本节点和属性节点后，可以使用 appendChild()方法将元素添加到节点列表中。

appendChild()方法表示在节点列表的末端添加一个子节点。其语法格式如下：

```
Node.appendChild(newchild)
```

其中，Node 表示当前节点，newchild 为所添加的节点。通过 appendChild()方法可以将这个节点增加到当前节点的 childNodes[]组中，从而实现为文档树添加节点的操作。

实例 7.3　在 XML 文档中添加新节点。其代码如下：

```
<html>
<head>
<meta http-equiv="Content-Type" content="text/html; charset=gb2312" />
<title>创建元素节点</title>
<script language="javascript">
var xmlDoc=new ActiveXObject("Microsoft.XMLDOM");  //创建一个 XML DOM 对象
xmlDoc.async="false";
xmlDoc.load("city.xml");                            //加载 city.xml 文件
var x=xmlDoc.documentElement                        //访问文档上根节点
var newElement=xmlDoc.createElement("province");
    //创建一个新的 province 元素节点
   x.appendChild(newElement);                       //将 province 元素节点加到根元素下
   var newatt=xmlDoc.createAttribute("id");         //创建一个新的 id 属性
   newatt.value="0005";                             //设置属性的值为 0005
   newElement.setAttributeNode(newatt);     //将属性添加到 province 元素节点上
   var newElement1=xmlDoc.createElement("province_name");
   var newtext1=xmlDoc.createTextNode("浙江省");    //创建一个新的文本节点
   newElement1.appendChild(newtext1);
   //将文本节点添加到 province_name 元素节点上
newElement.appendChild(newElement1);
   //将 province_name 元素添加到 province 元素节点上
   var newElement2=xmlDoc.createElement("province_city");
```

```
    var newtext2=xmlDoc.createTextNode("杭州市");    //创建一个新的文本节点
    newElement2.appendChild(newtext2);
                            //将文本节点添加到 province_city 元素节点上
newElement.appendChild(newElement2);
                            //将 province_city 元素添加到 province 元素节点上
alert(xmlDoc.xml);                          //弹出提示框，显示 xml 文档
</script>
</head>
<body>
</body>
</html>
```

将页面保存为 addNode.htm 文件，在浏览器中执行，将弹出如图 7-4 所示的消息提示框。

图 7-4　添加新节点后的 XML 文档

在本页面中首先通过 xmlDoc.documentElement 获取文档根节点，然后利用 createElement ("province")方法创建一个新的 province 元素节点，并调用 appendChild()方法将 province 元素节点添加到根元素下。调用 createAttribute()方法创建一个新的 id 属性，并设置属性的值为 0005，执行 newElement.setAttributeNode(newatt)语句，将该属性添加到 province 元素节点上。接下来再调用 createElement()方法创建一个 province_name 元素节点。通过 createTextNode ("浙江省")语句创建一个新的文本节点，执行 newElement1.appendChild(newtext1)语句，将文本节点添加到 province_name 元素节点上。最后执行 appendChild()语句将 province_ name 元素添加到 province 元素节点上。

7.3.4　插入节点

使用 appendChild()方法只能在节点列表的后面添加一个节点，如果要在某个指定的节点之前插入一个子节点，可以使用 insertBefore()方法。此外，也可以使用 insertData()方法向文本节点中插入一个字符串。

insertBefore()方法表示在指定的现存某个节点前插入一个子节点。其基本语法格式如下：

```
var befoenote=parentNode.insertBefore(newChild,beforeChild);
```

该方法需要设置两个参数，一个是 newChild，表示要插入的元素节点，而 beforeChild 为参考节点元素，将 newChild 插入 beforeChild 节点之前。如果 beforeChild 不存在，则将 newChild 插入 parentNode 节点列表的末端。

insertData()方法是针对文本节点，向某个文本节点插入一段字符串。其基本语法格式如下：

```
insertData(start,string)
```

该方法需要设置两个参数，start 参数表示插入文本字符串的起始位置，起始值是 0；string 参数表示要插入的字符串。

实例 7.4　在 XML 文档中插入新文本节点。其代码如下：

```
<html>
<head>
<meta http-equiv="Content-Type" content="text/html; charset=gb2312" />
<title>插入一个元素节点</title>
<script language="javascript">
var xmlDoc=new ActiveXObject("Microsoft.XMLDOM");  //创建一个XML DOM 对象
xmlDoc.async="false";
xmlDoc.load("city.xml");                            //加载 city.xml 文件
var x=xmlDoc.documentElement;
var newElement=xmlDoc.createElement("zhixiashi");   //创建一个 zhixiashi 元素
var newtext=xmlDoc.createTextNode("北京市");         //创建一个文本元素
newElement.appendChild(newtext);          //将文本元素添加到 zhixiashi 元素中
x.insertBefore(newElement, x.childNodes[2]);
    //在第三个节点前插入 zhixiashi 元素
alert(xmlDoc.xml);                         //弹出提示框，显示文档内容
</script>
</head>
<body>
</body>
</html>
```

将页面保存为 insertNode.htm 文件，在浏览器中执行，将弹出如图 7-5 所示的消息提示框。

图 7-5　插入节点后的 XML 文档

在本页面中首先利用 xmlDoc.createElement("zhixiashi")语句创建一个新的 zhixiashi 元素，然后调用 xmlDoc.createTextNode("北京市")语句创建一个文本元素，最后执行 appendChild(newtext)语句，将文本元素添加到 zhixiashi 元素中。调用 insertBefore(newElement, x.childNodes[2])方法将新创建的 zhixiashi 元素插入第三个节点之前。

7.3.5 删除节点

在 XML DOM 中，可以使用 removeChild()方法来删除某个节点，使用 deleteData()方法从文本节点中删除数据，使用 removeAttribute()方法删除属性节点。

removeChild()方法可用来删除某个指定的节点。其语法格式如下：

```
removeChild(node);
```

其中参数 node 为要被移除的节点对象。

实例 7.5 在 XML 文档中移除节点。其代码如下：

```
<html>
<head>
<meta http-equiv="Content-Type" content="text/html; charset=gb2312" />
<title>删除节点</title>
<script language="javascript">
var xmlDoc=new ActiveXObject("Microsoft.XMLDOM");  //创建一个 XML DOM 对象
xmlDoc.async="false";
xmlDoc.load("city.xml");                           //加载 city.xml 文件
var x=xmlDoc.documentElement;
x.removeChild(x.firstChild);                       //删除第一个元素节点
alert(xmlDoc.xml);                                 //弹出提示框，显示文档内容
</script>
</head>
<body>
</body>
</html>
```

将页面保存为 deleteNode.htm 文件，在浏览器中执行，将弹出如图 7-6 所示的消息提示框。

图 7-6 删除节点后的 XML 文档

在本页面中利用 removeChild(x.firstChild)方法，将根节点中的第一个子元素从 XML DOM 文档中删除。

deleteData() 方法可以用来删除文档文本节点中的字符串。其基本语法格式如下：

```
deleteData(start,n)
```

该方法需要设置两个参数，参数 start 表示起始删除的字符串的位置，默认值从 0 开始；参数 n 表示删除的长度。

实例 7.6 在 XML 文档中移除文本节点中的内容。其代码如下：

```html
<html>
<head>
<meta http-equiv="Content-Type" content="text/html; charset=gb2312" />
<title>删除文本</title>
<script language="javascript">
 xmlDoc=new ActiveXObject("Microsoft.XMLDOM");    //创建一个 XML DOM 对象
xmlDoc.async="false";
xmlDoc.load("city.xml");                          //加载 city.xml 文件
alert(xmlDoc.xml);
var x=xmlDoc.getElementsByTagName("province_name");
for (var i=0;i<x.length;i++)
{
x[i].childNodes[0].deleteData(2,1);              //删除文本节点的第 3 个字符
}
alert(xmlDoc.xml);                               //弹出提示框，显示文档内容
</script>
</head>
<body>
</body>
</html>
```

将页面保存为 deleteNodeText.htm 文件，在浏览器中执行，将弹出如图 7-7(a)所示的消息提示框。单击"确定"按钮后将弹出如图 7-7(b)所示的删除文本节点内容后的消息提示框，通过对比可以看到，文本节点中第三个字符被删除。

(a)　　　　　　　　　　　　　　　　(b)

图 7-7　删除文本节点内容前后的 XML 文档

在本页面中的 x[i].childNodes[0].deleteData(2,1)语句里，调用 deleteData()方法删除文本节点的第 3 个字符。

removeAttribute()方法用来删除指定的属性节点。其基本语法格式如下：

```
removeAttribute(name)
```

实例 7.7 在 XML 文档中移除元素中指定的属性。其代码如下：

```
<html>
<head>
<meta http-equiv="Content-Type" content="text/html; charset=gb2312" />
<title>删除属性</title>
<script language="javascript">
var xmlDoc=new ActiveXObject("Microsoft.XMLDOM"); //创建一个 XML DOM 对象
xmlDoc.async="false";
xmlDoc.load("city.xml");                          //加载 city.xml 文件
alert(xmlDoc.xml);
var x=xmlDoc.getElementsByTagName("province");    //访问 province 元素
for (i=0;i<x.length;i++)
{
x[i].removeAttribute("id");
}
alert(xmlDoc.xml);
</script>
</head>
<body>
</body>
</html>
```

将页面保存为 deleteAttribute.htm 文件，在浏览器中执行，将弹出如图 7-8(a)所示的消息提示框。单击"确定"按钮后将弹出如图 7-8(b)所示的删除属性后的消息提示框，通过对比可以看到，节点中的 id 属性被删除。

(a)　　　　　　　　　　　　　　　　(b)

图 7-8　删除节点属性前后的 XML 文档

在本页面中的 x[i].removeAttribute("id")语句里，调用 removeAttribute()方法删除节点的 id 属性。

课 后 小 结

本章主要介绍了 JavaScript 中的 XML DOM 编程。首先简单介绍了 XML 文档的基本结构，包括 XML 声明、根元素、元素、属性及注释等。在此基础上，详细介绍了 DOM 文档对象模型，通过 DOM 对象的相关属性和方法，应用 JavaScript 可以对 XML 文档进行各种操作。本章需重点掌握 DOM 对象的属性和方法，以及如何应用 JavaScript 来对文档中的节点元素进行新建、插入、添加、删除、替换等操作。

习 题

一、选择题

1. 在文档对象模型中，所有对象都继承自(   )。
   A. document 对象　　　　　　　　B. math 对象
   C. history 对象　　　　　　　　　D. frame 对象
2. DOM 中用来删除节点的方法是(   )。
   A. removeChild()　　　　　　　　B. insertBefore()
   C. appendChild()　　　　　　　　D. delete Child()
3. 下列选项中，可以获取元素所有子节点的属性的是(   )。
   A. firstChild　　　　B. nodes　　　　C. childNodes　　　　D. nodeValue

二、上机练习题

1. 在 city.xml 文档中，使用 appendChild()方法添加一个新的元素。
2. 在 city.xml 文档中每个 province_city 元素的文本节点前插入"省会城市为："的字符串。
3. 在 city.xml 文档中将 province 元素中的第一个子节点添加到节点列表的后面。

第8章
CSS 样式表

学习目标：

CSS 技术可以统一地控制 HTML 中各标签的显示属性，从而达到精确指定网页元素位置、外观以及创建特殊效果的能力。特别是与 JavaScript 相结合，可以实现各种页面的特殊效果。此外，jQuery 框架中的选择器也是从 CSS 的选择器继承和演化而来的，因此学习和掌握 CSS 技术，对于掌握 JavaScript 和 jQuery 框架是至关重要的。

内容摘要：

- 熟悉 CSS 基本结构
- 掌握 CSS 语法
- 熟练掌握 CSS 中的各种选择器
- 熟练掌握 CSS 对网页元素的各种设置

8.1 CSS 简介

级联样式表(Cascading Style Sheet，CSS)通常又称为格式样式表(Style Sheet)，它是专门用来进行网页格式设计的。例如，如果想让 HTML 页面中所有超链接在未单击时是蓝色的，当鼠标移上去后字变成红色的且有下划线，这就是一种页面格式。借助 CSS 技术，可以有效地对页面的布局、字体、颜色、背景和其他效果实现更加精确的控制。只要对相应的代码做一些简单的修改，就可以改变一个页面或者一系列页面的外观和格式。

8.1.1 CSS 的发展

CSS 的出现是有其自身的历史原因的。HTML 网页设计最初是用 HTML 标签来定义页面文档及其格式的，但这些标签数量有限且随着标签的扩充，各个浏览器厂商对于标签制定的标准很难统一。为此 W3C 协会(The World Wide Web Consortium)把动态 HTML 分为 3 个部分来实现：脚本语言(JavaScript、Vbscript 等)、支持动态效果的浏览器 Internet Explorer、Netscape Navigator 等)和 CSS 样式表。

1996 年 12 月，W3C 协会推出 HTML 4.0 标准的同时推出了样式表标准 CSS 1.0，并于 1999 年 1 月进行了重新修订。

1998 年 5 月，发布了 CSS 2.0 版本，样式表得到了更多的充实，添加了对介质和可下载字体的支持。

2001 年 5 月，发布了 CSS 3.0 版本，并不断地加以完善和补充，直到目前该版本成为目前应用最广泛的样式表标准。

8.1.2 CSS 的特点

在 HTML 4.0 标准出现之前，且不说网页缺少动感，就是在网页内容的排版布局上也有很多困难，很难让网页按设计者的构思和创意来展现信息。即便是掌握了 HTML 语言精髓的开发者也要通过多次测试，才能较好地对页面进行排版。为了 Internet 的进一步发展，新的 HTML 辅助技术呼之欲出。样式表技术就是在这种需求下诞生的，它首先要做的是为网页上的元素精确地定位，可以让网页设计者像导演一样，轻易地控制由文字、图片等组成的演员们，在网页这个舞台上按剧本要求好好地表演。

CSS 具有以下特点。

1. 结构和格式分离

将页面中的内容结构和格式控制相分离。浏览者想要看的是网页上的内容结构，而为了让浏览者更好地看到这些信息，就要通过格式加以控制。以前两者在网页中是交错结合的，编写和修改都非常不方便，而现在把两者分开就会大大方便网页的设计者。内容结构和格式控制相分离，使得页面可以仅由内容构成，而将所有网页的格式控制指向某个 CSS 样式表文件。

2. 精确控制页面元素

CSS 可以控制许多仅使用 HTML 无法控制的元素。例如，可以为所选文本指定不同的字体大小和单位(像素、磅值等)，通过使用 CSS 从而以像素为单位来设置字体大小。

3. 使页面体积更小、下载更快

使用样式表可以减少表格标签、格式化标签等，简化了网页的格式代码，而使得页面代码量大大减少。外部的样式表还会被浏览器保存在缓存中，加快了下载显示的速度。

4. 页面格式批量处理、网站维护方便

只要修改保存着网站格式的 CSS 样式表文件，网站中所有元素将自动更新，就可以改变整个站点的风格特色，在修改页面数量庞大的站点时，显得格外有用。避免了一个一个网页的修改，大大减少了重复劳动的工作量。

8.2　CSS 的定义方式

CSS 样式表有 3 种定义方式，分别是外部样式、内部样式和行内样式。

(1) 外部样式。定义在单独的样式文件(.css)中的样式。可以通过在<head>标签中的<link>标签将网页链接到外部样式表。它可以应用于任何页面。其语法格式如下：

```
< head>
  < link rel="stylesheet" href="*.css" type="text/css" >
< /head>
```

其中，*.css 是单独保存的样式表文件，该文件中不能包含<style>标签，并且只能以css 为后缀。

(2) 内部样式。在网页上创建嵌入的样式表，可以通过在<head>标签中的<style>标签来定义。它只能应用于定义该样式页面。其语法格式如下：

```
< head>
  < style type="text/css">
  < !-- 样式表的具体内容 -->
  < /style>
  < /head>
```

其中，type="text/css"表示样式表采用 MIME 类型，帮助不支持 CSS 的浏览器过滤掉 CSS 代码，避免在浏览器中直接以源代码的方式显示样式表。但为了保证上述情况一定不发生，还是有必要在样式表里加上注释标识符"<!--　-->"。

(3) 行内样式。定义在 HTML 标签的 style 属性的样式。其应用范围只能在定义时应用于该元素。其语法格式如下：

```
< tag style="properties">网页内容< /tag>
```

这种方法不太常用，因为这种方法无法发挥样式表"内容结构和格式控制分别保存"的优势。

这 3 种方法均有其优、缺点和适用场合，当要在站点上所有或部分网页上一致地应用相同样式时，可使用外部样式。在一个或多个外部样式表中定义样式，并将它们链接到所有网页，便能确保所有网页外观的一致性。当只是要定义当前网页的样式，可使用嵌入的样式表。

当同一个 HTML 元素被不止一个样式定义时，将会按照以下顺序应用：

`行内样式 ＞ 内部样式 ＞ 外部样式`

也就是说，如果网页链接到外部样式表，为网页所创建的内部的或行内样式将扩充或覆盖外部样式表中的指定属性。

8.3 CSS 的选择器

CSS 的定义是由 3 个部分构成：选择器(selector)、属性(properties)和属性的取值(value)。其基本语法格式如下：

`selector { property:value }`

其中，属性和属性值之间用一个冒号"："分开，以一个分号"；"结束，并且用一对大括号"{}"括起来。

图 8-1 展示了 CSS 语法的基本结构。

图 8-1 CSS 语法基本结构

选择器是用来选择页面中受样式影响的 HTML 元素，选择器主要有 4 种类型：元素选择器、类(class)选择器、标识符(ID)选择器、属性选择器，除了这些选择器之外，还有在这些选择器基础上扩展而来的后代选择器、伪类(元素)选择器等。

8.3.1 元素选择器

最常见的 CSS 选择器是元素选择器，也就是说，文档中的元素就是最基本的选择器。元素作为选择器是将要定义样式的单个 HTML 标签。例如，<body>、<p>、<tablet>等作为选择器，在选择器后面的大括号中可以定义单个元素的属性和值，属性和值要用冒号隔开。如果属性的值是由多个单词组成，必须在值上加引号。例如，英文字体的名称经常是几个单词的组合，像 sans serif、Times New Roman 等。如果需要对一个选择符指定多个属性时，可以使用分号将所有的属性和值分开。

元素作为选择器的示例代码如下：

```
h1 {font-size: 12px;}
```

其中，h1 是作为选择器的元素名；font-size 是表示字体大小的属性，属性值为 12 像素。

实例 8.1　元素选择器应用。其代码如下：

```
<html>
<head>
<style type="text/css">
p {font-size: 14pt;font-weight: bold;}
</style>
</head>
<body>
<p>JavaScript</p>
<p>JavaScript</p>
<p>JavaScript</p>
</body>
</html>
```

本实例在 HTML 代码的\<head>\</head>之间，使用 CSS 代码定义了元素选择器 p 的样式：字号为 14pt、字形为粗体，在 HTML 文档中定义了 3 个段落，分别位于\<p>和\</p>标签之间。这样在浏览器中显示的 3 个段落效果应该都是遵循 CSS 中定义的元素选择器 p 样式，效果是完全相同的，如图 8-2 所示。

图 8-2　元素选择器选中的元素外观

如果有多个元素选择器定义的样式相同，可以使用选择器分组进行定义，如希望\<h2>元素和段落元素\<p>中的文字都为灰色。为达到这个目的，最容易的做法是使用以下声明：

```
h2, p {color:gray;}
```

上述代码将 h2 和 p 选择器放在规则左边，然后用逗号分隔，就定义了一个规则。其右边的样式(color:gray;)将应用到这两个选择器所引用的元素。逗号告诉浏览器，规则中包含两个不同的选择器。

> **说明：** 如果没有这个逗号，那么规则的含义将完全不同。参见 8.3.5 小节的后代选择器。

还可以将任意多个选择器分组在一起，对此没有任何限制。

例如，如果想把很多元素显示为灰色，可以使用类似以下的规则：

```
body, h2, p, table, th, td, pre, strong, em {color:gray;}
```

CSS 中还引入了一种新的简单选择器——通配选择器(universal selector)，显示为一个星号(*)。该选择器可以与任何元素匹配，就像是一个通配符。

例如，下面的规则可以使文档中的每个元素都为红色：

```
* {color:red;}
```

8.3.2 类选择器

类选择器允许以一种独立于文档元素的方式来指定样式。该选择器可以单独使用，也可以与其他元素结合使用。类选择符可以为标有 class 的 HTML 元素指定特定的样式。借助类选择符可以实现相同元素不同样式。

定义类选择符时，在自定义类的名称前面加一个点号。例如，对于页面段落标签 <p>，有的文字居中，有的文字左对齐，此时可以定义以下的两个类选择器：

```
p.left {text-align:left}
p.center {text-align: center}
```

在页面中的使用方法如下：

```
<p class="left"> 段落文字左对齐。</p>
<p class="center">段落文字居中。</p>
```

第一个<p>元素将应用 p.left 类选择器，第二个<p>元素将应用 p.center 类选择器。

需要注意的是，如果省略点前面的 HTML 标签名，则该类可以被所有支持该样式的元素的 HTML 标记使用。例如：

```
.center {text-align: center}
```

对于该类选择器定义的样式以下的元素都可以使用：

```
<h1 class="center"> 标题文字居中。</h1>
<p class="center"> 这个段落也是居中排列的。</p>
```

实例 8.2 类选择器应用。其代码如下：

```
<html >
<head>
<style type="text/css">
.a1 {
    font-family: "宋体";
    font-size: 18px;
    font-style: normal;
    font-weight: normal;
```

```
    text-decoration: line-through;
}
.a2 {
    font-family: "楷体_GB2312";
    font-size: 22px;
    font-style:normal;
    font-weight: bolder;
}
.a3 {
    font-family: "黑体";
    font-size: 26px;
    font-style: italic;
    font-weight: bold;
}
</style>
</head>
<body>
<p class="a1">JavaScript 程序开发实用教程</p>
<p class="a2">JavaScript 程序开发实用教程</p>
<p class="a3">JavaScript 程序开发实用教程</p>
</body>
</html>
```

在页面中定义了 3 个类选择器样式，样式名后的大括号{}里的代码是该样式名的具体样式定义，如 a1 样式里分别定义字体为"宋体"，字号为 18px，字形为"正常"，样式为"正常"，修饰为"删除线"。然后在 HTML 文档中的 3 个段落分别应用 a1、a2、a3 样式，这样文档里的 3 个段落虽然都用<p>元素声明，但是因为类名不同，将用不同的类选择器的样式显示，如图 8-3 所示。

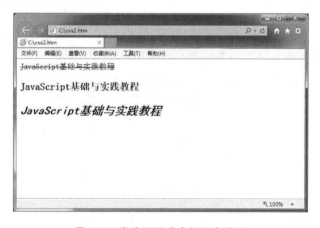

图 8-3　类选择器选中的元素外观

8.3.3　ID 选择器

在 HTML 页面中页面元素都可以使用 ID 属性来标识，ID 选择符是用来针对具有该 ID 的元素定义的样式。定义 ID 选择符需要在 ID 名称前加上一个"#"号。和类选择符相同，定义 ID 选择符的属性也有两种方法。一是"#"号前指定标记名，这类只能应用于指定标记中具有此 ID 的元素；二是以 "#" 号开头，此类能应用于所有具有此 ID 的元素。

例如，下面定义两个 ID 选择器，第一个定义元素的颜色为红色， 第二个定义元素的颜色为绿色。

```
#red {color:red;}
#green {color:green;}
```

下面的 HTML 代码中，id 属性为 red 的<p>标签将显示为红色，而 id 属性为 green 的<p>标签将显示为绿色。

```
<p id="red">这个段落是红色。</p>
<p id="green">这个段落是绿色。</p>
```

实例 8.3　ID 选择器应用。其代码如下：

```
<html >
<head>
    <style type="text/css">
    #ps {
font-family: "楷体_GB2312";
font-size: larger;
font-style: oblique;
font-weight: bold;
}
</style>
</head>
<body><span id="ps"> ID 选择器显示效果</span>
</body>
</html>
```

在页面的 CSS 样式定义中，以 "＃" 开头的 ID 选择器样式定义为文字楷体、字体较大、字形粗体偏斜，在 HTML 文档中的<span id="ps"> ID 选择器显示效果</span>引用了 ID 选择器 ps 的样式定义。显示效果如图 8-4 所示。

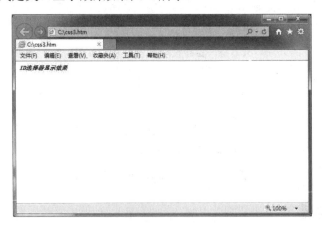

图 8-4　ID 选择器选中的元素外观

8.3.4　属性选择器

属性选择器可以根据元素的属性及属性值来选择元素。如果希望选择有某个属性的元素，而不论属性值是什么，可以使用简单属性选择器。

定义简单属性选择器时，在一对中括号里声明元素的属性，示例代码如下：

```
*[title] {color:red;}
```

上述代码表示包含属性 title 的所有元素变为红色。

与上面代码类似，可以只对有某种属性的特定元素应用样式，示例代码如下：

```
a[href] {color:red;}
```

上述代码表示包含属性 href 的<a>元素中的文字变为红色。

还可以根据多个属性进行选择，只需将属性选择器链接在一起即可，示例代码如下：

```
a[href][title] {color:red;}
```

上述代码表示同时包含属性 href 和属性 title 的<a>元素中的文字变为红色。

除了选择拥有某些属性的元素，还可以进一步缩小选择范围，只选择有特定属性值的元素。

例如，下述代码将指向某个 URL 地址的超链接变成红色。

```
a[href="http://www.qdu.edu.cn"] {color: red;}
```

与简单属性选择器类似，可以把多个属性-值选择器链接在一起来选择元素，示例代码如下：

```
a[href="http://www.qdu.edu.cn"][title="Qingdao University"] {color: red;}
```

这会把以下代码中的第一个超链接的文本变为红色，但是第二个或第三个链接不受影响：

```
<a href=" http://www.qdu.edu.cn" title=" Qingdao University">School</a>
<a href="http://www.w3school.com.cn/css/" title="CSS">CSS</a>
<a href="http://www.w3school.com.cn/html/" title="HTML">HTML</a>
```

实例 8.4　属性选择器应用。其代码如下：

```
    <html>
    <head>
    <style type="text/css">
    a[href="http://www.qdu.edu.cn"]
    {
    color: red;
    }
    </style>
</head>
<body>
<h1>可以应用样式：</h1>
<a href="http://www.qdu.edu.cn">Qingdao University</a>
<hr />
```

```
<h1>无法应用样式: </h1>
        <a href="http://w3school.com.cn">W3School</a>
        </body>
        </html>
```

在页面中定义了属性-值选择器,该选择器将选中页面中与之属性和值完全匹配的元素,因此页面中第一个超链接元素<a>中的文字将变为红色,第二个超链接中的文字将不会发生变化。页面显示效果如图 8-5 所示。

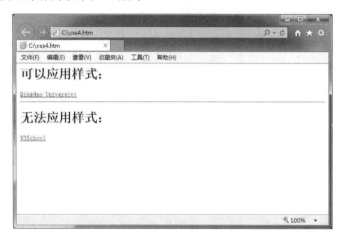

图 8-5 属性选择器选中的元素外观

8.3.5 后代选择器

后代选择器(Descendant Selector)又称为包含选择器。后代选择器可以选择作为某元素后代的元素。后代选择器实际上是根据上下文选择元素,通过定义后代选择器来创建一些规则,使这些规则在某些文档结构中起作用,而在另一些结构中不起作用。

例如,如果希望只对<h1>元素中的<em>元素应用样式,可以定义以下样式代码:

```
h1 em {color:red;}
```

上述代码会把作为<h1>元素后代的<em>元素的文本变为红色。其他<em>元素中的文本(如段落或块引用中的<em>)则不会被这个规则选中。

在后代选择器中,规则左边的选择器一端包括两个或多个用空格分隔的选择器。选择器之间的空格是一种结合符(Combinator)。每个空格结合符可以解释为"……在……找到"、"……作为……的一部分"、"……作为……的后代",但是要求必须从右向左读选择器。因此,h1 em 选择器可以解释为"作为 h1 元素后代的任何 em 元素"。如果要从左向右读选择器,可以换成以下说法:"包含 em 的所有 h1 会把以下样式应用到该 em"。

后代选择器的功能极其强大。有了它,可以使 HTML 中不可能实现的任务成为可能。

假设有一个文档,其中有一个边栏,还有一个主区。边栏的背景为蓝色,主区的背景为白色,这两个区都包含链接列表。不能把所有链接都设置为蓝色,因为这样一来边栏中的蓝色链接都无法看到。

解决方法是使用后代选择器。在这种情况下,可以为包含边栏的 div 指定值为 sidebar

的 class 属性，并把主区的 class 属性值设置为 maincontent。然后编写以下样式：

```
div.sidebar {background:blue;}
div.maincontent {background:white;}
div.sidebar a:link {color:white;}
div.maincontent a:link {color:blue;}
```

后代选择器还有一个易被忽视的方面，即两个元素之间的层次间隔可以是无限的。

例如，如果选择器写做 ul em，这个语法就会选择从<ul>元素继承的所有<em>元素，而不论<em>的嵌套层次多深。示例代码如下：

```
<ul>
  <li>List item 1
   <ol>
     <li>List item 1-1</li>
     <li>List item 1-2</li>
     <li>List item 1-3
      <ol>
        <li>List item 1-3-1</li>
        <li>List item <em>1-3-2</em></li>
        <li>List item 1-3-3</li>
      </ol>
     </li>
     <li>List item 1-4</li>
   </ol>
  </li>
  <li>List item 2</li>
  <li>List item 3</li>
</ul>
```

在上述代码中，ul em 后代选择器将会选择<ul>元素标记中的所有<em>元素，因此，代码中<li>元素中的<em>元素也将会被选中。

实例 8.5　后代选择器应用。其代码如下：

```
<html>
<head>
<style type="text/css">
h1 em {color:red;}
</style>
</head>


<body>
<h1>This is a <em>important</em> heading</h1>
<p>This is a <em>important</em> paragraph.</p>
</body>
</html>
```

在页面中定义了后代选择器 h1 em，该选择器的样式定义为字体为红色。因此，页面中<h1>元素中子元素<em>中的文字 important 将变为红色，而<p>元素中子元素<em>中的文字将不变。页面显示效果如图 8-6 所示。

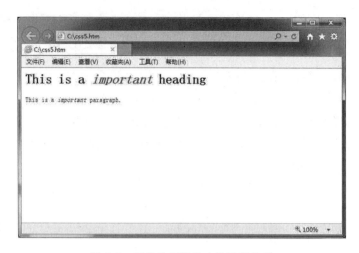

图 8-6　后代选择器选中的元素外观

8.3.6　子元素选择器

与后代选择器相比，子元素选择器(Child Selectors)只能选择作为某元素子元素的元素。因此，如果不希望选择某个元素的任意的后代元素，而是希望缩小范围，只选择某个元素的子元素，这就需要使用子元素选择器。

例如，如果希望选择只作为\<h1>元素子元素的\<strong>元素，样式代码可以这样写：

```
h1 > strong {color:red;}
```

上述样式规则会把下述代码中第一个\<h1>元素中的两个\<strong>子元素变为红色，但是第二个\<h1>中的后代元素\<strong>将不受影响：

```
<h1>This is <strong>very</strong> <strong>very</strong> important.</h1>
<h1>This is <em>really <strong>very</strong></em> important.</h1>
```

子元素选择器可以与其他选择器结合使用，示例代码如下：

```
table.company td > p
```

上述代码中的选择器会选择作为\<td>元素子元素的所有\<p>元素，这个\<td>元素本身从\<table>元素继承，而且该\<table>元素有一个包含 company 的 class 属性。

实例 8.6　子元素选择器应用。其代码如下：

```
<html>
<head>
<style type="text/css">
h1 > strong {color:red;}
</style>
</head>
<body>
<h1>This is <strong>very</strong> <strong>very</strong>
important.</h1>
<h1>This is <em>really <strong>very</strong></em>
important.</h1>
```

```
</body>
</html>
```

在页面中定义了子元素选择器 h1 > strong，该选择器的样式定义为字体为红色。页面中的第一个<h1>元素中包含子元素<strong>，因此，该子元素中的文字 very 将变为红色。第二个<h1>元素中没有子元素<strong>，只有后代元素<strong>，因此该<strong>元素中的文字将不会变红。页面显示效果如图 8-7 所示。

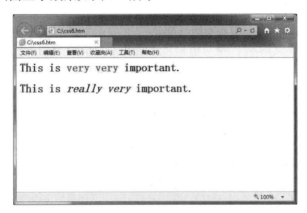

图 8-7　子元素选择器选中的元素外观

8.3.7　相邻兄弟选择器

相邻兄弟选择器(Adjacent Sibling Selector)可选择紧接在另一元素后的元素，且二者有相同的父元素。如果需要选择紧接在另一个元素后的元素，而且二者有相同的父元素，则可以使用相邻兄弟选择器。相邻兄弟选择器使用了加号(+)，即相邻兄弟结合符来连接两个元素。

例如，如果要增加紧接在<h1>元素后出现的段落的上边距，样式代码可以这样写：

```
h1 + p {margin-top:50px;}
```

上述选择器代码表示选择紧接在<h1>元素后出现的段落<p>元素，并且<h1>和<p>元素拥有共同的父元素。

请看下面这段 HTML 页面片段代码：

```
<div>
  <ul>
    <li>List item 1</li>
    <li>List item 2</li>
    <li>List item 3</li>
  </ul>
  <ol>
    <li>List item 1</li>
    <li>List item 2</li>
    <li>List item 3</li>
  </ol>
</div>
```

在上面的片段代码中，<div>元素中包含两个列表：一个无序列表，一个有序列表，每个列表都包含 3 个列表项。这两个列表是相邻兄弟，列表项本身也是相邻兄弟。不过，第一个列表中的列表项与第二个列表中的列表项不是相邻兄弟，因为这两组列表项不属于同一父元素。

定义相邻兄弟选择器如下：

```
li + li {font-weight:bold;}
```

该选择器只会把上面 HTML 文档片段代码中列表中的第二个和第三个列表项变为粗体，第一个列表项将不受影响。因为相邻兄弟选择器只能选择两个相邻兄弟中后面的那个元素。

相邻兄弟结合符也可以结合其他选择器一起使用，例如下述选择器定义：

```
html > body table + ul {margin-top:20px;}
```

该选择器可以被解释为：选择紧接在<table>元素后出现的所有兄弟<ul>元素，该<table>元素包含在一个<body>元素中，并且<body>元素本身是<html>元素的子元素。

实例 8.7 相邻兄弟选择器应用。其代码如下：

```
<html>
<head>
<style type="text/css">
li + li {font-weight:bold;}
</style>
</head>
<body>
<div>
  <ul>
    <li>List item 1</li>
    <li>List item 2</li>
    <li>List item 3</li>
  </ul>
  <ol>
    <li>List item 1</li>
    <li>List item 2</li>
    <li>List item 3</li>
  </ol>
</div>
</body>
</html>
```

在页面中定义了相邻兄弟选择器，该选择器定义了两个相邻的<li>元素中后一个元素中的文字将变为粗体，因此，页面中<ul>和<ol>元素中的第二个和第三个<li>元素中的文字都将被选择器选中，其文字将加粗显示。页面显示效果如图 8-8 所示。

图 8-8　相邻兄弟选择器选中的元素外观

8.4　CSS 中的属性

在前文的示例代码中，出现了如 color、font-size、text-align 等 CSS 属性，而 CSS 属性远远不止这些，本节将详细介绍 CSS 中的常用属性及其属性值，需要特别说明的是，可能出现部分属性在某些浏览器中无效的情况，这是正常的，因为不是所有浏览器都能够完全支持 CSS 3.0 标准。

CSS 中属性分为几大类，包括字体属性、文本属性、背景属性、定位属性、尺寸属性、边框属性、边距和填充距属性等。

1. 字体属性

字体属性是用来设置页面中页面元素与字体显示相关的，主要字体属性如表 8-1 所示。

表 8-1　CSS 字体属性

属　　性	属 性 值	含　　义
font-family	所有的字体	使用的字体名称
font-style	normal、italic、oblique	字体样式
font-variant	normal、small-caps	是否为小型的大写字母
font-weight	normal、bold	字体粗细
font-size	相对大小、绝对大小、百分比	字体大小

2. 文本属性

文本属性是用来设置页面中文本格式的，主要文本属性如表 8-2 所示。

表 8-2　CSS 文本属性

属　　性	属 性 值	含　　义
word-spacing	normal、长度值	单词之间的间距
letter-spacing	normal、长度值	字母之间的间距

属　性	属性值	含　义
text-decoration	none、underline、overline、blink	文字的装饰样式
text-align	left、right、center、justify	对齐方式
text-transform	capitalize、uppercase、lowercase、none	文本转换
text-indent	长度值、百分比	首行缩进方式
line-height	normal、长度值、百分比	文本的行高

3. 背景属性

背景属性是用来设置页面背景格式的，主要背景属性如表 8-3 所示。

表 8-3　CSS 背景属性

属　性	属性值	含　义
color	颜色	定义前景色
background-color	颜色	定义背景色
background-image	图片路径	定义背景图片
background-repeat	repeat-x、repeat-y、no-repeat	背景图片如何平铺
background-attachment	scroll、fixed	背景图片是否滚动
background-position	top、left、right、bottom、长度值、百分比	背景图片位置

4. 定位属性

定位属性是用来设置对象定位方式的，主要定位属性如表 8-4 所示。

表 8-4　CSS 定位属性

属　性	属性值	含　义
position	static、absolute\ relative	对象定位方式
z-index	auto、number	设置对象层叠顺序
top	auto、长度值、百分比	设置定位对象顶部相关的位置
right	auto、长度值、百分比	设置定位对象右侧相关的位置
bottom	auto、长度值、百分比	设置定位对象底部相关的位置
left	auto、长度值、百分比	设置定位对象左侧相关的位置

5. 尺寸属性

尺寸属性是用来设置对象的长度和高度的尺寸信息，主要尺寸属性如表 8-5 所示。

表 8-5　CSS 尺寸属性

属　性	属性值	含　义
height	auto、长度值、百分比	对象的高度
max-height	none、长度值、百分比	对象最大高度
min-height	none、长度值、百分比	对象最小高度

属　　性	属性值	含　　义
width	auto、长度值、百分比	对象的宽度
max-width	none、长度值、百分比	对象最大宽度
min-width	none、长度值、百分比	对象最小宽度

6. 边框属性

边框属性是用来设置对象的边框样式的，主要边框属性如表 8-6 所示。

表 8-6　CSS 边框属性

属　　性	属性值	含　　义
border-top-width	thin、medium、thick、长度值	顶端边框宽度
border-right-width	thin、medium、thick、长度值	右侧边框宽度
border-bottom-width	thin、medium、thick、长度值	底部边框宽度
border-left-width	thin、medium、thick、长度值	左侧边框宽度
border-width	thin、medium、thick、长度值	整个边框宽度
border-color	颜色	边框颜色
border-style	none、dotted、dash、solid	边框样式
border-top-style	none、dotted、dash、solid	顶端边框样式
border-right-style	none、dotted、dash、solid	右侧边框样式
border-bottom-style	none、dotted、dash、solid	底部边框样式
border-left-style	none、dotted、dash、solid	左侧边框样式

7. 边距和填充距属性

边距和填充距属性是用来设置元素的边距和填充距的，主要边距和填充距属性如表 8-7 所示。

表 8-7　CSS 边距和填充距属性

属　　性	属性值	含　　义
margin-top	auto、长度值、百分比	顶端边距
margin-right	auto、长度值、百分比	右侧边距
margin-bottom	auto、长度值、百分比	底部边距
margin-left	auto、长度值、百分比	左侧边距
padding-top	auto、长度值、百分比	顶端填充距
padding-right	auto、长度值、百分比	右侧填充距
padding-bottom	auto、长度值、百分比	底部填充距
padding-left	auto、长度值、百分比	左侧填充距

8.4.1　字体属性设置

CSS 字体属性用来定义文本的字体系列、大小、加粗、风格(如斜体)和变形(如小型大写字母)等外观设置。

在 CSS 中，有两种不同类型的字体系列名称。

① 通用字体系列。拥有相似外观的字体系统组合(如 Serif、Monospace 等)。

② 特定字体系列。具体的字体系列(如 Times、Courier 等)。

在 CSS 中，使用 font-family 属性定义文本的字体系列。该属性可以把多个字体名称作为一个"回退"系统来保存。如果浏览器不支持第一个字体，则会尝试下一个。也就是说，font-family 属性的值是用于某个元素的字体名称的一个优先表。浏览器会使用它可识别的第一个值。

实例 8.8　设置文本字体。其代码如下：

```html
<html>
  <head>
    <style type="text/css">
      p.serif{font-family:"Times New Roman",Georgia,Serif}
      p.sansserif{font-family:Arial,Verdana,Sans-serif}
    </style>
  </head>
  <body>
    <h1>CSS font-family</h1>
    <p class="serif">This is a paragraph, shown in the Times New Roman
font.</p>
    <p class="sansserif">This is a paragraph, shown in the Arial font.</p>
  </body>
</html>
```

在上述代码中，利用 CSS 定义了两个类选择符，即 p.serif 和 p.sansserif，在类选择符中分别利用 font-family 属性定义了字体类型。在 HTML 代码中的<p>标签中使用类选择符来设置标签中所包含的文字字体。该页面显示效果如图 8-9 所示。

图 8-9　设置文字字体的页面

在 CSS 中，使用 font-size 属性设置文本的大小，其属性值可以是绝对值或相对值。对于相对值来说，是将文本设置为指定的大小，并不允许用户在浏览器中改变文本大小；对于相对值而言，是相对于周围的元素来设置大小，并允许用户在浏览器中改变文本大小。

说明： 如果没有规定字体大小，普通文本(如段落)的默认大小是 16 像素。

实例 8.9 设置字体大小。其代码如下：

```html
<html>
  <head>
    <style type="text/css">
      h1 {font-size:60px;}
      h2 {font-size:40px;}
      p {font-size:14px;}
    </style>
  </head>
  <body>
    <h1>This is heading 1</h1>
    <h2>This is heading 2</h2>
    <p>This is a paragraph.</p>
    <p>...</p>
  </body>
</html>
```

在上述代码中，利用 CSS 定义了 3 个单元素选择符，利用 font-size 属性分别为 3 个标签设置了不同的字体大小，单位为像素。在 HTML 代码中的\<h1\>、\<h2\>和\<p\>中的文字将根据定义的单元素选择符中设置的字体大小进行显示。该页面显示效果如图 8-10 所示。

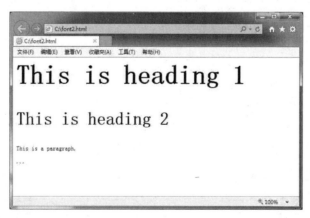

图 8-10　设置文字大小的页面

在 CSS 中，使用 font-style 属性来设置文本的字体样式。该属性有 3 个值，分别如下。

① normal：文本正常显示。

② italic：文本斜体显示。

③ oblique：文本倾斜显示。

该属性非常简单，就是用于在 normal 样式、italic 样式和 oblique 样式之间选择。唯一有点复杂的是明确 italic 样式和 oblique 样式之间的差别。italic 是一种简单的字体风格，对每个字母的结构有一些小改动，来反映变化的外观。与此不同，oblique 文本则是正常竖直文本的一个倾斜版本。

实例 8.10 设置字体样式。其代码如下：

```
<html>
  <head>
    <style type="text/css">
      p.normal {font-style:normal}
      p.italic {font-style:italic}
      p.oblique {font-style:oblique}
    </style>
  </head>
  <body>
    <p class="normal">This is a paragraph, normal.</p>
    <p class="italic">This is a paragraph, italic.</p>
    <p class="oblique">This is a paragraph, oblique.</p>
  </body>
</html>
```

在上述代码中，利用 CSS 定义了 3 个类选择符，在类选择符中使用 font-style 属性定义了文本字体样式。在 HTML 代码中的 3 个<p>标签中，分别利用 class 属性引用 3 个类选择符来设定标签包含的文字的字体样式。该页面显示效果如图 8-11 所示。

图 8-11 设置字体样式的页面

在 CSS 中，使用 font-weight 属性设置文本字体的粗细。该属性用于设置显示元素的文本中所用的字体加粗。其属性值可以是关键字或者数字值。关键字包括 normal、bold、bolder 和 lighter，数字值为 100～900。其中数字值 400 相当于关键字 normal，700 等价于关键字 bold。

实例 8.11 设置字体粗细。其代码如下：

```
<html>
  <head>
    <style type="text/css">
      p.normal {font-weight: normal}
      p.thick {font-weight: bold}
      p.thicker {font-weight: 900}
```

```
      </style>
   </head>
   <body>
     <p class="normal">This is a paragraph</p>
     <p class="thick">This is a paragraph</p>
     <p class="thicker">This is a paragraph</p>
   </body>
</html>
```

在上述代码中，利用 CSS 定义了 3 个类选择符，在类选择符中使用 font-weight 属性定义了文本字体粗细。在 HTML 代码中的 3 个<p>标签中，分别利用 class 属性引用 3 个类选择符来设定标签包含的文字的字体粗细。该页面显示效果如图 8-12 所示。

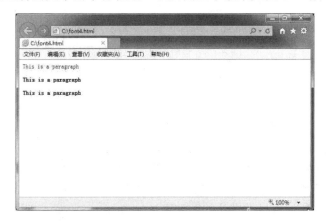

图 8-12　设置字体粗细的页面

在 CSS 中，font-variant 属性用来设置小型大写字母的字体显示文本，这意味着所有的小写字母均会被转换为大写字母，但是所有使用小型大写字体的字母与其余文本相比，其字体尺寸更小。

实例 8.12　设置字体变体。其代码如下：

```
<html>
   <head>
     <style type="text/css">
       p.normal {font-variant: normal}
       p.small {font-variant: small-caps}
     </style>
   </head>
   <body>
     <p class="normal">This is a paragraph</p>
     <p class="small">This is a paragraph</p>
   </body>
</html>
```

在上述代码中，利用 CSS 定义了两个类选择符，在类选择符中使用 font-variant 属性定义了文本字体变体。在 HTML 代码中的第一个<p>标签中引用了 p.normal 类选择符，表示该标签中的文字正常显示，第二个<p>标签引用了 p.small 类选择符，表示该标签中的文字将所有的小写字母均会被转换为大写字母显示。该页面显示效果如图 8-13 所示。

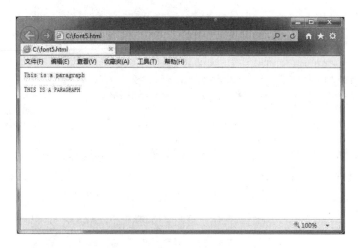

图 8-13　设置字体变体的页面

8.4.2　文本属性设置

CSS 文本属性可定义文本的外观，进行段落排版。通过文本属性，可以改变文本的字符间距、对齐文本、装饰文本以及对文本进行缩进等。

letter-spacing 属性用来调整字符间距，即增加或减少字符间的空白。该属性定义了在文本字符框之间插入多少空间。由于字符字形通常比其字符框要窄，指定长度值时，会调整字母之间通常的间隔。该属性默认的关键字是 normal，normal 就相当于值为 0。输入的长度值会使字母之间的间隔增加或减少指定的量。

说明：　该属性允许使用负值，这会让字母之间挤得更紧。

实例 8.13　调整字符间距。其代码如下：

```
<html>
  <head>
    <style type="text/css">
      h4 {letter-spacing: 20px}
    </style>
  </head>
  <body>
    <h4>This is header 4</h4>
  </body>
</html>
```

在上述代码中，利用 CSS 定义了关于标签<h4>的样式表，规定了该标签中文字字符之间的间距为 20 像素。这样在 HTML 代码中<h4>标签中的文字将按照该样式表中的规定显示。该页面显示效果如图 8-14 所示。

word-spacing 属性可以改变单词之间的标准间隔，该属性与 letter-spacing 属性的设置和使用方法完全相同，该属性也是接受一个正长度值或负长度值。如果提供一个正长度值，那么单词之间的间隔就会增加。为其设置一个负值，则会把单词之间的距离拉近。

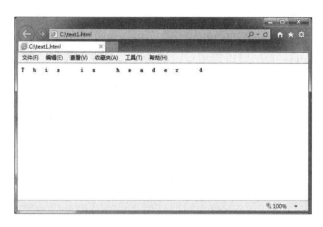

图 8-14　调整字符间距的页面

实例 8.14　调整单词间距。其代码如下：

```html
<html>
  <head>
    <style type="text/css">
      p.spread {word-spacing: 30px;}
      p.tight {word-spacing: -0.5em;}
    </style>
  </head>
  <body>
    <p class="spread">This is some text. This is some text.</p>
    <p class="tight">This is some text. This is some text.</p>
  </body>
</html>
```

在上述代码中，利用 CSS 定义了两个类选择符，在类选择符中使用 word-spacing 属性定义了单词之间的间距。其中 em 是相对长度单位，是相对于当前对象内文本的字体尺寸，如当前对行内文本的字体尺寸未被人为设置，则相对于浏览器的默认字体尺寸。任意浏览器的默认字体高都是 16px。所有未经调整的浏览器都符合 1em=16px。所以该页面显示效果如图 8-15 所示。

图 8-15　调整字符间距的页面

text-decoration 属性是用来对文字进行修饰的。该属性有 5 个可选值，分别是 none、underline、overline、line-through 和 blink。underline 表示对元素加下划线，就像 HTML 中的标签<u>一样。overline 的作用恰好相反，会在文本的顶端画一个上划线。line-through 则表示在文本中间画一个贯穿线，等价于 HTML 中的<strike>标签。blink 则会让文本闪烁。none 会关闭原本应用到一个元素上的所有装饰。通常，无装饰的文本是默认外观，但也不总是这样。例如，超链接默认的会有下划线。如果希望去掉超链接的下划线，可以使用以下示例代码 CSS 来做到这一点：

```
a {text-decoration: none;}
```

实例 8.15 修饰页面中的文字。其代码如下：

```
<html>
  <head>
    <style type="text/css">
    h1 {text-decoration: overline}
    h2 {text-decoration: line-through}
    h3 {text-decoration: underline}
    h4 {text-decoration:blink}
    a {text-decoration: none}
    </style>
  </head>
  <body>
    <h1>这是标题 1</h1>
    <h2>这是标题 2</h2>
    <h3>这是标题 3</h3>
    <h4>这是标题 4</h4>
    <p><a href="http://www.qdu.edu.cn">这是一个链接</a></p>
  </body>
</html>
```

在上述代码中，利用 CSS 定义了关于标签<h1>、<h2>、<h3>、<h4>和超链接标签<a>的样式表，在样式表中分别定义了对文本不同的修饰方式，特别是对超链接使用属性值 none，表示在 HTML 页面中超链接文字将不显示下划线。该页面显示效果如图 8-16 所示。

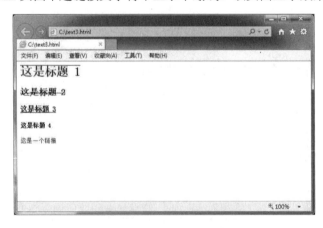

图 8-16　设置文字修饰的页面

　　把 HTML 页面上段落的第一行缩进，这是一种最常用的文本格式化效果。CSS 提供了 text-indent 属性，该属性可以方便地实现文本的段落缩进。

　　说明：　允许使用负值。如果使用负值，那么首行会被缩进到左边。

　　实例 8.16　段落首行缩进。其代码如下：

```
<html>
  <head>
    <style type="text/css">
      p {text-indent: 1cm}
    </style>
  </head>
  <body>
<p>
这是段落中的一些文本。这是段落中的一些文本。这是段落中的一些文本。这是段落中的一些文
本。这是段落中的一些文本。这是段落中的一些文本。这是段落中的一些文本。这是段落中的一些
文本。这是段落中的一些文本。这是段落中的一些文本。这是段落中的一些文本。这是段落中的一
些文本。
</p>
  </body>
</html>
```

　　在上述代码中，利用 CSS 定义了 text-indent 属性，使得段落首行缩进 1cm，并将该格式应用于 HTML 页面的段落文字中，使得<p>标签中的文字实现了段落缩进格式。该页面显示效果如图 8-17 所示。

图 8-17　设置段落缩进的页面

8.4.3　背景属性设置

　　CSS 允许应用纯色作为背景，也允许使用背景图像创建相当复杂的效果。CSS 在这方面的能力远远在 HTML 之上。

　　设置背景颜色是 HTML 页面中最经常用到的功能。可以使用 background-color 属性为元素设置背景色。这个属性接受任何合法的颜色值。该属性为元素设置一种纯色。这种颜

色会填充元素的内容、内边距和边框区域,扩展到元素边框的外边界(但不包括外边距)。如果边框有透明部分(如虚线边框),会透过这些透明部分显示出背景色。

实例 8.17 设置元素的背景颜色。其代码如下:

```html
<html>
<head>
<style type="text/css">
body {background-color: yellow}
h1 {background-color: #00ff00}
h2 {background-color: transparent}
p {background-color: rgb(250,0,255)}
p.no2 {background-color: gray; padding: 20px;}
</style>
</head>
<body>
<h1>这是标题 1</h1>
<h2>这是标题 2</h2>
<p>这是段落</p>
<p class="no2">这个段落设置了内边距。</p>
</body>
</html>
```

在上述代码中,利用 CSS 定义了<body>、<h1>、<h2>和<p>等标签的背景颜色设置,这样在 HTML 页面中的这些标签就将按照 CSS 中定义的颜色进行显示。该页面显示效果如图 8-18 所示。

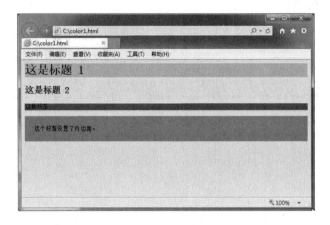

图 8-18 设置元素背景色的页面

要把图像作为背景,就需要使用 background-image 属性。该属性的默认值是 none,表示背景上没有放置任何图像。元素的背景占据了元素的全部尺寸,包括内边距和边框,但不包括外边距。默认地,背景图像位于元素的左上角,并在水平和垂直方向上重复。

实例 8.18 设置元素的背景图片。

```html
<html>
  <head>
    <style type="text/css">
    body {background-image:url(bg.gif);}
```

```
    </style>
  </head>
  <body>
  </body>
</html>
```

在上述代码中，利用 CSS 的 background-image 属性定义了<body>标签的背景图片，该属性利用 URL 指定作为背景的图片。该页面显示效果如图 8-19 所示。

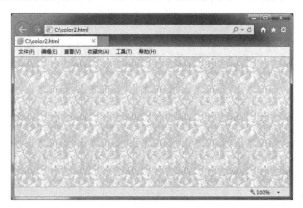

图 8-19　设置元素背景图片的页面

如果需要在页面上对背景图像进行平铺，可以使用 background-repeat 属性。而且根据 background-repeat 的值，图像可以无限平铺、沿着某个轴(x 轴或 y 轴)平铺或者不平铺。该属性的属性值 repeat 导致图像在水平垂直方向上都平铺，就像以往背景图像的通常做法一样。属性值 repeat-x 和 repeat-y 分别导致图像只在水平或垂直方向上重复，no-repeat 则不允许图像在任何方向上平铺。

实例 8.19　设置平铺背景图片。其代码如下：

```
<html>
  <head>
  <style type="text/css">
  body{
  background-image: url(bg1.gif);
  background-repeat: repeat-y
  }
  </style>
  </head>
  <body>
  </body>
</html>
```

在上述代码中，首先利用 CSS 的 background-image 属性设置了页面的背景图片，再利用 background-repeat 属性设置了图片将沿垂直方向平铺。该页面显示效果如图 8-20 所示。

可以利用 background-position 属性改变图像在背景中的位置。为 background-position 属性提供值有很多方法。首先，可以使用一些关键字，如 top、bottom、left、right 和 center。通常，这些关键字会成对出现。此外，还可以使用长度值，如 100px 或 5cm，最后也可以使用百分数值。

图 8-20　设置平铺背景图片的页面

实例 8.20　设置背景图片的位置。其代码如下：

```html
<html>
  <head>
    <style type="text/css">
    body
    {
      background-image:url(bg1.gif);
      background-repeat:no-repeat;
      background-attachment:fixed;
      background-position:center;
    }
    </style>
  </head>
  <body>
  </body>
</html>
```

在上述代码中，首先利用 CSS 的 background-image 属性设置了页面的背景图片，然后利用 background-repeat 属性设置图片不平铺，最后利用 background-position 属性设置背景图片在页面中居中显示。需要注意的是，必须把 background-attachment 属性设置为 fixed，才能保证该属性在所有浏览器中正常工作。该页面显示效果如图 8-21 所示。

图 8-21　设置背景图片位置的页面

8.4.4　边框属性设置

在 HTML 中，使用表格来创建文本周围的边框，但是通过使用 CSS 边框属性，可以创建出效果出色的边框，并且可以应用于任何元素。样式是边框最重要的一个方面，这不是因为样式控制着边框的显示，而是因为如果没有样式，将根本没有边框。CSS 中的 border-style 属性定义了边框的样式。该属性提供了很多关键字表示的边框样式，如下面示例代码：

```
border-style:dotted solid double dashed;
```

这段代码表示上边框是点状，右边框是实线，下边框是双线，左边框是虚线。

实例 8.21　设置边框样式。其代码如下：

```
<html>
  <head>
    <style type="text/css">
      p.dotted {border-style: dotted}
      p.dashed {border-style: dashed}
      p.solid {border-style: solid}
      p.double {border-style: double}
      p.groove {border-style: groove}
      p.ridge {border-style: ridge}
      p.inset {border-style: inset}
      p.outset {border-style: outset}
    </style>
  </head>
  <body>
    <p class="dotted">A dotted border</p>
    <p class="dashed">A dashed border</p>
    <p class="solid">A solid border</p>
    <p class="double">A double border</p>
    <p class="groove">A groove border</p>
    <p class="ridge">A ridge border</p>
    <p class="inset">An inset border</p>
    <p class="outset">An outset border</p>
  </body>
</html>
```

在上述代码中，利用 border-style 属性分别定义了很多种边框样式，并将其应用于不同的 HTML 页面的<p>标签中。从而使每段文字的边框都显示出不同的外观。该页面显示效果如图 8-22 所示。

通过 border-width 属性可以为边框指定宽度。该属性为边框指定宽度有两种方法：可以指定长度值，如 2px 或 0.1em，或者使用 3 个关键字之一，分别是 thin、medium(默认值)和 thick。

除了使用 border-width 属性直接设置边框全部边的宽度之外，还可以使用 border-top-width、border-right-width、border-bottom-width 和 border-left-width 分别设置边框各边的宽度。

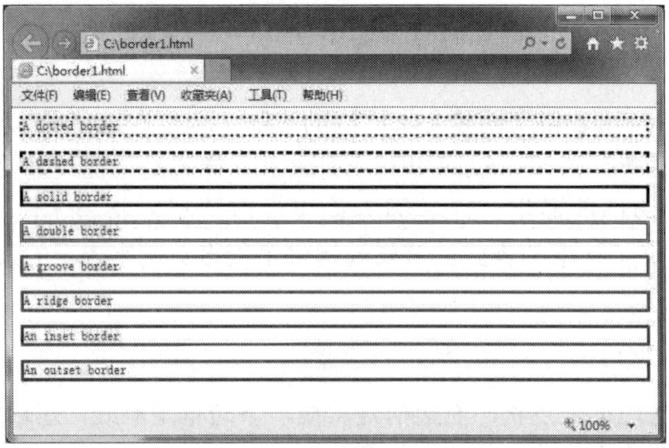

图 8-22　设置边框样式的页面

实例 8.22　设置边框宽度。其代码如下:

```html
<html>
  <head>
  <style type="text/css">
  p.one {border-style: solid; border-width: 5px}
  p.two {border-style: solid; border-width: thick}
  p.three{border-style: solid; border-width: 5px 10px}
  p.four {border-style: solid; border-width: 5px 10px 1px}
  p.five {border-style: solid; border-width: 5px 10px 1px medium}
  </style>
  </head>
  <body>
  <p class="one">Some text</p>
  <p class="two">Some text</p>
  <p class="three">Some text</p>
  <p class="four">Some text</p>
  <p class="five">Some text</p>
  </body>
</html>
```

在上述代码中，分别定义了多个类选择符，这些类选择符中利用 border-style 属性定义了边框的样式，利用 border-width 属性定义了边框的宽度。将这些样式分别应用在 HTML 页面中不同的段落标签<p>中，不同段落的边框将显示不同的宽度。该页面显示效果如图 8-23 所示。

设置边框颜色非常简单。CSS 使用 border-color 属性一次可以接受最多 4 个颜色值。该属性可设置一个元素的所有边框中可见部分的颜色，也可以为 4 个边分别设置不同的颜色。例如，下面示例代码：

```
border-color:red green blue pink;
```

这段代码表示上边框是红色、右边框是绿色、下边框是蓝色、左边框是粉色。

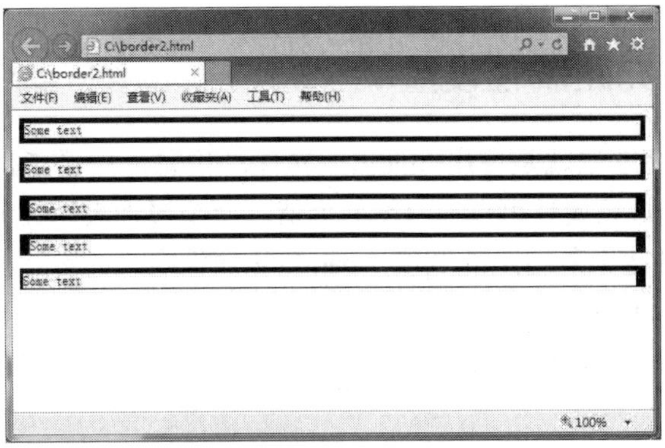

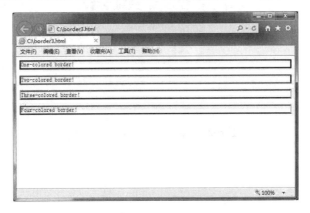

图 8-23 设置边框宽度的页面

实例 8.23 设置边框颜色。其代码如下：

```html
<html>
 <head>
  <style type="text/css">
  p.one{border-style: solid; border-color: #0000ff}
  p.two{border-style: solid; border-color: #ff0000 #0000ff}
  p.three{border-style: solid; border-color: #ff0000 #00ff00 #0000ff}
  p.four{border-style: solid; border-color: #ff0000 #00ff00 #0000ff
rgb(250,0,255)}
  </style>
 </head>
 <body>
  <p class="one">One-colored border!</p>
  <p class="two">Two-colored border!</p>
  <p class="three">Three-colored border!</p>
  <p class="four">Four-colored border!</p>
 </body>
</html>
```

在上述代码中，分别定义了多个类选择符，在这些类选择符中使用 border-color 属性分别定义了边框不同颜色，将这些样式分别应用在 HTML 页面中不同的段落标签<p>中，不同段落的边框将显示不同的颜色。该页面显示效果如图 8-24 所示。

图 8-24 设置边框颜色的页面

8.4.5 边距和填充距属性设置

设置边距最简单的方法就是使用 margin 属性。该属性接受任何长度单位，可以是像素、英寸、毫米或 em。该属性可以有 1～4 个值。一个属性表示元素所有外边距的宽度，4 个属性则分别表示各边上外边距的宽度，padding 属性定义元素边框与元素内容之间的填充区域。该属性也可以有 1～4 个值。

实例 8.24 设置边距和填充。其代码如下：

```html
<html>
  <head>
    <style type="text/css">
      p.margin {margin: 2cm 4cm 3cm 4cm}
      p.padding {padding:10px 5px 15px 20px}
    </style>
  </head>
  <body>
    <p>这个段落没有指定边距。</p>
    <p class="margin">这个段落带有指定的边距。这个段落带有指定的边距。这个段落带有指定的边距。这个段落带有指定的边距。这个段落带有指定的边距。</p>
    <p class="padding">这个段落带有指定的填充。这个段落带有指定的填充。这个段落带有指定的填充。这个段落带有指定的填充。这个段落带有指定的填充。</p>
  </body>
</html>
```

在上述代码中，分别利用 CSS 的 margin 和 padding 属性设置了边距和填充，并使用类选择符将其分别应用到 HTML 页面的两段文字中。从而使得 HTML 中的 3 段文字的排版方式显示完全不同的外观。该页面显示效果如图 8-25 所示。

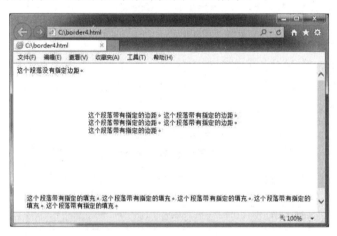

图 8-25　设置边距和填充的页面

课 后 小 结

本章首先介绍了 CSS 的基本知识，重点讲解了 CSS 的 3 种定义方式以及 CSS 的选择符和属性等基本语法。然后重点介绍了 CSS 网页元素设计中关于字体、段落、背景以及边框和边距等主要属性的设置方法和应用技巧，熟练掌握这些关于页面外观设置的属性的应用，是运用 CSS 技术配合 JavaScript 实现页面修饰的关键。

习 　 题

一、判断题

1. 一个 CSS 文件可以被关联到多个 HTML 页面。　　　　　　　　(　)
2. 不能将 CSS 代码直接定义在 HTML 页面中。　　　　　　　　(　)
3. CSS 属性的值是多个单词组成，必须在值上加引号。　　　　　(　)
4. 在 CSS 中，border-left 属于可以设置左边框的宽度。　　　　(　)
5. {body: color=black}是正确的 CSS 语法。　　　　　　　　(　)
6. background-color 是用来设置背景颜色的属性。　　　　　　(　)

二、选择题

1. 以下不是 CSS 特点的是(　)。
   A. 结构和格式分离　　　　　　　B. 精确控制页面元素
   C. 可以替代 HTML 标签　　　　　D. 使 HTML 页面体积更小
2. 以下不是 CSS 字体属性的是(　)。
   A. font-variant　　B. line-height　　C. font-weight　　D. font-size
3. 下列(　)CSS 属性可以更改字体大小。
   A. text-size　　B. font-size　　C. text-style　　D. font-style
4. 下列(　)CSS 属性可以更改字体颜色。
   A. font-variant　　B. text-color　　C. font-weight　　D. font-color
5. 下列(　)CSS 语法格式是正确的。
   A. body: color:red　　　　　　　B. { body:color:red}
   C. body{color=red;}　　　　　　D. body{ color:red;}

第 9 章
JavaScript 网页特效

学习目标：

JavaScript 技术可以实现各种网页特效，本章将综合之前介绍的 JavaScript 的基本知识，通过综合案例详解介绍 JavaScript 各种网页特效的核心技巧和实现过程。

内容摘要：

- 熟练掌握各种 JavaScript 文字特效的实现
- 熟练掌握 CSS 对网页元素的各种设置

9.1　文　字　特　效

利用 JavaScript 可以实现各种文字特效。通过这些特效，可以使页面中的文字动起来。

9.1.1　跑马灯效果

在页面中首先设置一个空的文本框 isnform，在 JavaScript 代码中设置函数 banner()呈现文字跑马灯效果。msg 为文本框中呈现跑马灯效果的文字，document.isnform.banner.value 为文本框中的值，msg.substring(position,position+160); 语句表示通过 position++逐渐增加，使在文本框中显示的文字逐渐向后移动，setTimeout("banner()",2000/speed);函数重新调用 banner()函数，就呈现了文字在文本框中循环跑动的效果。

实例 9.1　文字跑马灯特效。其代码如下：

```
<html>
<head>
<meta http-equiv="Content-Type" content="text/html; charset=gb2312" />
<title>跑马灯文字特效</title>
<script language="JavaScript">
<!--
var id,pause=0,position=0;
function banner()
 {
var i,k;
//设置跑马灯的文字字符串
var m1="      你好，欢迎学习 javascript!";
var m2="      这里介绍文字的跑马灯文字特效!";
var msg=m1+m2;
//文字运动的速度
var speed=10;
document.isnform.banner.value=msg.substring(position,position+160);
if(position++==msg.length) {
position=0;
}
id=setTimeout("banner()",2000/speed);
}
// -->
</script>
</head>
<body onLoad="banner()">
<!--将下列源代码加入<body></body>之间希望跑马灯出现的地方-->
<form method="POST" name="isnform">
<input type="text" size="48" maxlength="256" name="banner">
</form>
</body>
</html>
```

代码说明：

- var msg=m1+m2;在文本框中跑的文字字符串。
- document.isnform.banner.value=msg.substring(position,position+160)；语句提取字符串中从 position 到 position＋160 之间的字符串。position＋160 中这个 160 可以任意设置，只要超过字符串的长度即可，表示提取从 position 位置到字符串结尾所用的字符。
- if(position++==msg.length) {position=0;}如果 position 的位置到了字符串结尾处，则重新将 position 设置为 0，重新呈现跑马灯效果。
- id=setTimeout("banner()",2000/speed);表示隔 2000/speed 时间后重新调用 banner() 函数，这样就呈现文字在文本框中跑的效果。

页面特效执行效果如图 9-1 所示。

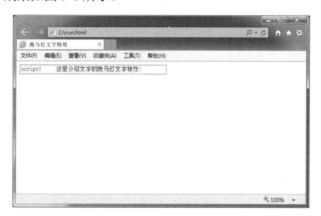

图 9-1　页面中文字跑马灯特效

9.1.2　打字效果

打字效果指文字在文本框中逐一出现。在页面中通过 textlist()函数将在文本框中打印的文字字符串赋值给一个数组，用 x 作为数组的下标，通过 x 的递增，逐渐打印出全部内容。

对于每一个字符串 document.tickform.tickfield.value = tl[x].substring(0, pos) + "_";通过这个语句将 tl[x]字符串中的第一位字符到第 pos 位字符赋予多行文本框，并且在结尾处加上 "_"。通过 setTimeout("textticker()", 400);语句，400ms 时间后重新调用"textticker()"函数，每调用一次 textticker()函数，pos 都递增，在文本框中显示的内容 tl[x].substring(0, pos) + "_";也增加，最后将整个字符串打印出来，文字呈现逐渐增加的效果。

实例 9.2　打字效果特效。其代码如下：

```
<html >
<head>
<meta http-equiv="Content-Type" content="text/html; charset=gb2312" />
<title>打字效果</title>
<SCRIPT LANGUAGE="JavaScript">
<!--
```

```
var max=0;
function textlist() {
max=textlist.arguments.length;
for (i=0; i<max; i++)
this[i]=textlist.arguments[i];
}
tl = new textlist(
"随着网络时代的到来，中国的个人网站如雨后春笋般地冒了出来。",
"看惯了那些样式死板的网站，你是不是对一个制作精美的网站印象极好呢？",
"回答当然是肯定的。不过你想不想让自己的网站也让别人留在心中？",
"不要告诉我你不会吧，有了《网页精灵特效》一切都变得那么的简单，只",
"要鼠标轻轻一点，意想不到特效立刻出现在你的眼前。哈哈，还等什么，",
"快快到 aosky.net 来下载最新、最酷的特效吧。"
);
var x = 0; pos = 0;
var l = tl[0].length;
function textticker() {
document.tickform.tickfield.value = tl[x].substring(0, pos) + "_";
if(pos++ == l) {
pos = 0;
setTimeout("textticker()", 400); //值越小速度越慢
if(++x == max) x = 0;
l = tl[x].length;
} else
setTimeout("textticker()", 200);
}
//  End -->
</script>
</head>
<body bgcolor="#fef4d9" OnLoad="textticker()">
<form name=tickform>
<textarea name=tickfield rows=5 cols=100 style="background-color: rgb(0,0,0);
color: rgb(255,255,255); cursor: default; font-family: Arial; font-size:
12px" wrap=virtual>cool</textarea>
</form>
</body>
</html>
```

代码说明：

- function textlist() {max=textlist.arguments.length;for (i=0; i<max; i++)this[i]=textlist.arguments[i]; }中，textlist()函数是一个通用的设置字符串数组的函数。将文本框中要呈现的字符串赋予数组，这样可以任意改变字符串中的内容来呈现打字效果。
- var x = 0; pos = 0; 中 x 表示字符串数组的下标，pos 每个字表示在字符串中的位置。
- function textticker() {…}函数为打字效果函数。
- document.tickform.tickfield.value = tl[x].substring(0, pos) + "_";语句完成将字符串中的第一位字符到第 pos 位字符赋予多行文本框，并且在结尾处加上"_"。
- setTimeout("textticker()", 400);设置打印的速度，值越小速度越慢。
- if(++x == max) x = 0; l = tl[x].length;} else setTimeout("textticker()", 200);}利用 x 进

行循环打印下一个字符串。++x，x 自加后的值如果为字符串数组的最大长度，则重新赋予 x 等于 0，重新打印。如果 x 自加后的值小于字符串数组的最大长度，则 l = tl[x].length 语句提取下一个字符串的长度，进行循环打印文字。

页面特效执行效果如图 9-2 所示。

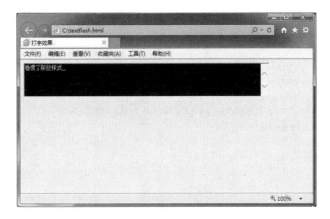

图 9-2　页面中打字效果特效

9.1.3　文字大小变化效果

本实例将呈现效果为文字从小变大，再从大变小的一个过程。JavaScript 程序是由两个函数组成，一个是 upwords()，为位置变大函数，另一个是 downwords()，为位置变小函数。函数中也调用函数，在 upwords()变大函数中通过 x(当前字体的大小)判断是调用 upwords()函数还是调用 downwords()函数。如果 x 的值小于字体的最大值 maxsize，则调用 upwords()函数，变大文字并显示；反之，调用 downword()函数，变小文字并显示。同理，在 downwords()函数中，如果 x 的值大于 0 则调用变小函数；否则调用变大函数。

实例 9.3　文字大小变化特效。其代码如下：

```
<html>
<head>
<meta http-equiv="Content-Type" content="text/html; charset=gb2312" />
<title>由小变大文字效果</title>
<SCRIPT LANGUAGE="JavaScript">
var speed = 100;
var cycledelay = 2000;
var maxsize = 28;
var x = 0;
var themessage="由小变大文字效果";
document.write('<span id="wds"></span><br>');
//文字变大函数
function upwords(){
if (x < maxsize) {
x++;
setTimeout("upwords()",speed);
}
else {
setTimeout("downwords()",cycledelay);
```

```
}
wds.innerHTML = "<center>"+themessage+"</center>";
wds.style.fontSize=x+'px'
}
//文字变小函数
function upwords()为位置变大函数。if (x > 1) {
x--;
setTimeout("downwords()",speed);
}
else {
setTimeout("upwords()",cycledelay);
}
wds.innerHTML = "<center>"+themessage+"</center>";
wds.style.fontSize=x+'px'
}
setTimeout("upwords()",speed);
</script>
</head>
<body>
</body>
</html>
```

代码说明:

- var speed = 100;中 speed 为字体变化的速度。

- var cycledelay = 2000；中 cycledelay 指字体循环变化的速度，也就是字体从小变大到从大变小之间的循环速度。

- var maxsize = 28;为设置的最大字体的像素数。

- document.write('<span id="wds"></span>
');建立一个 span 标签，用于放置文字变化的结果。

- function upwords()为位置变大函数。x 表示字号大小，如果字号小于最大值，则调用 upwords()函数，将字体变大，反之调用 downwordas()字体变小。

- wds.innerHTML = "<center>"+themessage+"</center>";将 themessage 的文字放在 wds 层上。

- wds.style.fontSize=x+'px'设置字体的样式 fontSize 的属性值为 x 像素。

页面特效执行效果如图 9-3 所示。

图 9-3　页面中文字大小变化特效

9.1.4　升降文字效果

本实例效果为文字在指定的范围内升降。在页面中通过 star()函数设置文字的初始的距离窗口左边距离、上下运动的范围，同时调用 admin()函数，对文字进行升降处理。

实例 9.4　升降文字特效。其代码如下：

```
<html>
<head>
<meta http-equiv="Content-Type" content="text/html; charset=gb2312" />
<title>来回升降的文字</title>
</head>
<body>
<script language="JavaScript">
<!--
var done = 0;
var step = 4
function anim(yp,yk)
{
document.all["shengjiang"].style.top=yp;
if(yp>yk) step = -4
if(yp<20) step = 4
setTimeout('anim('+(yp+step)+','+yk+')', 35);
}
function start()
{
if(done) return
done = 1;
shengjiang.style.left=11;
anim(20,100)
}
//-->
</script>
<script language="JavaScript">
<!--
setTimeout('start()',10);
//-->
</script>
<body>
<div id="shengjiang"
style="position: absolute;top: -50;color: #000000;font-family:宋体;font-
size:9pt;">
<p><font color="#804000">来回升降的文字</font></p>
</div>
</body>
</html>
```

代码说明：

● var step = 4 表示字体上下移动的速度。

● document.all["shengjiang"].style.top=yp;设置放置文字的层 shengjiang 的顶端(top)

位置。

- function anim(yp,yk){…}函数是用于处理升降过程的，yp 表示文字移动位置高度的最上端，yk 表示文字移动位置的最下端。
- if(yp<20) step = 4;如果 yp<20，说明文字已经运动到最上端，要进行向下运动，设置 step 为正值。
- if(yp>yk) step = -4;如果 yp>yk，说明文字已经运动到最下端，要进行向上运动，设置 step 为负值。
- function start(){…}函数用于设置文字运动的初始状态，anim(20,100)设置文字运动的范围。
- shengjiang.style.left=11;设置放置文字的 shengjiang 层距离窗口左边距离为 11 像素。

页面特效执行效果如图 9-4 所示。

图 9-4   页面中文字升降特效

9.2   图　片　特　效

JavaScript 除了可以对页面中的文字进行特效处理外，还可以对页面中的图片实现各种特效效果。

9.2.1   改变页面中图片的位置

本实例通过在表单中输入图片距离顶端(top)的像素值和距离左端(left)的像素值，单击"移动"按钮，图片就将移动到相应的位置。基本实现过程是首先将一个图片放置在 moveobj 图层上，通过 CSS 样式设置图层的样式。通过表单提交 top 值和 left 的值，然后改变 moveobj 样式中的 top 值和 left 值，进而通过改变 moveobj 样式来改变图片的位置。

实例 9.5   图片淡入淡出特效。其代码如下：

```html
<html>
<head>
<meta http-equiv="Content-Type" content="text/html; charset=gb2312" />
<title>改变图片的位置</title>
```

```
<STYLE TYPE="text/css">
<!--
#moveobj {
position: relative;
top: 0;
left: 0;
z-index: -10
}
-->
</STYLE>
<script language="javascript">
<!--
//定义函数 moveit;
function moveit(){
moveTop = document.forms[0].elements[0].value;
moveLeft = document.forms[0].elements[1].value;
moveobj.style.top = moveTop;
moveobj.style.left = moveLeft;
}
//-->
</script>
</head>
<body>
<form action="javascript:moveit()">
top: <input type=text size=5 name=topnum value=0>
   left: <input type=text size=5 name=leftnum value=0>
<input type=submit value="移动" name="submit">
</form>
<div id="moveobj"><img src="image.jpg" width="200" height="200"></div>
</body>
</html>
```

代码说明：

● #moveobj {position: relative; top: 0; left: 0;z-index: -10}设置 moveobj 的初始样式，
  top 为 0；left 为 0。

● function moveit(){…}函数用来提取表单中的 top 和 left 的数值，用于设置 moveobj
  样式的 top 值和 left 值。通过改变 moveobj 样式的 top 值和 left 值，来改变图片的
  位置。

● moveTop = document.forms[0].elements[0].value;提取表单中第一个元素的值，也就
  是 top 的值。同理，提取 left 的值。

● moveobj.style.top = moveTop;设置 moveobj 样式的 top 值，同理设置 left 的值。

● <form action="javascript:moveit()">表单提交后交给 moveit()函数处理。

页面特效执行效果如图 9-5 所示。

图 9-5　改变页面中图片的位置

9.2.2　鼠标拖动改变图片大小

本实例效果为图片大小随着鼠标的移动改变大小。将页面中的图片的左上角放在窗口坐标的(0,0)位置上，通过提取鼠标的 x 轴、y 轴坐标值，赋值给图片的宽(width)和高(height)，来实现鼠标对图片的拖拽过程。

实例 9.6　鼠标拖动图片改变大小特效。其代码如下：

```
<html >
<head>
<meta http-equiv="Content-Type" content="text/html; charset=gb2312" />
<title>拖动鼠标改变图片大小</title>
</head>
<body>
<SCRIPT LANGUAGE="JavaScript">
<!-- Begin
function resizeImage(evt,name){
var newX=evt.x
var newY=evt.y
eval("document."+name+".width=newX")
eval("document."+name+".height=newY")
}
// End -->
</script>
<img src="image.jpg" width="300" height="300" name="image"
ondrag="resizeImage(event,'image')">
</body>
</html>
```

代码说明：

- function resizeImage(evt,name){...}函数中参数 evt 为事件，name 为图片的名称。该函数用于设置图片的大小。
- var newX=evt.x 和 var newY=evt.y 中，evt.x 和 evt.y 为鼠标的 x 轴、y 轴坐标，将它们赋值给 newX 和 newY。

- eval("document."+name+".width=newX")将图片的宽度设置为鼠标的 newX，就是鼠标 *x* 轴坐标值。同理图片的高度为鼠标 *y* 轴坐标值。
- ondrag="resizeImage(event,'image')"，当图片拖动时 (ondrag)，调用 resizeImage (event,'image')函数。

页面特效执行效果如图 9-6 所示。

图 9-6　鼠标拖动前后图片的大小对比

9.2.3　不断闪烁的图片

本实例为图片在窗口上出现不断闪烁的效果。在页面中通过设置图片的样式，交替设置图片 visibility 属性为 hidden(隐藏)和 visible(可见)属性，来实现图片闪烁的效果。

实例 9.7　不断闪烁的图片特效。其代码如下：

```
<html>
<head>
<meta http-equiv="Content-Type" content="text/html; charset=gb2312" />
<title>不断闪烁的图片</title>
</head>
<body ONLOAD="soccerOnload()">
<div ID="soccer" STYLE="position:absolute; left:10; top:0">
<img SRC="image.jpg" width="200" height="200" border="0">
</div>
<script LANGUAGE="JavaScript">
function soccerOnload() {
setTimeout("blink()", 400);
}
function blink() {
if(soccer.style.visibility == "hidden")
{
soccer.style.visibility ="visible";
}else{
soccer.style.visibility="hidden"
}
setTimeout("blink()", 400);
}
</script>
</body>
</html>
```

代码说明：

- function blink()函数用于设置图片闪烁的效果。如果图片的 visibility 属性为 hidden(隐藏)，则将它设置为"visible"(可见)。如果图片的 visibility 属性为 visible(可见)，则将它设置为"hidden"(隐藏)。
- setTimeout("blink()", 400);时间间隔为 400ms，周期性调用 blink()函数。
- function soccerOnload() {…}，图片加载时调用此函数。

页面特效执行效果如图 9-7 所示。

图 9-7　图片闪烁时可见和隐藏时的对比

9.3　时间和日期特效

在页面中经常出现关于日期和时间的信息，利用这些信息可以实现各种特效效果。

9.3.1　标题栏显示分时问候语

分时问候时间特效是根据时间来判断是在上午、下午、晚上还是夜间，来显示不同的问候语。

实例 9.8　标题栏显示分时问候语特效。其代码如下：

```
<html>
<head>
<meta http-equiv="Content-Type" content="text/html; charset=gb2312" />
<title>在标题栏显示分时问候语</title>
</head>
<body>
在标题栏显示分时问候语
<script language="javaScript">
<!--
var now = new Date();
var hour = now.getHours()
if(hour < 6){document.title="凌晨好!";}
else if (hour < 9){ document.title="早上好!";}
else if (hour < 12){ document.title="上午好!"}
else if (hour < 14){ document.title="中午好!"}
```

```
else if (hour < 17){ document.title="下午好!"}
else if (hour < 19){ document.title="傍晚好!"}
else if (批hour < 22){ document.title="晚上好!"}
else {document.title ="夜里好!"}
// -->
</script>
</body>
</html>
```

代码说明：

- var now = new Date()，用于创建一个 Data 对象。
- var hour = now.getHours()，提取系统的小时值。
- if(hour < 6){document.title="凌晨好!";}对时间段进行判断，如果小于 6 则问候语为 "凌晨好!"。同理对其他时间段进行判断设置。

页面特效执行效果如图 9-8 所示。

图 9-8   标题栏显示分时问候语的特效

9.3.2   显示当前系统时间

在页面上显示当前时间，通过创建一个 Date 对象，利用 Date 对象的方法提取当前系统的年月日和时分秒，用字符串连接并显示在页面上。在页面中首先创建一个时间对象 today，根据时间对象的方法提取当前系统时间的年、月、日、分、秒、钟等信息。根据 getDay()的值用汉字表示星期几，根据 getHours()方法判断是上午还是下午，写出正确时间的表示方式用字符串 timeValue 连接起来。然后再将表示时间的字符串 timeValue 的值赋予表单中文本框。这样就显示了当前系统时间。

实例 9.9   显示当前系统时间。其代码如下：

```
<html>
<head>
<meta http-equiv="Content-Type" content="text/html; charset=gb2312" />
<title>显示当前时间</title>
<script language="JavaScript">
<!--
function showtime(){
```

```
var today = new Date();
var day;
var date;
if(today.getDay()==0)  day = "星期日"
if(today.getDay()==1)  day = "星期一"
if(today.getDay()==2)  day = "星期二"
if(today.getDay()==3)  day = "星期三"
if(today.getDay()==4)  day = "星期四"
if(today.getDay()==5)  day = "星期五"
if(today.getDay()==6)  day = "星期六"
var hours = today.getHours();
var minutes = today.getMinutes();
var seconds = today.getSeconds()
document.fgColor = "000000";
date = "今天是" + (today. getFullYear()) + "年" + (today.getMonth() + 1 )
+ "月" + today.getDate() + "日" + day +"";
var timeValue =date+ "" +((hours >= 12) ? "下午 " : "上午 " )
timeValue += ((hours >12) ? hours -12 :hours)
timeValue += ((minutes < 10) ? ":0" : ":") + minutes
timeValue += ((seconds < 10) ? ":0" : ":") + seconds
document.clock.thetime.value = timeValue;
setTimeout("showtime()",1000);
}
</script>
</head>
<body onLoad="showtime()">
<form name="clock">
  <p><input name="thetime" style="font-size: 9pt;color:#000000;border:0"
size="50">
  </p>
</form>
</body>
</html>
```

代码说明：

● function showtime(){…}，用于显示时间的函数。
● var today = new Date();创建一个 Date()对象。
● if(today.getDay()==0) day = "星期日"，当 today.getDay()的值为 0 时，today. getDay()类似语句中根据 today.getDay()取出的值，判断星期几，并将 day 赋予相应的星期几的值。
● date = "今天是" + (today. getFullYear()) + "年" + (today.getMonth() + 1) + "月" + today.getDate() + "日" + day +"";赋予 date 变量为系统年月日的字符串。用 today.getFullYear()、today.getMonth()、today.getDate()提取系统年、月、日的值。
● document.clock.thetime.value = timeValue;使表单中的文本框的值表示为时间的字符串。
● setTimeout("showtime()",1000); 中 setTimeout()延迟代码执行，在 1 s 后重新执行 showtime()函数，使显示的时间是不断刷新的。

- <body onLoad="showtime()">页面加载时调用 showtime()函数。

页面特效执行效果如图 9-9 所示。

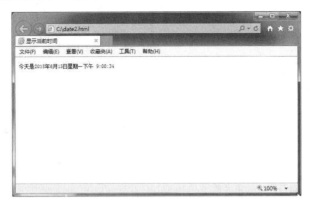

图 9-9　页面中显示当前系统时间

9.3.3　星期查询功能

本实例提供一个输入年月日的表单，根据表单的信息，页面自动判断输入日期是星期几和时间状态。本实例通过 JavaScript 程序提取提交的年月日的值 y、m、d，根据 y、m、d 创建一个 Date()对象。通过 getDay()方法得到表示日期星期几的数值，根据数值在数组 days 中取出相应的星期几的汉字表示方式，将它赋予表单中的 dw 的文本框，并在页面上显示出来。

实例 9.10　星期查询功能。其代码如下：

```
<html>
<head>
<meta http-equiv="Content-Type" content="text/html; charset=gb2312" />
<title>星期查询</title>
<SCRIPT language=JavaScript>
<!-- Begin
var months=new Array("January","February","March","April","May","June",
"July","August","September","October","November","December");
var days = new Array("星期日","星期一","星期二","星期三","星期四","星期五","星
期六");
var mtend = new Array(31,28,31,30,31,30,31,31,30,31,30,31);
var opt = new Array("过去时间","将来时间");
function getDateInfo() {
//提取表单钟的年月日的值
var y = document.form.year.value;
var m = document.form.month.options[document.form.month.options.selectedIndex].
value;
var d = document.form.day.options[document.form.day.options.selectedIndex].
value;
var hlpr = mtend[m];
if (d < mtend[m] + 1) {
if (m == 1 && y % 4 == 0) { hlpr++; }
var c = new Date(y,m,d);
```

```
var dayOfWeek = c.getDay();
document.form.dw.value = days[dayOfWeek];
if(c.getTime() > new Date().getTime()) {
document.form.time.value = opt[1];
}
else {
document.form.time.value = opt[0];
    }
}
else {
alert("这一天"+months[m]+" "+d+", "+y+"是不存在的.\n请重新选择.");
    }
}
function setY() {
var y = new Date().getYear();
if (y < 2000) y += 1900;
document.form.year.value = y;
}
// End -->
</SCRIPT>
</head>
<body>
<FORM name=form><INPUT size=8 value=2006 name=year>年
<SELECT size=1 name=month>
 <OPTION value=0 selected>1月</OPTION> <OPTION value=1>2月</OPTION>
 <OPTION value=2>3月</OPTION> <OPTION value=3>4月</OPTION>
<OPTION value=4>5月</OPTION> <OPTION value=5>6月</OPTION>
<OPTION value=6>7月</OPTION> <OPTION value=7>8月</OPTION>
<OPTION value=8>9月</OPTION> <OPTION value=9>10月</OPTION>
  <OPTION value=10>11月</OPTION> <OPTION value=11>12月</OPTION>
</SELECT>
<SELECT size=1 name=day>
<OPTION value=1 selected>1</OPTION> <OPTION value=2>2</OPTION>
 <OPTION value=3>3</OPTION> <OPTION value=4>4</OPTION>
 <OPTION value=5>5</OPTION> <OPTION value=6>6</OPTION>
 <OPTION value=7>7</OPTION> <OPTION value=8>8</OPTION>
 <OPTION value=9>9</OPTION><OPTION value=10>10</OPTION>
 <OPTION value=11>11</OPTION> <OPTION value=12>12</OPTION>
 <OPTION value=13>13</OPTION> <OPTION value=14>14</OPTION>
 <OPTION value=15>15</OPTION> <OPTION value=16>16</OPTION>
<OPTION value=17>17</OPTION> <OPTION value=18>18</OPTION>
 <OPTION value=19>19</OPTION><OPTION value=20>20</OPTION>
 <OPTION value=21>21</OPTION> <OPTION value=22>22</OPTION>
<OPTION value=23>23</OPTION> <OPTION value=24>24</OPTION>
  <OPTION value=25>25</OPTION> <OPTION value=26>26</OPTION>
<OPTION value=27>27</OPTION> <OPTION value=28>28</OPTION>
 <OPTION value=29>29</OPTION>    <OPTION value=30>30</OPTION>
 <OPTION value=31>31</OPTION>
</SELECT>日
<INPUT onclick=getDateInfo() type=button value=看看这天的信息 name=gdi></P>
<P>这里显示是星期几：<INPUT size=12 name=dw>
```

```
时间状态：<INPUT size=10 name=time></P>
</FORM>
</body>
</html>
```

代码说明：

- if (d < mtend[m] + 1) {...}else{alert("这一天"+months[m]+" "+d+", "+y+"是不存在
  的.\n 请重新选择."); }用于判断是否输入的日
  期超过这个月的最大日期，如果没有超过这个
  月的最大日期，则执行后面的语句，判断日期
  的星期。如果超过这个月的最大日期，就弹出
  提示框提醒不存在，如图 9-10 所示。

图 9-10 提示日期不存在

- var c = new Date(y,m,d);用于创建一个 Date()对
  象，时间为表单输入的年月日。
- dayOfWeek = c.getDay();表示表单输入的日期星期几的数值。days[dayOfWeek];表
  示根据 dayOfWeek 的值，在 days 数组中取出相应的星期几的字符。
- if(c.getTime()> new Date().getTime()) {...}else{...}与当前系统时间相比较判断输入
  时间的状态，是"过去时间"还是"将来时间"。

页面特效执行效果如图 9-11 所示。

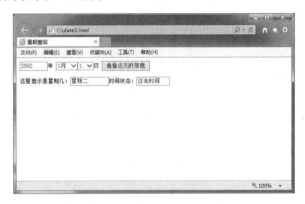

图 9-11 查询日期是星期几的页面

9.4 窗 体 特 效

窗体作为页面展示的窗口，其特效也是使用频率较高的，用户往往可以通过各种操作
更改窗体的大小和外观。

9.4.1 无边框窗口自动关闭特效

本实例实现的无边框的广告窗口的页面特效是当页面加载时自动弹出无边框的广告窗
口，5s 后窗口自动关闭。在页面程序中设置了 showAd()显示广告窗口函数和 closeAd()关

JavaScript+jQuery 程序开发实用教程

闭函数。广告窗口为一个层，设置层的 id 为"sponsorAdDiv"，通过设置层的可见(visibility)属性来实现广告窗口的可见或者隐藏。showAd()中，通过 if(adCount<adTime*10){...}语句来判断是否超过了显示时间，如果没超过显示时间，则显示广告窗口，通过设置层的 top、left 的样式，来确定广告窗口的位置。同时执行 setTimeout("showAd()",100); 间隔 100ms 后重新执行 showAd()函数，通过 adCount+=1，adCount 加 1 实现对广告显示时间的限定。如果超过显示时间，则调用 closeAd()函数，关闭广告窗口。

实例 9.11 广告窗口自动关闭特效。其代码如下：

```
<HTML>
<HEAD>
<META http-equiv='Content-Type' content='text/html; charset=gb2312'>
<TITLE>无边框的广告窗口(可自动关闭)</TITLE>
<style type="text/css">
<!--
#sponsorAdDiv {position:absolute; height:1; width:1; top:0; left:0;}
-->
</style>
</HEAD>
<BODY >
<SCRIPT LANGUAGE="JavaScript">
adTime=6;  //关闭窗口等待的时间
adCount=0;
//广告窗口初始化设置
function initAd(){
        adDiv=eval('document.all.sponsorAdDiv.style');
        adDiv.visibility="visible";
 showAd();
}
//显示广告窗口
function showAd(){
if(adCount<adTime*10){
     adCount+=1;
      documentWidth  =document.body.offsetWidth/2;
      documentHeight =document.body.offsetHeight/2;
      adDiv.left=documentWidth-200;
      adDiv.top =documentHeight-200;
      setTimeout("showAd()",100);
        }else{ closeAd();
}
}
//关闭广告窗口
function closeAd(){
adDiv.display="none";
}
onload=initAd;
</script>
<div id="sponsorAdDiv" style="visibility:hidden">
<table width="445" height="345" border="1" bgcolor="F0FFF0">
  <tr><td>
```

```
<center>welcome to www.webasp.net!<BR><BR>这个窗口将在 5 秒后自动关闭
</center>
</td>
</tr>
</table>
</div>
</BODY>
</HTML>
```

代码说明：

- function initAd(){…}广告窗口初始化设置函数，adDiv.visibility="visible";设置窗口为可见(visible)状态。
- function showAd(){…}显示广告窗口函数。adDiv.left=documentWidth-200;设置广告窗口的距离左边框(left)的位置，adDiv.top =documentHeight-200; 设置广告窗口的距离上边框(top)的位置。
- function closeAd(){adDiv.display="none";}关闭广告窗口函数。adDiv.visibility="visible";设置窗口为不可见(none)状态。

页面特效执行效果如图 9-12 所示。

图 9-12　打开和自动关闭前后的无边框广告窗口页面对照

9.4.2　方向键控制窗口的特效

方向键控制窗口的效果为，通过按下键盘上的方向键，来移动窗口的位置。本实例通过 event.keyCode 方法提取所按下键盘的 ASCII 码，通过键盘 ASCII 码的值来执行不同的操作。执行 window.moveBy (水平位移量，垂直位移量)语句对窗口进行移动。

实例 9.12　方向键控制窗口的特效。其代码如下：

```
<script language="JavaScript">
function movepage()
{
var direction =event.keyCode
switch(direction){
case 39:
window.moveBy(15, 0);
break
case 37:
```

```
window.moveBy(-15, 0);
break
case 38:
window.moveBy(0, -15);
break
case 40:
window.moveBy(0, 15);
break
default:
break
}
}
</script>
<body onLoad="top.window.focus()" onkeydown="movepage()">
```

代码说明:

- direction =event.keyCode 表示使用 keyCode 提取键盘的 ASCII 码。
- switch(direction){…}对应不同的键盘执行不同的操作。37 表示键盘上向左方向键，38 为向上方向键，39 为向下方向键，40 为向右方向键。
- window.moveBy(15, 0); window.moveBy (水平位移量,垂直位移量)表示按照给定像素参数移动指定窗口。第一个参数是窗口水平移动的像素，第二个参数是窗口垂直移动的像素。这个语句表示窗口向右移动 15 像素。

这样，通过键盘的上下左右按键，就可以控制屏幕上浏览器窗体的移动了。

9.4.3 改变窗体颜色

本实例的窗口中有不同颜色的按钮，当单击不同颜色按钮后，窗口所呈现的背景颜色与按钮的颜色相同。在页面中设置一个 selector 表单，表单是由 6 个按钮组成，按钮通过 style="background-color: rgb(255,0,0)"语句来设置它的背景颜色，当单击按钮时调用 changebg()函数。changebg(type)函数只有一个语句，document.bgColor = type;将窗口的背景颜色设置为需要改变的颜色。

实例 9.13 改变窗体颜色。其代码如下:

```
<script>
//设置颜色
var a00 = "FFFBD0";
var a01 = "FF0000";
var a02 = "FF8080";
var a03 = "FF8000";
var a04 = "FFFF00";
var a05 = "000080";
//改变背景颜色
function changebg(type){
document.bgColor = type;
}
</script>
<form NAME="selector">
  <p><input TYPE="button" onClick="changebg(a00)" style="background-color:
```

```
rgb(255,251,208)"><input
  TYPE="button" onClick="changebg(a01)" style="background-color:
rgb(255,0,0)"><input
  TYPE="button" onClick="changebg(a02)" style="background-color:
rgb(255,128,128)"><input
  TYPE="button" onClick="changebg(a03)" style="background-color:
rgb(255,128,0)"><input
  TYPE="button" onClick="changebg(a04)" style="background-color:
rgb(255,255,0)"><input
  TYPE="button" onClick="changebg(a05)" style="background-color:
rgb(0,0,128)"></p>
</form>
```

代码说明：

● document.bgColor 用于设置页面的背景色。

● <input TYPE="button" onClick="changebg(xx)" 用来触发用户的单击按钮事件，当事件触发时，调用 changebg()函数，并传递对应的参数用以设置背景色。

单击页面中最后一个蓝色的按钮，页面特效执行效果如图 9-13 所示。

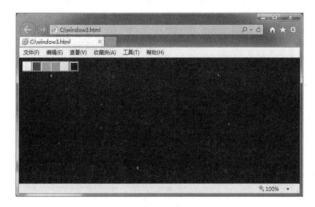

图 9-13　改变窗体背景色的页面

9.5　鼠　标　特　效

作为用户与网页之间交互的主要工具，鼠标可以在其外观、具体操作等方面实现各种特效。

9.5.1　屏蔽鼠标右键

在很多网页中，为了防止网页恶意复制，不允许右击对网页上的内容进行复制粘贴操作，本实例将实现该效果。

实例 9.14　屏蔽鼠标右键。其代码如下：

```
<html>
<head/>
<script language="javascript">
```

```
function click() {
if (event.button==2) {
 alert('不许单击右键！')
 }
}
document.onmousedown=click
</script>
</head>
<body>
</body>
</html>
```

代码说明：

● event.button==2 用来判断鼠标右键单击操作。按钮代码存放在 event 对象的 button 属性中，以数字的形式出现。有 7 种可能值分别为 0：什么键都没按；1：左键；2：右键；3：左键和右键；4：中间键；5：左键和中间键；6：右键和中间键；7：所有 3 个键。

在页面中右击，将在页面中弹出提示对话框，执行效果如图 9-14 所示。

图 9-14　屏蔽鼠标右键的页面

9.5.2　获取鼠标位置坐标

本实例效果为鼠标在窗口上移动，在窗口的文本框中显示出鼠标的 x 轴、y 轴的坐标。通过捕获鼠标的 x 轴、y 轴的坐标，将 x 轴、y 轴的坐标值赋给表单中 x、y 文本框。需要注意的是，针对不同的浏览器获取 x 轴、y 轴的坐标值的表示方式不同。

实例 9.15　获取鼠标位置坐标。其代码如下：

```
<html >
<head>
<meta http-equiv="Content-Type" content="text/html; charset=gb2312" />
<title>跟随鼠标坐标</title>
</head>
<body onMousemove="MouseMove()">
<SCRIPT LANGUAGE="JavaScript">
<!--
if (navigator.appName == 'Netscape')
{
```

```
    document.captureEvents(Event.MOUSEMOVE);
    document.onmousemove = netscapeMouseMove;
}
function netscapeMouseMove(e) {
if (e.screenX != document.test.x.value && e.screenY != document.test. y.
value)
 {
    document.test.x.value = e.screenX;
    document.test.y.value = e.screenY;
}
}
function MouseMove() {
if (window.event.x != document.test.x.value && window.event.y !=document.
test.y.value)
 {
    document.test.x.value = window.event.x;
    document.test.y.value = window.event.y;
}
}
-->
</SCRIPT>
<FORM NAME="test">
X: <INPUT TYPE="TEXT" NAME="x" SIZE="4">
 Y: <INPUT TYPUE="TEXT" NAME="y" SIZE="4">
</FORM>
</body>
</html>
```

代码说明：

- <body onMousemove="MouseMove()">用于鼠标移动时调用 MouseMove()函数。
- if (navigator.appName == 'Netscape'){…}判断浏览器的类型，如果是 Netscape 浏览器，则捕捉鼠标移动事件。
- function netscapeMouseMove(e) {…}函数表示 Netscape 浏览器中提取鼠标的坐标数，将值赋给表单中的 x、y 文本框。
- function MouseMove() {…}函数表示 IE 浏览器中提取鼠标的坐标数，将值赋给表单中的 x、y 文本框。

页面特效执行效果如图 9-15 所示。

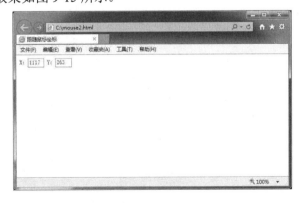

图 9-15　获取鼠标当前位置坐标

9.5.3 根据方向改变鼠标外观

本实例实现的特效是当鼠标向左右移动时，坐标显示为左右的横箭头，上下移动时，显示的是上下的箭头。本实例的实现过程，通过语句提取当前鼠标坐标 x、y，与上一次鼠标相减，通过差值的正负来判断鼠标的方向。不同的方向用不同的鼠标样式表示，语句为 document.body.style.cursor = dir[direction]。

实例 9.16 改变鼠标外观的特效。其代码如下：

```
<SCRIPT LANGUAGE="JavaScript">
<!-- Begin
var x, y, xold, yold, xdiff, ydiff;
var dir = Array();
dir[0] = "n-resize";
dir[1]="ne-resize";
dir[2]="e-resize";
dir[3]="se-resize";
dir[4] = "s-resize";
dir[5]="sw-resize";
dir[6]="w-resize";
dir[7]="nw-resize";
document.onmousemove = FindXY;
function display(direction) {
document.body.style.cursor = dir[direction];
}
function FindXY(loc) {
x = (document.layers) ? loc.pageX : event.clientX;
y = (document.layers) ? loc.pageY : event.clientY;
xdiff = x - xold;
ydiff = y - yold
if ((xdiff < 2) && (ydiff < -2))
display(0);
if ((xdiff < 2) && (ydiff > 2))
display(4);
if ((xdiff > 2) && (ydiff < 2))
display(2);
if ((xdiff < -2) && (ydiff < 2))
display(6);
if ((xdiff > 2) && (ydiff > 2))
display(3);
if ((xdiff > 2) && (ydiff < -2))
display(1);
if ((xdiff < -2) && (ydiff > 2))
display(5);
if ((xdiff < -2) && (ydiff < -2))
display(7);
xold = x;
yold = y;
}
// End -->
</script>
```

代码说明：

- var dir = Array();用于定义一个数组用来存储鼠标的样式。
- document.onmousemove = FindXY;用于当鼠标移动的时候，调用 findXY 函数。
- function display(direction) {document.body.style.cursor = dir[direction];}函数表示将鼠标的样式设置为方向箭头，箭头的方式为 dir 数组的内容。
- x = (document.layers) ? loc.pageX : event.clientX;提取 x 轴的坐标。
- xdiff = x - xold;中 xdiff 用于判断鼠标 x 轴的移动方向，ydiff = y - yold ydiff，用于判断鼠标 y 轴的移动方向。xold、yold 表示上一次的鼠标坐标。

页面特效执行效果如图 9-16 所示。

图 9-16　根据方向改变鼠标外观

9.6　菜　单　特　效

利用 JavaScript 可以在页面中实现各种各样的菜单特效，这也是 JavaScript 在页面中最常实现的特效之一。

9.6.1　左键弹出菜单

本实例特效效果为，当在窗口上单击鼠标时，会弹出一个菜单，当再次单击鼠标时，弹出的菜单将消失。在页面中将菜单声明为一个表格。通过单击鼠标触发事件调用函数caidan()。菜单函数通过判断表格菜单的样式来实现左键菜单的效果。当第一次单击鼠标时，菜单的样式 display 属性为 none 时，表示不显示菜单，通过 if (menu.style.display == ""){ menu.style.display = "none" } else { menu.style.display = "" }判断语句将菜单 display 的样式设置为空，表示显示菜单；反之，当菜单的样式 display 的值为空时，将 display 的值设置为 none，表示隐藏菜单。

实例 9.17　左键弹出菜单特效。其代码如下：

```html
<html>
<head>
<meta http-equiv="Content-Type" content="text/html; charset=gb2312" />
```

```
<title>左键菜单</title>
<STYLE type=text/css>
.box {
    BACKGROUND: #996633; FONT: 9pt "宋体"; COLOR: #00ffff; POSITION: absolute
}
</STYLE>
</HEAD>
<BODY>
<TABLE id=itemopen class="box" style="DISPLAY:none"height=101 width=80>
  <TR>
    <TD vAlign=top width=80 height=97>
    菜单一<BR><BR>
    菜单二<BR><BR>
    菜单三<BR><BR>
        </TD>
</TR>
</TABLE>
<SCRIPT language=JavaScript>
document.onclick =caidan;
function caidan() {
newX = window.event.x ;
newY = window.event.y ;
menu = document.all.itemopen
  if ( menu.style.display == ""){
   menu.style.display = "none" }
  else {
   menu.style.display = "" }
   menu.style.pixelLeft = newX - 50
   menu.style.pixelTop = newY - 50
    }
</SCRIPT>
</BODY>
</HTML>
```

代码说明：

- <TABLE id=itemopen class="box" style="DISPLAY: none" height=101 width=80>菜单为一个表格，id 号为 itemopen，JavaScript 编程中也是通过 id 号来确定菜单的。设置样式为 box，样式 displsy 为 none(不可见)。

- document.onclick =caidan；当鼠标单击时，调用 caidan 函数。

- newX=window.event.x；newY = window.event.y；获得鼠标的 x 轴、y 轴坐标。

- if (menu.style.display == ""){menu.style.display = "none" }else{ menu.style.display = ""}中，如果 menu.style.display == ""表示显示表格菜单，则设置为 menu.style.display = "none"，表示不显示菜单，否则将显示菜单。

- menu.style.pixelLeft = newX – 50 用于确定菜单的 x 轴的位置。menu.style.pixelTop = newY – 50 用于确定菜单的 y 轴的位置。

页面特效执行效果如图 9-17 所示。

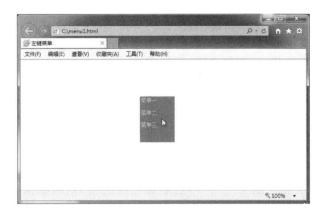

图 9-17　左键弹出菜单特效

9.6.2　下拉菜单

本实例的特效为当鼠标移动到页面中"浏览网站"的超链接上时，将在该超链接的下面自动弹出一个浏览网站列表的菜单，当鼠标移出"浏览网站"超链接时，菜单自动隐藏。在页面中将整个菜单的显示放在一个层中，id 为"back"，设置 onmouseout="out()"当鼠标划过调用 out()函数。out()判断鼠标是否移动到下拉菜单的下一级目录，如果不是则将菜单隐藏。当鼠标经过"浏览网站"这几个字时，将层 menu 显示出来，这时调用 out()函数，如果鼠标移动到 menu 层或者移动到 menu 层中 link 选项时，则显示下拉菜单；否则则将下拉菜单隐藏。这样就实现鼠标经过时显示菜单，鼠标划离时菜单消失。

实例 9.18　下拉菜单特效。其代码如下：

```
<html>
<head>
<meta http-equiv="Content-Type" content="text/html; charset=gb2312" />
<title>下拉菜单</title>
</head>
<body>
<SCRIPT language=javascript><!--
function out()
{
if(window.event.toElement.id!="menu" && window.event.toElement.id!="link")
  menu.style.visibility="hidden";
}
//-->
</SCRIPT>
<body>
<div id="back" onmouseout="out()"style="position:absolute;top:50;left:20;
width:300;height:20;
z-index:1;visibility:visible;">
<span id="menubar"  onmouseover="menu.style.visibility='visible'">浏览网站
</span>
<div border=1  id="menu" style="position:absolute;top:21px;left:0;width:
299px;height:100;
```

```
z-index:2;visibility:hidden;">
<a id="link" href="http://www.sohu.com">sohu 新闻网</a><br>
<a id="link" href="http://www.sina.com">新浪网 sina</a><br>
<a id="link" href="http://www.chinaren.com">中国人 chinaren</a><br>
<a id="link" href="http://www.baidu.com">百度 baidu</a><br>
</div>
</div>
</body>
</html>
```

代码说明：

- if(window.event.toElement.id!="menu" && window.event.toElement.id!="link") menu.style.visibility="hidden";语句是用来判断网站中的下拉菜单是否显示。window.event.toElement 表示鼠标要移动到的对象。如果鼠标移动的对象不为 menu 和 link 则将菜单隐藏。也就是说当鼠标不是落在下拉菜单上，则隐藏下来菜单。
- <span id="menubar" onmouseover="menu.style.visibility='visible'">浏览网站</span>，当鼠标经过浏览网站这个对象时，设置 menu 层的 visibility 的属性为'visible'，表示将菜单显示出来。

页面特效执行效果如图 9-18 所示。

图 9-18　下拉菜单特效

9.6.3　滚动菜单

本实例特效为滚动的导航菜单，在页面中利用 marquee 对象来实现滚动的导航菜单，在 marquee 对象中存放菜单项和相应的链接，使导航菜单按照一定步长、速度、方向进行滚动。

实例 9.19　滚动菜单特效。其代码如下：

```
<html>
<head>
<meta http-equiv="Content-Type" content="text/html; charset=gb2312" />
<title>滚动的导航菜单</title>
</head>
<SCRIPT language=javascript>
```

```
<!--
var index=4
var lin=new Array(4);
var text=new Array(4);
//设置菜单项的链接
lin[0]="http://www.sohu.com";
lin[1]="http://www.sina.com";
lin[2]="http://www.chinaren.com";
lin[3]="http://www.baidu.com";
//设置显示菜单项的文本
text[0]="sohu 新闻网";
text[1]="sina 新浪网";
text[2]="chinaren 中国人";
text[3]="baidu 百度";
//输出菜单
document.write("<marquee scrollamount=1 scrolldelay=100 direction=up
width=150 height=60>");for(var i=0 ;i<index;i++){
document.write("<a href="+lin[i]+">"+text[i]+"</a><br>");
}document.write("</marquee>");
//-->
</SCRIPT>
<body>
</body>
</html>
```

代码说明：

- <marquee scrollamount=1 scrolldelay=100 direction=up width=150 height=60>用于在
  网页上建立 marquee 对象(marquee 是 HTML 语言中的一个标签名，用来实现页面
  中的文字移动功能)。设置滚动步长为 1 像素，设置每间隔 100ms 滚动一次，滚
  动方向为 up(向上)。
- document.write("<a href="+lin[i]+">"+text[i]+"</a>
");用于输出链接文字。

页面特效执行效果如图 9-19 所示。

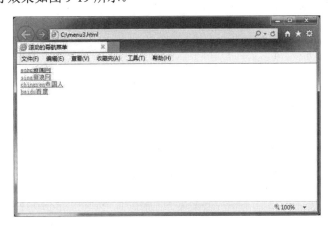

图 9-19　滚动菜单特效

9.7 警告和提示特效

页面中经常会弹出各种警告和提示的信息框，利用这些信息框可以很方便地与用户进行各种选择性交互。

9.7.1 进站提示信息

进站时显示提示信息就是在浏览者刚进入本页时调用提示框，显示欢迎信息。这是利用 window 对象的 alter()方法实现的对提示框的调用。

实例 **9.20** 进站提示信息特效。其代码如下：

```html
<html>
<head>
<meta http-equiv="Content-Type" content="text/html; charset=gb2312" />
<title>进站时显示欢迎语</title>
<script language="javascript">
function welcome()
{
window.alert('WELCOME 欢迎你的光临!');
}
</script>
</head>
<body onload="welcome()">
</body>
</html>
```

代码说明：

- <body onload="welcome()"> 表示 onldad 事件被触发，事件调用 welcome()函数，执行 window.alert('WELCOME 欢迎你的光临!');弹出信息提示框。

页面特效执行效果如图 9-20 所示。

图 9-20 弹出进站提示信息框

离开时显示提示与进站时显示提示的方法相似，不同的是指浏览者在关闭网页的时候弹出提示框，触发 onUnload 事件。

9.7.2 单击超链接显示提示框

单击超链接显示提示框效果是当单击超链接时显示链接的相关信息，当单击时，触发鼠标的 onclick 事件，弹出提示框。

实例 9.21 单击超链接弹出提示信息特效。其代码如下：

```
<html>
<head>
<meta http-equiv="Content-Type" content="text/html; charset=gb2312" />
<title>单击超链接显示提示框</title>
<script language="javascript">
function tishi(){
window.alert('链接到 www.qdu.edu.cn 页面');
}
</script>
</head>
<body>
<a href="www.qdu.edu.cn" onclick="tishi()">单击超级链接显示提示框</a>
</body>
</html>
```

代码说明：

● <a href="www.qdu.edu.cn" onclick="tishi()"> 表示当用户单击超链接时，触发 onclick 事件，调用了 onclick="tishi()"后面的 tishi()函数。

页面特效执行效果如图 9-21 所示。

图 9-21 单击超链接弹出提示信息框

9.7.3 显示停留时间

按照停留时间显示提示指通过使用日期对象及其相应的方法来计算浏览者在本页面停留的时间，在用户关闭页面时显示一个提示框来告诉浏览者在该页面的停留时间。

实例 9.22 显示停留时间特效。其代码如下：

```
<html>
<head>
<meta http-equiv="Content-Type" content="text/html; charset=gb2312" />
```

```
<title>按照停留时间显示提示</title>
<script language="Javascript">
<!--
pageOpen = new Date();
function stay() {
pageClose = new Date();
minutes = (pageClose.getMinutes() - pageOpen.getMinutes());
seconds = (pageClose.getSeconds() - pageOpen.getSeconds());
time = (seconds + (minutes * 60));
time = (time + " 秒钟");
alert("您在这儿停留了" + time + ".欢迎下次再来!");
}
//-->
</script>
</head>
<body onUnload="stay()">
</body>
</html>
```

代码说明:

- pageOpen = new Date();用于创建一个时间对象,来存储浏览者浏览页面的开始时间。

- function stay() {}函数用于计算出浏览者在本页面的停留时间。

- pageClose = new Date();用于创建一个时间对象,来存储浏览者浏览页面的结束时间。

- minutes = (pageClose.getMinutes() - pageOpen.getMinutes());结束时间的分钟数减去开始时间的分钟数,得出计算出停留的分钟数。

- seconds = (pageClose.getSeconds() - pageOpen.getSeconds());计算出停留的秒数差。

- time = (seconds + (minutes * 60));总停留的秒数。

- alert("您在这儿停留了" + time + ".欢迎下次再来!");弹出提示框,提示浏览者停留的时间。

- <body onUnload="stay()">,当浏览者关闭或离开时,页面调用函数 stay(),显示浏览者的停留时间。

页面特效执行效果如图 9-22 所示。

图 9-22　显示停留时间的提示信息框

9.8　密　码　特　效

用户经常需要在页面中输入密码，而密码的安全性对于用户来说是非常重要的。可以利用 JavaScript 对密码实现各种特效，从而达到保护密码的目的。

9.8.1　弹出式密码保护

弹出式密码保护实现的功能是在进入某一页面之前必须要输入正确的密码。如果密码正确就进入指定网页，如果不正确则不能进入。输入密码的次数不能超过 3 次，3 次之后系统自动返回上一个页面。本实例的 JavaScript 程序应该加入要加密的网页的页面代码之前。这样当页面加载后，首先就执行本程序，只有程序通过才会加载页面内容。如果没通过，就利用程序控制，不加载本页，从而达到一定的保护作用。

实例 9.23　弹出式密码保护特效。其代码如下：

```
<html>
<head>
<meta http-equiv="Content-Type" content="text/html; charset=gb2312" />
<SCRIPT LANGUAGE="JavaScript">
function password() {
var cishu = 1;
var pass= prompt('请输入密码(密码是 welcome):','');
while (cishu< 3) {
if (!pass) {
history.go(-1);
}
if (pass== "welcome") {
alert('密码正确!');
break;
}
cishu+=1;
var pass=prompt('密码错误!请重新输入:');
}
if (pass!="password" &cishu==3){
history.go(-1);
}
return " ";
}
document.write(password());
</SCRIPT>
<title>弹出窗口式的密码保护网页</title>
</head>
<body>
弹出窗口式的密码保护网页测试页面
</body>
</html>
```

代码说明：

- password()函数，用来进行密码保护的程序。
- var cishu = 1;中 cishu 变量用于限制用户的最多输入次数。
- prompt('请输入密码(密码是 welcome):','');中使用 prompt 方法提示用户输入一个密码(一个字符串)，并赋给 pass 变量。
- while (cishu< 3) { }，该语句限制用户输入错误密码的次数，如果小于 3 次，测试输入密码是否与设定的密码相同，如果大于 3 次则返回上一页。
- if (pass== "welcome") {alert('密码正确!');break;} cishu+=1;var pass=prompt('密码错误!请重新输入:');}用于判断输入的 pass 和设定的密码是否相同，如果相同，就弹出正确提示，并用 break 语句退出循环；如果不相同，次数计数器加 1，并使用 prompt 方法提示用户再次输入密码，重复上述 while 操作。
- if(pass!="password"&cisha==3)，用来判断最后一次输入的 passwd 是否正确。如果密码正确，此条件为假，跳过 if 语句后面的代码，直接加载页面，就达到了通过密码验证的效果；如果密码不正确，同时因为 i 的计数次数也达到了 3，则执行 if 后面的语句，弹出出错提示，并用 history.back()跳回此前的链接，达到了保护页面的作用。

访问页面时特效执行效果如图 9-23 所示。

图 9-23　显示页面时弹出输入密码的对话框

若输入的密码不正确，将弹出图 9-24 所示的密码错误对话框。

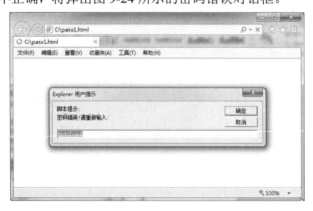

图 9-24　弹出密码错误对话框

若输入的密码正确，将弹出图 9-25 所示的密码正确提示框，且正常显示页面。

图 9-25　弹出密码正确信息框

9.8.2　检查密码的格式合法性

本实例通过在客户端利用 JavaScript 进行检查用户输入密码和用户名的合法性，再传递给服务器端进行验证，这样既节约时间又减小服务器资源开销。实例中页面会根据用户输入用户名和密码的情况做出判断，提示用户是否输入了用户名、密码，提示用户不要将一些特殊字符作为密码或用户名。

实例 9.24　检查密码格式的合法性。其代码如下：

```
<HTML>
<HEAD>
<TITLE>检查用户输入密码和用户名的合法性</TITLE>
<META http-equiv=Content-Type content="text/html; charset=gb2312">
<script language=javascript>
<!--
//判断 str 字符串中是否含有 charset 中的字符
function contain(str,charset)
{
 var i;
 for(i=0;i<charset.length;i++){
 if(str.indexOf(charset.charAt(i))>=0){
   return true; }
   }
   return false;
 }
//确定鼠标的位置
function SetFocus()
{
if (document.Login.UserName.value=="")
   document.Login.UserName.focus();
else
   document.Login.UserName.select();
}
```

```
//判断用户名和密码是否为空或者是否存在特殊字符
function CheckForm()
{
//判断用户名是否为空
    if(document.Login.UserName.value=="")
    {
        alert("请输入用户名！");
        document.Login.UserName.focus();
        return false;
    }
//判断密码是否含有特殊字符
     if(contain(document.Login.UserName.value,'<>{} \\\''))
   {
     alert("用户名中含有非法字符<>{}\/或空格！");
       document.Login.UserName.focus();
       return false;
   }
//判断密码是否为空
    if(document.Login.Password.value == "")
    {
        alert("请输入密码！");
        document.Login.Password.focus();
        return false;
    }
//判断密码是否含有特殊字符
     if(contain(document.Login.Password.value,'<>{} \\\''))
   {
     alert("密码中含有非法字符<>{}\/或空格！");
     document.Login.Password.focus();
       return false;
   }
}
-->
</script>
</HEAD>
<body  bgcolor="#99CCFF">
<form name="Login" action="check.asp" method="post" target="_parent"
onSubmit="return CheckForm();">
  <table width="100%" border="0" cellspacing="8" cellpadding="0" align=
"center">
    <tr align="center">
     <td height="38" colspan="2" ><font size="3"><strong>用户登录
</strong></font> </td>
    </tr>
    <tr>
     <td align="right">用户名称：</td>
     <td><input name="UserName" type="text" id="UserName4" maxlength=
"20" onFocus="this.select(); "></td>
    </tr>
    <tr>
     <td align="right"><span class="style1">用户密码：</span></td>
```

```
        <td><input name="Password" type="password" maxlength="20" onFocus=
"this.select(); "></td>
    </tr>
    <tr>
      <td colspan="2"><div align="center">
          <input name="Submit" type="submit" value=" 确 认 ">
         
        <input name="reset" type="reset" id="reset" value=" 清 除 " >
        <br>
      </div></td>
    </tr>
  </table>
</form>
<!--这是设置网页 bottom-->
<!--#include file="bottom.html"-->
</body>
</HTML>
```

代码说明：

- function contain(str,charset){…}用于函数检查用户名和密码中是否有非法字符。该函数检查 str 字符串中是否含有 charset 中的字符。

- for(i=0;i<charset.length;i++){…}，利用 for 循环语句，对 charset 中的每个字符进行检查，看是否存在于 str 中。

- if(str.indexOf(charset.charAt(i))>=0)用于判断 charset 的第 i 个字符是否包含在 str 中。

- function SetFocus(){…}函数的作用是将鼠标的位置放置在用户名文本框上，重新输入用户名和密码。

- if(document.Login.UserName.value==""){…} 中 ， document.Login.UserName.value 用于提取表单中用户名的值，判断它是否为空。

- if(contain(document.Login.UserName.value,'<>{} \\')){…},调用 contain 函数，判断用户名中是否含有特殊字符。

- onSubmit="return CheckForm();"中，在 form 的标签中用到了 onSubmit 事件，当这个表访问页面，如果密码为空，则执行效果如图 9-26 所示。

图 9-26　弹出密码为空的提示框

如果输入的密码格式有错误，将弹出图 9-27 所示的密码格式错误提示信息。

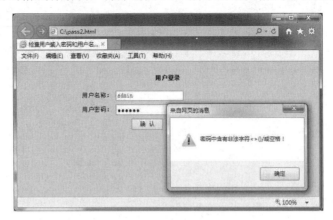

图 9-27　弹出密码格式错误的提示框

课 后 小 结

本章是对之前 JavaScript 基本知识的综合应用，通过大量实际的经典案例，对 JavaScript 实现各种网页特效进行了详解的讲解。这些网页特效是 JavaScript 在网页设计中的实际应用，可以直接应用到各类实际网站的开发过程中。

第 10 章
初识 jQuery

学习目标：

jQuery 是一个兼容多浏览器的 JavaScript 库，利用 jQuery 的语法设计可以使开发者更加便捷地操作文档对象、选择 DOM 元素、制作动画效果、进行事件处理、使用 Ajax 以及其他功能。此外，jQuery 还提供 API 允许开发者编写插件。其模块化的使用方式使开发者可以很轻松地开发出功能强大的静态或动态网页。

内容摘要：

- 熟悉 jQuery 的特点和功能
- 掌握 jQuery 的安装和配置
- 熟练掌握 jQuery 代码的编写
- 熟练掌握 jQuery 对象与 DOM 对象之间的关系

10.1 jQuery 概述

随着 Web 2.0 及 Ajax 思想在互联网上的快速发展，陆续出现了一些优秀的 JS 程序库 (框架)，其中比较著名的有 Prototype、YUI、 jQuery、mootools、Bindows 等，通过将这些 JS 程序库应用到项目中，能够使程序员从设计和编写繁杂的 JS 应用中解脱出来，将关注点转向功能需求而非实现细节上，从而提高项目的开发速度。

10.1.1 jQuery 简介

jQuery 是继 Prototype 之后又一个优秀的 JavaScript 库。它是轻量级的 JS 库，兼容 CSS3，还兼容各种浏览器(IE 6.0+、FF 1.5+、Safari 2.0+、Opera 9.0+)。jQuery 使用户能够更加方便地处理 HTML、events，实现动画效果，并且方便地为网站提供 Ajax 交互。

jQuery 是由 John Resig 等创建于 2006 年的一个开源项目。它能够快速、简洁地处理 HTML 文档、控制事件、操作 DOM、给页面添加动画和 Ajax 效果。其简洁又优雅的代码风格改变了 JavaScript 程序的设计思路和程序编写方式。

10.1.2 jQuery 的特点

jQuery 的开发理念是 write less, do more，即"写得少、做得多"。其独特的选择器、链式操作、事件处理机制以及封装完善的 Ajax 都是其他 JavaScript 程序库所无法比拟的。总结起来，jQuery 有以下特点。

1. 轻量级

jQuery 库文件代码量非常轻巧，经过压缩后，大小保持在 30KB 左右。

2. 功能强大的选择器

jQuery 支持 CSS 中几乎所有的选择器，以及 jQuery 中特有的高级而复杂的选择器。另外，还可以加入插件使其支持 XPath 选择器，甚至还允许开发者编写自己的选择器。

3. 对 DOM 操作的封装

jQuery 中封装了大量的 DOM 操作，因此利用 jQuery 可以轻松地完成各种原本非常复杂的 DOM 操作。

4. 完善的 Ajax 的封装

jQuery 中将 Ajax 操作封装到一个函数中，使得开发者无须关心 XMLHttpRequest 对象的创建和使用等问题，可以专心地编写业务逻辑代码。

5. 广泛的浏览器兼容性

jQuery 具有广泛的浏览器兼容性，能够在 IE 6.0+、FF 1.5+、Safari 2.0+、Opera 9.0+ 和 Chrome 等主流浏览器中正常执行。jQuery 同时修复了一些浏览器之间的差异，使得开发者不必担心程序的适用性。

6. 链式代码方式

对于发生在同一个 jQuery 对象上的一组动作，可以直接链写而无须重复获取对象。该特点将使得代码简洁而优雅。

7. 逻辑代码与表示代码分离

使用 jQuery 选择器可以直接为元素添加事件，从而将 JS 代码和 HTML 代码完全分离，便于代码的维护和修改。

8. 丰富的插件

jQuery 的扩展性很强，支持插件功能。目前已经有大量的官方插件支持，而且还有新插件不断面世。这些插件极大地扩展了 jQuery 的功能。

10.2　jQuery 代码编写

jQuery 库文件是开源免费的，可以通过 jQuery 官方网站 https://jQuery.com/直接下载。jQuery 库分为两种：一种是 Production(产品版)；另一种是 Development(开发版)。开发版完整无压缩，主要用来进行测试和开发；产品版经过工具压缩，库文件较小，主要用于实际项目的部署。

10.2.1　配置 jQuery 开发环境

jQuery 不需要安装，只要把下载的 jQuery.js 文件放到网站中的公共位置，只需在想要使用的 HTML 页面中引入该库文件的位置即可。

在编写的页面的<head>标签中，引入 jQuery 库的示例代码如下：

```
<head>
<script src="jQuery.js" type="text/javascript"></script>
</head>
```

说明：　本书中，若没有特别说明，jQuery 库文件与 HTML 页面都在同一目录中。

10.2.2　jQuery 代码编写

jQuery 代码是完全符合 JavaScript 语法规则的，但有一点需要明确，在 jQuery 库中，$是 jQuery 的一个简写形式，如$.ajax 和 jQuery.ajax 是完全等价的。

实例 10.1　第一个 jQuery 程序。其代码如下：

```
<html>
<head>
<script src="jquery.js" type="text/javascript">
</script>
```

```
<script>
$(document).ready(function(){
  alert("Hello jQuery!");
});
</script>
</head>
<body>
</body>
</html>
```

将页面保存为 jQuery1.htm 文件，在浏览器中执行，结果如图 10-1 所示。

图 10-1　第一个 jQuery 程序

在该页面中$(document).ready(function(){…})片段代码就是 jQuery 代码，其功能与传统的 JavaScript 代码的 window.onload()方法类似，也是当页面被载入时自动执行，弹出一个消息提示框。

10.3　jQuery 对象与 DOM 对象

刚接触 jQuery，经常分辨不清哪些是 jQuery 对象，哪些是 DOM 对象，因此需要重点了解 jQuery 对象和 DOM 对象以及它们之间的关系。DOM 对象在第 7 章中已经有过详细介绍，而 jQuery 对象则是通过 jQuery 包装 DOM 对象后产生的对象。

10.3.1　jQuery 对象简介

jQuery 对象是 jQuery 所独有的。jQuery 对象可以直接调用对象中的方法，例如：

```
$("#foo").html();
```

该语句为获取 id 为 foo 的元素的 HTML 代码。其中 html()是 jQuery 对象的方法。
上述代码等价于传统 JavaScript 的 DOM 编程中的如下代码：

```
document.getElementById("foo").innerHTML;
```

10.3.2　jQuery 对象与 DOM 对象的相互转换

在 jQuery 对象中无法使用 DOM 对象的任何方法，同样 DOM 对象也不能使用 jQuery 对象里的方法。但是两类对象之间可以相互转换。

在进行转化前，约定变量的定义风格。如果获取的对象是 jQuery，则在变量前面加上 $，例如：

```
var $variable = JQuery 对象;
```

若获取的是 DOM 对象，则采用以下定义方式：

```
var variable = DOM 对象;
```

1. jQuery 对象转化为 DOM 对象

jQuery 提供了两种用来将一个 jQuery 对象转换成 DOM 对象的方法，分别是[index]和 get(index)。

jQuery 对象实际上是一种类似于数组的对象，因此可以通过下标[index]的方式来得到相应的 DOM 对象。示例代码如下：

```
var $foo =$("#foo");     //jQuery 对象
var foo =$foo[0];        //DOM 对象
alert(foo.checked);      //使用 DOM 对象
```

另一种方法是通过 jQuery 对象的 get(index)方法得到相应的 DOM 对象。示例代码如下：

```
var $foo =$("#foo");     //jQuery 对象
var foo =$foo.get(0);    //DOM 对象
alert(foo.checked);      //使用 DOM 对象
```

2. DOM 对象转化为 jQuery 对象

对于 DOM 对象，只需要用$()把 DOM 对象包装起来，就可以获得一个 jQuery 对象了。示例代码如下：

```
var foo =document.getElementById("foo");
var $foo =$(foo);
```

转换完成后，可以使用 jQuery 中的任何方法。

通过以上方法，可以任意相互转换 jQuery 对象和 DOM 对象。

课 后 小 结

本章介绍了 jQuery 的由来及其特点，通过一个简单的 jQuery 程序介绍了 jQuery 程序的基本格式和代码编写风格。随后重点讲解了 jQuery 对象和 DOM 对象的区别及其之间的相互转换。通过本章的学习，将为后续 jQuery 的学习打下坚实的基础。

习　　题

一、简答题

1. 简述 jQuery 库的特点。

2. 简述 jQuery 对象和 DOM 对象之间的转换方法。

二、上机练习题

利用 jQuery 编写一个检查复选框是否被选中的程序。

第 11 章

jQuery 选择器

学习目标：

选择器是 jQuery 强大功能的基础，在 jQuery 中，对事件处理、遍历 DOM 和 Ajax 操作都依赖于选择器。它完全继承了 CSS 的风格，编写和使用异常简单。如果能熟练掌握 jQuery 选择器，不仅能简化程序代码，而且可以达到事半功倍的效果。

内容摘要：

- 熟悉 jQuery 选择器的功能和作用
- 熟练掌握 jQuery 选择器分类
- 熟练掌握 jQuery 选择器的用法

11.1 jQuery 选择器简介

选择器的概念最早出现于 CSS(Cascading Style Sheet，层叠样式表)中。CSS 使得 HTML 页面的结构和表现样式完全分离，要使某个样式应用于特定的 HTML 元素，首先必须找到该元素。在 CSS 中实现这一功能的表现规则被称为 CSS 选择器。利用 CSS 选择器可以对页面中的某个元素直接添加样式而无须改动 HTML 页面的结构。

jQuery 中的选择器完全继承了 CSS 的风格。利用 jQuery 选择器，可以非常迅速地找出页面中特定的 DOM 元素，并为其添加相应的行为规则。

下面通过一个简单对比来说明 jQuery 选择器的作用。以下是一段 JavaScript 代码编写的事件处理程序：

```
<script type="text/javascript">
 function test(){
   alert("JavaScript");
 }
</script>
<p onclick="test();">单击执行</p>
```

上述代码的作用是为<p>标签设置一个 onclick 事件，当在页面中单击该标签元素时，将会弹出一个对话框。

这种将 JavaScript 代码和 HTML 代码混杂在一起的代码编写方式，并没有将网页内容和行为代码分离，所以建议采用 jQuery 选择器来实现该功能，示例代码如下：

```
<p class="test">jQuery</p>
<script type="text/javascript">
 $(".test").click(function(){ //为类名为 test 的页面元素添加行为规则
   alert("jQuery");
 })
</script>
```

11.2 jQuery 选择器的分类

根据查找 HTML 代码中元素的依据不同，jQuery 选择器可以分为基本选择器、层次选择器、过滤选择器和表单选择器。

11.2.1 基本选择器

基本选择器是 jQuery 中最常用的选择器，也是最简单的一种选择器，它通过 HTML 标签的 id、class 和标签名等来查找 DOM 元素(见表 11-1)。

说明： 在一个 HTML 页面文件中，每个 id 名称只能使用一次，class 则可以重复使用。

表 11-1　基本选择器

选择器	描　述	返　回	示　例
#id	根据给定的 id 匹配一个元素	单个元素	$("#foo")可用来选取 id 为 foo 的元素
.class	根据给定的类名匹配元素	元素集合	$(".foo")可用来选取所有 class 为 foo 的元素
element	根据给定的元素名匹配元素	元素集合	$("p")可用来选取所有<p>元素
*	匹配所有元素	元素集合	$("*")可用来选取所有元素
selector1,…,selectorN	将每一个选择器匹配所得到的元素合并后一起返回	元素集合	$("div,p,span.my")可用来选取所有<div>、<p>和 class 为 my 的<span>的元素

实例 11.1　jQuery 基本选择器应用。其代码如下：

```html
<html>
<head>
<script src="jquery.js" type="text/javascript">
</script>
<script>
  $().ready(function(){
  $(".two").css("background","#bbeeaa");//选取 class 为 two 的元素，设置其背景色
  });
</script>
</head>
<body>
  <div class="one" id="one">
    id 为 one，class 也为 one 的 div
    <div class="two">class 为 two 的 div</div>
  </div>
</body>
</html>
```

新建一个普通的 HTML 页面，页面中包含多个<div>元素，利用 jQuery 中的基本选择器，匹配类名为 two 的元素，然后利用 css("background","#bbeeaa")方法为该元素设置背景色。将页面保存为 selector1.htm 文件，在浏览器中执行，结果如图 11-1 所示。

图 11-1　利用基本选择器设置元素背景色

11.2.2 层次选择器

除了可以通过 id、class 和标签名等来查找 DOM 元素外，还可以通过 DOM 元素之间的层次关系来获取特定元素。jQuery 提供了层次选择器，可以方便地获取后代元素、子元素、相邻元素和同辈元素等与 HTML 层次结构相关的元素(见表 11-2)。

表 11-2 层次选择器

选择器	描　述	返　回	示　例
$("ancestor descendant")	选取 ancestor 元素中所有后代 descendant 子元素	元素集合	$("div span")可用来选取<div>元素中所有的后代<span>元素
$("parent > child")	选取父元素 parent 下的直接子元素 child	元素集合	$("div >span")可用来选取<div>元素的<span>直接子元素
$("prev + next")	选取紧挨着 prev 元素后的 next 元素	元素集合	$(".one + div")可用来选取 class 为 one 的元素的下一个<div>同辈元素
$("prev ~ siblings")	选取 prev 元素之后的所有 siblings 元素	元素集合	$("#two ~ div")可用来选取 id 为 two 的元素后面的所有<div>同辈元素

实例 11.2 jQuery 层次选择器应用。其代码如下：

```
<html>
<head>
<script src="jquery.js" type="text/javascript">
</script>
<script>
  $().ready(function(){
  $("#one + div").css("background","#bbeeaa");
  });
</script>
</head>
<body>
  <div class="one" id="one">
    id 为 one，class 也为 one 的 div
    <div class="two">class 为 two 的 div</div>
  </div>
  <div id="two">
   id 为 two 的 div
  </div>
</body>
</html>
```

在这个包含多个<div>元素的 HTML 页面中，利用层次选择器$("#one + div")匹配 id 为 one 的元素的一下个<div>元素，根据 HTML 文档结构，id 为 two 的<div>元素将被选中，然后利用 css("background","#bbeeaa")方法为该元素设置背景色。将页面保存为

selector2.htm 文件，在浏览器中执行，结果如图 11-2 所示。

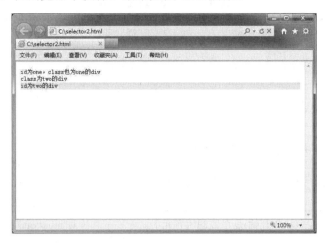

图 11-2　利用层次选择器设置元素背景色

层次选择器$("prev + next")可以使用 next()方法代替，示例代码如下：

```
$(".one + div")
```

等价于：

```
$(".one").netx("div")
```

同样地，可以使用 netxAll()方法替代层次选择器$("prev ~ siblings")，示例代码如下：

```
$("#one ~ div")
```

等价于：

```
$("#one").netxAll("div")
```

📄 说明：　jQuery 中还有一个 siblings()方法，该方法与 nextAll()方法类似，但 nextAll()
　　　　　方法只能选择某个元素后面的同辈元素，而 siblings()方法与前后位置无关，
　　　　　只要是同辈元素就都能匹配。

11.2.3　过滤选择器

过滤选择器主要是通过特定的过滤规则来筛选出所需要的 DOM 元素，过滤选择器的
语法都是以一个冒号(:)开头的。按照不同的过滤规则，过滤选择器可以分为以下几种：基
本过滤选择器、内容过滤选择器、可见性过滤选择器、属性过滤选择器、子元素过滤选择
器和表单对象属性过滤选择器。

1. 基本过滤选择器

基本过滤选择器是 jQuery 过滤选择器中最常用的一种，它的过滤规则主要体现在元素
的位置或索引上以及针对一些特定元素的过滤，其规则如表 11-3 所示。

表 11-3　基本过滤选择器

选择器	描　　述	返　回	示　　例
:first	选取第 1 个元素	单个元素	$("div:first")可用来选取所有\<div>元素中第一个\<div>元素
:last	选取最后 1 个元素	单个元素	$("div:last")可用来选取所有\<div>元素中最后一个\<div>元素
:not(selector)	去除所有与给定选择器匹配的元素	集合元素	$("input:not(.myClass)")可用来选取 class 不是 myClass 的\<input>元素
:even	选取索引(从 0 开始)是偶数的所有元素	集合元素	$("input:even")可用来选取索引是偶数的\<input>元素
:odd	选取索引(从 0 开始)是奇数的所有元素	集合元素	$("input:odd")可用来选取索引是奇数的\<input>元素
:eq(index)	选取索引(从 0 开始)等于 index 的元素	单个元素	$("input:eq(1)")可用来选取索引等于 1 的\<input>元素
:gt(index)	选取索引(从 0 开始)大于 index 的元素	集合元素	$("input:gt(1)")可用来选取索引大于 1 的\<input>元素
:lt(index)	选取索引(从 0 开始)小于 index 的元素	集合元素	$("input:lt(1)")可用来选取索引小于 1 的\<input>元素
:header	选取所有的标题元素，即\<h1>到\<h6>	集合元素	$(":header")可用来选取页面中所有的标题元素
:animated	选取当前正在执行动画的所有元素	集合元素	$("div:animated")可用来选取当前正在执行动画的\<div>元素
:focus	选取当前获得焦点的元素	集合元素	$(":focus")可用来选取当前页面中获得焦点的元素

说明：　":first" 和 ":last" 选择器，虽然获取到的是一个元素，但是返回的 jQuery 对象仍然是一个 jQuery 包装集，还是一个集合，需要利用$("div:first")[0]转换为 DOM 对象。

实例 11.3　jQuery 基本过滤选择器应用。其代码如下：

```
<html>
<head>
<script src="jquery.js" type="text/javascript">
</script>
<script>
  $(document).ready(function(){
  var $table = $(this);
//给偶数行添加背景颜色
  $table.find("tbody tr:even").css("background-color","#FFCC00");
//给奇数行添加背景颜色
  $table.find("tbody tr:odd").css("background-color","#CCCC00");
```

```
        });
    </script>
    </head>
    <body>
            <div id="title">
                <h1>table 隔行换色插件</h1>
            </div>
            <div class="header">
                <table id="table1">
                    <thead>
                    <tr>
                        <th>技能</th><th>学习时间</th><th>熟练程度</th>
                    </tr>
                    </thead>
                    <tbody>
                    <tr>
                        <td>PHP</td><td>3 年</td><td>熟练</td>
                    </tr>
                    <tr>
                        <td>Mysql</td><td>3 年</td><td>熟练</td>
                    </tr>
                    <tr>
                        <td>Jquery</td><td>1 年</td><td>一般</td>
                    </tr>
                    <tr>
                        <td>Javascript</td><td>2 年</td><td>一般</td>
                    </tr>
                    </tbody>
                </table>
            </div>
    </body>
    </html>
```

　　在该页面中创建了一个<table>表格，利用":even"和":odd"选择器分别选择表格中的偶数行和奇数行，为表格中偶数行和奇数行设置不同的背景色。将页面保存为selector3.htm 文件，在浏览器中执行，结果如图 11-3 所示。

图 11-3　利用基本过滤选择器设置表格中奇、偶数行的背景色

2. 内容过滤选择器

内容过滤选择器的过滤规则主要体现在它所包含的子元素或文本内容上。利用 jQuery 内容过滤选择器,可以轻松地对 DOM 文档中的文本内容进行筛选,更准确地选取所需要的元素。内容过滤选择器如表 11-4 所示。

表 11-4　内容过滤选择器

选择器	描　述	返　回	示　例
:contains(text)	选取含有文本内容为 text 的元素	集合元素	$("div:contains('test')")可用来选取含有文本内容为 test 的<div>元素
:empty	选取不包含子元素或文本的空元素	集合元素	$("div:empty")可用来选取不包含子元素或文本的空<div>元素
:has(selector)	选取含有给定选择器匹配元素的元素	集合元素	$("div:has(.myClass)")可用来选取含有 class 为 myClass 的元素的<div>元素
:parent	选取含有子元素或文本的元素	集合元素	$("div:parent")可用来选取含有子元素或文本的<div>元素

实例 11.4　jQuery 内容过滤选择器应用。其代码如下:

```html
<html>
<head>
<script src="jquery.js" type="text/javascript">
</script>
<script>
  $().ready(function(){
  $('div:has(.mini)').css("background","#bbffaa");
  });
</script>
</head>
<body>
 <div class="one" id="one" >
    id 为 one,class 为 one 的 div
    <div class="mini">class 为 mini</div>
 </div>
</body>
</html>
```

新建一个普通的 HTML 页面,页面中包含多个<div>元素,利用 jQuery 中的内容过滤选择器,选择含有 mini 选择符的<div>元素,然后利用 css("background","#bbffaa")方法为该元素设置背景色。将页面保存为 selector4.htm 文件,在浏览器中执行,结果如图 11-4 所示。

3. 可见性过滤选择器

可见性过滤选择器是根据元素的可见和不可见状态来选择相应的元素。其过滤规则如表 11-5 所示。

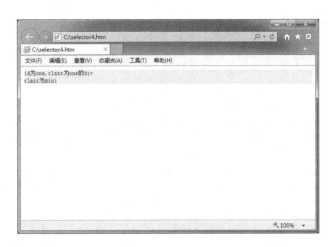

图 11-4　利用内容过滤选择器设置元素的背景色

表 11-5　可见性过滤选择器

选择器	描　述	返　回	示　例
:hidden	选取所有不可见的元素	集合元素	$("div:hidden")可用来选取所有不可见的<div>元素
:visible	选取所有不可见的元素	集合元素	$("div:visible")可用来选取所有可见的<div>元素

4. 属性过滤选择器

属性过滤选择器的过滤规则是通过元素的属性来获取相应的元素。其过滤规则如表 11-6 所示。

表 11-6　属性过滤选择器

选择器	描　述	返　回	示　例
[attribute]	选取拥有此属性的元素	集合元素	$("div[id]")可用来选取拥有属性 id 的元素
[attribute=value]	选取属性的值为 value 的元素	集合元素	$("div[title=test]")可用来选取属性 title 为 test 的<div>元素
[attribute!=value]	选取属性的值不等于 value 的元素	集合元素	$("div[title!=test]")可用来选取属性 title 不等于 test 的<div>元素
[attribute^=value]	选取属性的值以 value 开始的元素	集合元素	$("div[title^=test]")可用来选取属性 title 以 test 开始的<div>元素
[attribute$=value]	选取属性的值以 value 结束的元素	集合元素	$("div[title$=test]")可用来选取属性 title 以 test 结束的<div>元素
[attribute*=value]	选取属性的值含有 value 的元素	集合元素	$("div[title*=test]")可用来选取属性 title 含有 test 的<div>元素
[selector1][selector2]...[selectorN]	选取匹配以上所有属性选择器的元素	集合元素	$("div[id][title*=test]")可用来选取拥有属性 id，且属性 title 含有 test 的<div>元素

5. 子元素过滤选择器

子元素过滤选择器的过滤规则是通过元素的父子关系来获取相应的元素。其过滤规则如表 11-7 所示。

表 11-7　子元素过滤选择器

选择器	描　　述	返　回	示　　例
:nth-child(index/even/odd/equation)	选取每个父元素下的第 index(索引值为奇数/索引值为偶数/索引值等于某个表达式)个子元素，index 从 1 开始	集合元素	$("div:nth-child(1)") 可用来选取每个<div>中第一个子元素
:first-child	选取每个父元素下的第 1 个子元素	集合元素	$("div :first-child")可用来选取每个<div>下第一个子元素
:last-child	选取每个父元素下的最后 1 个子元素	集合元素	$("div :last-child")可用来选取每个<div>下最后一个子元素
:only-child	选取只有唯一子元素的元素的子元素	集合元素	$("div :only-child")可用来选择只有一个子元素的<div>元素

需要特别说明的是 nth-child()选择器，该选择器的详细功能如下。

(1) nth-child(even) 能选取每个父元素下的索引值是偶数的元素。

(2) nth-child(odd) 能选取每个父元素下的索引值是奇数的元素。

(3) nth-child(2) 能选取每个父元素下的索引值等于 2 的元素。

(4) nth-child(3n) 能选取每个父元素下的索引值等于 3 的倍数的元素，n 从 0 开始。

(5) nth-child(3n+1) 能选取每个父元素下的索引值等于(3n+1)的元素，n 从 0 开始。

子元素过滤选择器的过滤规则相对于其他的选择器稍微有些复杂，要注意它与普通的过滤选择器的区别。例如，:eq(index)只匹配一个元素，而:nth-child 将为每一个父元素匹配子元素，并且要注意的一点是:nth-child(index)的 index 是从 1 开始的，而:eq(index)的 index 是从 0 开始的。

6. 表单对象属性过滤选择器

表单对象属性过滤选择器主要是对页面中所选择的表单元素进行过滤，如被选中的下拉框、多选按钮等元素。其过滤规则如表 11-8 所示。

表 11-8　表单对象属性过滤选择器

选择器	描　　述	返　回	示　　例
:enabled	选取所有可用元素	集合元素	$("body:enabled")可用来选取页面内所有可用元素
:disabled	选取所有不可用元素	集合元素	$("body:disabled")可用来选取页面内所有不可用元素
:checked	选取所有被选中的元素(单选按钮、复选框)	集合元素	$("input:checked")可用来选取所有被选中的<input>元素
:selected	选取所有被选中的选项元素(下拉列表)	集合元素	$("select:selected")可用来选取所有被选中的选项元素

11.2.4　表单选择器

为了能够更加灵活地操作页面中的表单，jQuery 中专门加入了表单选择器，利用该选择器，可以非常方便地获取和操作表单中的某个或者某类元素。

表 11-9　表单过滤选择器

选择器	描　述	返　回	示　例
:input	选取所有的\<input\>、\<textarea\>、\<select\>和\<button\>元素	集合元素	$(":input") 可用来选取所有的\<input\>、\<textarea\>、\<select\>和\<button\>元素
:text	选取所有的单行文本框	集合元素	$(":text")可用来选取所有的单行文本框
:password	选取所有的密码框	集合元素	$(":password")可用来选取所有的密码框
:radio	选取所有的单选框	集合元素	$(":radio")可用来选取所有的单选按钮
:checkbox	选取所有的多选框	集合元素	$(":checkbox")可用来选取所有的多选框
:submit	选取所有的提交按钮	集合元素	$(":submit")可用来选取所有的提交按钮
:image	选取所有的图像按钮	集合元素	$(":image")可用来选取所有的图像按钮
:reset	选取所有的重置按钮	集合元素	$(":reset")可用来选取所有的重置按钮
:button	选取所有的按钮	集合元素	$(":button")可用来选取所有的按钮
:file	选取所有的上传按钮	集合元素	$(":file")可用来选取所有的上传按钮
:hidden	选取所有的不可见元素	集合元素	$(":hidden")可用来选取所有的不可见元素

如果想得到表单内表单元素\<input\>的个数，利用表单过滤选择器的示例代码如下：

```
$("#form1:input").length;
```

实例 11.5　jQuery 表单过滤选择器应用。其代码如下：

```
<html>
<head>
<script src="jquery.js" type="text/javascript">
</script>
  <script type="text/javascript">
  //<![CDATA[
  $(document).ready(function(){
   var $alltext = $("#form1 :text");
   var $allpassword= $("#form1 :password");
   var $allradio= $("#form1 :radio");
   var $allcheckbox= $("#form1 :checkbox");
   var $allsubmit= $("#form1 :submit");
   var $allimage= $("#form1 :image");
   var $allreset= $("#form1 :reset");
   var $allbutton= $("#form1 :button");// <input type=button/>和<button>
</button>都可以匹配
 var $allfile= $("#form1 :file");
   var $allhidden= $("#form1 :hidden"); // <input type="hidden" />和<div
style="display:none">test</div>都可以匹配.
```

```
   var $allselect = $("#form1 select");
   var $alltextarea = $("#form1 textarea");
   var $AllInputs = $("#form1 :input");
   var $inputs = $("#form1 input");
 $("div").append(" 有" + $alltext.length + " 个(:text 元素)<br/>")
   .append(" 有" + $allpassword.length + " 个(:password 元素)<br/>")
   .append(" 有" + $allradio.length + " 个(:radio 元素)<br/>")
   .append(" 有" + $allcheckbox.length + " 个(:checkbox 元素)<br/>")
   .append(" 有" + $allsubmit.length + " 个(:submit 元素)<br/>")
   .append(" 有" + $allimage.length + " 个(:image 元素)<br/>")
   .append(" 有" + $allreset.length + " 个(:reset 元素)<br/>")
   .append(" 有" + $allbutton.length + " 个(:button 元素)<br/>")
   .append(" 有" + $allfile.length + " 个(:file 元素)<br/>")
   .append(" 有" + $allhidden.length + " 个(:hidden 元素)<br/>")
   .append(" 有" + $allselect.length + " 个(select 元素)<br/>")
   .append(" 有" + $alltextarea.length + " 个(textarea 元素)<br/>")
   .append(" 表单有 " + $inputs.length + " 个(input)元素。<br/>")
   .append(" 总共有 " + $AllInputs.length + " 个(:input)元素。<br/>")
   .css("color", "red") $("form").submit(function () { return false; });
// return false;不能提交.
   });
   //]]>
   </script>
 </head>
 <body>
   <form id="form1" action="#">
     <input type="button" value="Button"/><br/>
     <input type="checkbox" name="c"/>1
<input type="checkbox" name="c"/>2
<input type="checkbox" name="c"/>3<br/>
     <input type="file" /><br/>
     <input type="hidden" />
<div style="display:none">test</div><br/>
     <input type="image" /><br/>
     <input type="password" /><br/>
     <input type="radio" name="a"/>1
<input type="radio" name="a"/>2<br/>
     <input type="reset" /><br/>
     <input type="submit" value="提交"/><br/>
     <input type="text" /><br/>
     <select><option>Option</option></select><br/>
     <textarea rows="5" cols="20"></textarea><br/>
     <button>Button</button><br/>
   </form>
 <div></div>
 </body>
 </html>
```

新建一个普通的 HTML 页面，页面中包含一个名称为 form1 的<form>b 表单元素，在该表单中包含很多各类的表单控件元素，利用 jQuery 中的表单过滤选择器，可以获得各种类型表单控件元素的个数，并将其显示在页面上。将页面保存为 selector5.htm 文件，在浏览器中执行，结果如图 11-5 所示。

图 11-5　利用表单过滤选择器显示页面表单中各类表单控件元素的数量

11.3　jQuery 中元素属性的操作

当使用各种 jQuery 选择器查找到对应的页面元素后，就可以对元素进行各种操作了。jQuery 中提供了一系列对元素属性进行操作的方法。

11.3.1　设置元素属性

jQuery 中提供了 attr()方法，用于设置或返回匹配元素的属性和值。其基本语法结构如下：

```
$(selector).attr(attribute)
```

其中，参数 attribute 表示要获取其值的属性。

如果要设置被选元素的属性和值，其基本语法结构如下：

```
$(selector).attr(attribute,value)
```

其中，参数 attribute 表示属性的名称；参数 value 表示属性的值。

还可以为被选元素设置一个以上的属性和值。其基本语法结构如下：

```
$(selector).attr({attribute:value, attribute:value ...})
```

其中，attribute:value 表示一个或多个属性/值对。

此外，还可以使用函数来设置属性/值。其基本语法结构如下：

```
$(selector).attr(attribute,function(index,oldvalue))
```

其中，参数 attribute 表示属性的名称；function(index,oldvalue) 表示返回属性值的函数。该函数可接收并使用选择器的 index 值和当前属性值。

实例 11.6 通过过滤器设置元素属性。其代码如下：

```
<html>
<head>
<script src="jquery.js"  type="text/javascript"></script>
<script type="text/javascript">
$(document).ready(function(){
  $("button").click(function(){
    $("img").attr("width","180");//设置<img>元素的 width 属性的属性值为 180
  });
});
</script>
</head>
<body>
<img src="eg_smile.gif" />
<br />
<button>设置图像的 width 属性</button>
</body>
</html>
```

在页面中利用基本选择器根据给定的元素名称 img 查找到页面中的<img>元素，然后使用 attr()方法设置<img>元素的 width 属性的属性值为 180。因此，当单击页面中的按钮后，页面中显示的图片宽度将变大。

图 11-6 利用选择器改变页面中<img>元素的 width 属性前后的页面对比

11.3.2 删除元素属性

jQuery 中提供了 removeAttr()方法，用于从被选择元素中移除属性。其基本语法结构如下：

```
$(selector).removeAttr(attribute)
```

其中，参数 attribute 为必选项，表示从指定元素中移除的属性。

实例 11.7 通过过滤器删除元素属性。其代码如下：

```
<html>
<head>
<script script src="jquery.js" type="text/javascript"></script>
<script type="text/javascript">
$(document).ready(function(){
```

```
  $("button").click(function(){
    $("p").removeAttr("style");//删除<p>元素中的 style 属性
  });
});
</script>
</head>
<body>
<h1>这是一个标题</h1>
<p style="font-size:120%;color:red">这是一个段落。</p>
<p>这是另一个段落。</p>
<button>删除所有 p 元素的 style 属性</button>
</body>
</html>
```

在页面的第一个<p>元素中，其 style 属性利用 CSS 语句设置段落文字的外观为红色，字体大小为标准字体的 120%，当单击页面中的按钮时，将利用 jQuery 的基本选择器根据给定的元素名称 p 查找到页面中的<p>元素，然后利用 removeAttr()方法删除该元素中的 style 属性，因此，单击按钮后，页面中<p>元素中的文字都将以正常外观显示。

图 11-7　利用选择器删除页面中<p>元素的 style 属性前后的页面对比

11.4　jQuery 中样式类的操作

通过 jQuery 可以很容易地对页面中的 CSS 定义的样式类进行操作。这些操作方法主要包括如下。

① addClass()，向被选元素添加一个或多个类。

② removeClass()，从被选元素删除一个或多个类。

③ toggleClass()，对被选元素进行添加/删除类的切换操作。

11.4.1　添加样式类

jQuery 中提供了 addClass()方法，用于向被选元素添加一个或多个类。其基本语法结构如下：

```
$(selector).addClass(class)
```

其中，参数 class 表示一个或多个 CSS 中的类名称。

说明：　如需添加多个类，请使用空格分隔类名。

还可以使用函数向被选元素添加类。其基本语法结构如下：

```
$(selector).addClass(function(index,oldclass))
```

其中，参数 function 表示返回一个或多个待添加类名的函数；参数 index 是可选的，表示选择器的 index 位置；参数 oldclass 也是可选的，表示选择器的旧类名。

实例 11.8　通过过滤器向元素添加 CSS 样式表。其代码如下：

```html
<html>
<head>
<script src="jquery.js" type="text/javascript"></script>
<script>
$(document).ready(function(){
  $("button").click(function(){
    $("#div1").addClass("important blue");//向元素中添加 CSS 类
  });
});
</script>
<style type="text/css">
.important
{
font-weight:bold;
font-size:xx-large;
}
.blue
{
color:blue;
}
</style>
</head>
<body>
<div id="div1">这是一些文本。</div>
<div id="div2">这是一些文本。</div>
<br>
<button>向第一个 div 元素添加类</button>
</body>
</html>
```

在页面中定义了两个 CSS 类，即 important 和 blue，当单击页面中的按钮时，将利用 jQuery 的基本选择器根据元素 id 查找到页面中的<div>元素，然后利用 addClass()方法向 <div>元素添加两个 CSS 类。因此，单击按钮后，页面中的第一个<div>元素中的文字将根据 CSS 类定义的外观进行显示。

图 11-8　利用选择器向页面中 id 为 div1 的\<div\>元素添加 CSS 类前后的页面对比

11.4.2　移除样式类

jQuery 中提供了 removeClass()方法，用于从所有匹配的元素中移除全部或者指定的 CSS 类。其基本语法结构如下：

```
$(selector).removeClass(class)
```

其中，参数 class 为可选项，表示要移除的类名称。如需移除若干类，可以使用空格来分隔类名，如果不设置该参数，则会移除所有类。

还可以使用函数类移除类。其基本语法结构如下：

```
$(selector).removeClass(function[index,oldclass])
```

其中，参数 function 表示返回一个或多个待移除类名的函数；参数 index 是可选的，表示选择器的 index 位置；参数 oldclass 也是可选的，表示选择器的旧类名。

实例 11.9　通过过滤器从元素中移除 CSS 样式表。其代码如下：

```
<html>
<head>
<script src="jquery.js" type="text/javascript"></script>
<script>
$(document).ready(function(){
  $("button").click(function(){
    $("h1,h2,p").removeClass("blue");//从元素中移除 CSS 样式表
  });
});
</script>
<style type="text/css">
.important
{
font-weight:bold;
font-size:xx-large;
}
.blue
{
color:blue;
}
</style>
```

```
</head>
<body>
<h1 class="blue">标题 1</h1>
<h2 class="blue">标题 2</h2>
<p class="blue">这是一个段落。</p>
<p>这是另一个段落。</p>
<br>
<button>从元素上删除类</button>
</body>
</html>
```

在页面中定义了两个 CSS 类，即 important 和 blue，页面中具有 class 属性值为 blue 的 <h1>、<h2>和<p>标签中的文字都将按照 CSS 中定义的格式来显示，当单击页面中的按钮时，将利用 jQuery 的基本选择器根据元素名称查找到页面中的<h1>、<h2>和<p>元素，然后利用 removeClass()方法将这些元素中的 CSS 类移除，如图 11-9 所示。因此，单击按钮后，页面中的<h1>、<h2>和<p>元素中的文字将按照页面默认的外观进行显示。

图 11-9　利用选择器从页面中移除元素中 CSS 类前后的页面对比

11.4.3　交替样式类

jQuery 中提供了 toggleClass()方法，用于设置或移除被选择元素的一个或多个类，该方法将检查被选元素中指定的类。如果不存在则添加类，如果已设置则移除类，形成交替效果。其基本语法结构如下：

```
$(selector).toggleClass(class,[switch])
```

其中，参数 class 是必选项，表示添加或移除类的指定元素，如需设置若干个类，可以使用空格来分隔类名；switch 参数为可选项，该参数必须为布尔值，用以表示添加或移除类，当 switch 为 true 时表示添加类，为 false 时表示移除类。

实例 11.10　通过过滤器在元素中交替设置 CSS 样式表。其代码如下：

```
<html>
<head>
<script src="jquery.js" type="text/javascript"></script>
<script>
$(document).ready(function(){
  $("button").click(function(){
    $("h1,h2,p").toggleClass("blue");//在元素中交替设置 CSS 样式表
  });
```

```
});
</script>
<style type="text/css">
.blue
{
color:blue;
}
</style>
</head>
<body>
<h1>标题 1</h1>
<h2>标题 2</h2>
<p>这是一个段落。</p>
<p>这是另一个段落。</p>
<button>切换 CSS 类</button>
</body>
</html>
```

在页面中定义了一个 CSS 类 blue，用以设置文字颜色为蓝色，当单击按钮时，将利用 jQuery 的基本选择器根据元素名称查找到页面中的<h1>、<h2>和<p>元素，然后利用 toggleClass()方法为这些元素交替设置 CSS 类，即先检查这些元素是否已经设置了 CSS 类，如果已经设置就将 CSS 类移除，如果没有设置就向元素中添加 CSS 类，如图 11-10 所示。

图 11-10　利用选择器向页面中的元素交替设置 CSS 类的页面对比

11.5　jQuery 中样式属性的操作

在 jQuery 中，可以通过 css()方法直接设置和返回匹配元素的样式属性，从而实现对页面元素外观显示的直接修饰。

11.5.1　读取样式属性

css()方法可以返回第一个匹配元素的 CSS 属性值。其基本语法结构如下：

```
$(selector).css(name)
```

其中，参数 name 表示 CSS 属性的名称，该参数可包含任何 CSS 属性。

实例 **11.11**　通过过滤器读取元素的样式属性。其代码如下：

```
<html>
<head>
<script src="jquery.js"
type="text/javascript"></script>
<script type="text/javascript">
$(document).ready(function(){
  $("button").click(function(){
    alert($("p").css("color"));//获取页面中第一个<p>元素的color属性
  });
});
</script>
</head>
<body>
<p style="color:red">This is a paragraph.</p>
<button type="button">返回段落的颜色</button>
</body>
</html>
```

页面中的<p>元素通过 style 属性使用 CSS 代码定义了 color 属性为红色，当单击页面按钮时，将使用基本选择器根据元素名称查找到页面中<p>元素，并使用 css()方法获取其 color 属性，并将属性值显示在 alert()方法弹出的警告框中，如图 11-11 所示。

图 11-11　利用选择器获取页面中元素的 CSS 样式属性

11.5.2　设置样式属性

利用 css()方法还可以为所有匹配元素设置指定的 CSS 属性。其基本语法结构如下：

```
$(selector).css(name[,value])
```

其中，参数 name 为必选项，用来设置 CSS 属性的名称，该参数可包含任何 CSS 属性；参数 value 为可选项，用来设置 CSS 属性的值，如果设置了空字符串值，则表示从元素中删除指定属性。

css()方法还可以设置多个 CSS 属性/值对，其基本语法结构如下：

```
$(selector).css({property:value, property:value, ...})
```

其中，property:value 表示要设置为样式属性的"名称/值对"对象。
该方法的应用示例代码如下：

```
$("p").css({
  "color":"white",
  "background-color":"#98bf21",
  "font-family":"Arial",
  "font-size":"20px",
  "padding":"5px"
  });
```

上述代码表示为页面中的<p>元素同时设置多个 CSS 属性。

实例 11.12 通过过滤器设置元素的样式属性。其代码如下：

```
<html>
<head>
<script src="jquery.js" type="text/javascript"></script>
<script type="text/javascript">
$(document).ready(function(){
  $("button").click(function(){
    $("p").css("color","red");//设置<p>元素的color属性
  });
});
</script>
</head>
<body>
<p>This is a paragraph.</p>
<p>This is another paragraph.</p>
<button type="button">改变段落的颜色</button>
</body>
</html>
```

页面中包含两个<p>元素，当单击按钮时，将使用基本选择器根据元素名称查找到页面中所有的<p>元素，并使用 css()方法为其设置 color 属性，如图 11-12 所示。

图 11-12 利用选择器设置页面中元素的 CSS 样式属性前后的页面对比

11.5.3 设置元素偏移

在 jQuery 中，提供了 offset()方法用来返回或设置匹配元素相对于文档的偏移坐标。

当返回偏移坐标时，其基本语法结构如下：

```
$(selector).offset()
```

该方法将返回第一个匹配元素的偏移坐标。方法返回的对象包含两个整型属性，即 top 和 left，以像素为单位。获取这两个整型属性的语法格式如下：

```
$(selector).offset().top
$(selector).offset().left
```

当设置所有匹配元素的偏移坐标，其基本语法结构如下：

```
$(selector).offset({top:value,left:value});
```

参数{top:value,left:value}表示以像素为单位的 top 和 left 坐标。

实例 11.13 通过过滤器设置元素的偏移。其代码如下：

```html
<html>
<head>
<script src="jquery.js" type="text/javascript"></script>
<script type="text/javascript">
$(document).ready(function(){
  $("button").click(function(){
    $("p").offset({top:100,left:0});//设置元素的偏移位置
  });
});
</script>
</head>
<body>
<p>This is a paragraph.</p>
<button>设置新的偏移</button>
</body>
</html>
```

页面中包含一个<p>元素，当单击按钮时，将使用基本选择器根据元素名称查找到页面中的<p>元素，然后通过 offset()方法设置元素的偏移，top 属性值设为 100，则表示元素向下方移动 100 个像素的位置，如图 11-13 所示。

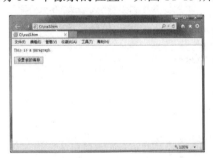 

图 11-13　利用选择器设置页面中元素偏移位置前后的页面对比

11.6　jQuery 中元素内容的操作

jQuery 中提供了一系列方法用于返回或设置被选择元素的内容，这些方法主要有如下几种。

① html()，返回或设置被选中元素的内容(inner HTML)。

② text()，用来读取或修改元素的纯文本内容。

③ val()，用来读取或修改页面中表单元素的 value 值。

11.6.1　操作 HTML 代码

jQuery 中的 html()方法可以用来返回或设置被选择元素的内容。如果该方法未设置参数，将会返回第一个匹配元素的当前内容。其基本语法结构如下：

```
$(selector).html()
```

当使用该方法设置一个值时，它将会覆盖所有匹配元素的内容。其基本语法结构如下：

```
$(selector).html(content)
```

其中，参数 content 为可选项，用以设置被选择元素的新内容。该参数可包含 HTML 标签。

实例 11.14　通过过滤器设置元素的内容。其代码如下：

```
<html>
<head>
<script src="jquery.js" type="text/javascript"></script>
<script type="text/javascript">
$(document).ready(function(){
  $(".btn1").click(function(){
    $("p").html("Hello <b>world!</b>");
  });
});
</script>
</head>
<body>
<p>This is a paragraph.</p>
<p>This is another paragraph.</p>
<button class="btn1">改变 p 元素的内容</button>
</body>
</html>
```

该页面中包含了两个<p>元素，当单击按钮时，将使用基本选择器根据元素名称查找到页面中所有的<p>元素，并使用 html()方法设置<p>元素的内容，其中包含 HTML 代码，如图 11-14 所示。

图 11-14　利用选择器设置页面中元素的内容前后的页面对比

11.6.2　操作文本

jQuery 中的 text()方法也可以用来返回或设置被选择元素的内容。但与 html()方法不同的是，该方法将只读取元素的纯文本内容，包括其后代元素，将会删除内容中的 HTML 标签。利用该方法获取文本内容时的基本语法结构如下：

```
$(selector).text()
```

当该方法用于设置值时，它将会覆盖被选择元素的所有内容。其基本语法结构如下：

```
$(selector).text(content)
```

其中，参数 content 表示被选择元素的新文本内容，其中的特殊字符会被编码。

实例 11.15　通过过滤器读取元素中的文本内容。其代码如下：

```
<html>
<head>
<script src="jquery.js"
type="text/javascript"></script>
<script type="text/javascript">
$(document).ready(function(){
  $(".btn1").click(function(){
    alert($("p").text());
  });
});
</script>
</head>
<body>
<p>This is a <b>paragraph</b>.</p>
<button class="btn1">获得 p 元素的文本内容</button>
</body>
</html>
```

该页面中包含了一个<p>元素，当单击按钮时，将使用基本选择器根据元素名称查找到页面中的<p>元素，并使用 text()方法读取<p>元素中的文本内容，如果文本中包含 HTML 标签，标签将会被删除。因此，在弹出的警告框中只显示纯文本内容，而不显示 HTML 标签和，如图 11-15 所示。

图 11-15　利用选择器读取页面中元素中的纯文本内容前后的页面对比

11.6.3　操作表单元素的值

jQuery 中的 val()方法可以返回或设置页面表单中<input>元素的 value 属性的值。如果该方法未设置参数，则返回被选择元素的当前值，其基本语法结构如下：

```
$(selector).val()
```

如果要设置元素的 value 属性值时，其基本语法结构如下：

```
$(selector).val(value)
```

其中，参数 value 表示为<input>元素设置的属性值。

实例 11.16　通过过滤器为表单中的元素设置值。其代码如下：

```
<html>
<head>
<script src="jquery.js"
type="text/javascript"></script>
<script type="text/javascript">
$(document).ready(function(){
  $("button").click(function(){
    $(":text").val("Hello JavaScript");
  });
});
</script>
</head>
<body>
<form>
<p>Name: <input type="text" name="user" value="Hello World" /></p>
<button>改变文本域的值</button>
</form>
</body>
</html>
```

页面中包含一个<input>元素，当单击按钮时，将使用表单选择器查找到当行文本框元素，并调用 val()方法重新设置该元素中的 value 值。因此，页面中当前文本框中显示的值将由 Hello World 变为 Hello JavaScript，如图 11-16 所示。

图 11-16　利用选择器设置表单元素的值前后的页面对比

　　jQuery 中的 html()、text()、val()这 3 种方法都是用来读取选定元素的内容；只不过 html()
方法是用来读取元素的 HTML 内容(包括其 HTML 标签)，text()方法只是用来读取元素的
纯文本内容(包括其后代元素)，而 val()方法则是用来读取表单元素的 value 值。其中 html()
和 text()方法不能使用在表单元素上，而 val()方法只能使用在表单元素上。此外，html()方
法使用在多个元素上时，只读取第一个元素，而 val()方法和 html()方法相同，如果其应用
在多个元素上时，只能读取第一个表单元素的 value 值，但是 text()方法不一样，如果 text()
方法被应用在多个元素上时，将会读取所有选中元素的文本内容。

11.7　筛选与查找元素集中的元素

　　利用 jQuery 中的选择器可以获取符合选择要求的匹配元素的集合。jQuery 中，还提供
了一系列遍历函数，用于筛选、查找和串联元素集中的元素。这些函数及其具体功能如
表 11-10 所示。

表 11-10　jQuery 的集合遍历函数

函　　数	描　　述
.add()	将元素添加到匹配元素的集合中
.andSelf()	把堆栈中之前的元素集添加到当前集合中
.children()	获得匹配元素集合中每个元素的所有子元素
.closest()	从元素本身开始，逐级向上级元素匹配，并返回最先匹配的祖先元素
.contents()	获得匹配元素集合中每个元素的子元素，包括文本和注释节点
.each()	对 jQuery 对象进行迭代，为每个匹配元素执行函数
.end()	结束当前链中最近的一次筛选操作，并将匹配元素集合返回到前一次的状态
.eq()	将匹配元素集合缩减为位于指定索引的新元素
.filter()	将匹配元素集合缩减为匹配选择器或匹配函数返回值的新元素
.find()	获得当前匹配元素集合中每个元素的后代，由选择器进行筛选
.first()	将匹配元素集合缩减为集合中的第一个元素
.has()	将匹配元素集合缩减为包含特定元素的后代的集合
.is()	根据选择器检查当前匹配元素集合，如果存在至少一个匹配元素，则返回 true

函　数	描　述
.last()	将匹配元素集合缩减为集合中的最后一个元素
.map()	把当前匹配集合中的每个元素传递给函数，产生包含返回值的新 jQuery 对象
.next()	获得匹配元素集合中每个元素紧邻的同辈元素
.nextAll()	获得匹配元素集合中每个元素之后的所有同辈元素，由选择器进行筛选(可选)
.nextUntil()	获得每个元素之后所有的同辈元素，直到遇到匹配选择器的元素为止
.not()	从匹配元素集合中删除元素
.offsetParent()	获得用于定位的第一个父元素
.parent()	获得当前匹配元素集合中每个元素的父元素，由选择器筛选(可选)
.parents()	获得当前匹配元素集合中每个元素的祖先元素，由选择器筛选(可选)
.parentsUntil()	获得当前匹配元素集合中每个元素的祖先元素，直到遇到匹配选择器的元素为止
.prev()	获得匹配元素集合中每个元素紧邻的前一个同辈元素，由选择器筛选(可选)
.prevAll()	获得匹配元素集合中每个元素之前的所有同辈元素，由选择器进行筛选(可选)
.prevUntil()	获得每个元素之前所有的同辈元素，直到遇到匹配选择器的元素为止
.siblings()	获得匹配元素集合中所有元素的同辈元素，由选择器筛选(可选)
.slice()	将匹配元素集合缩减为指定范围的子集

下面选择几个较为常用的函数进行简单讲解。

1. eq()函数

该函数用于筛选指定索引号的元素，其基本语法结构如下：

```
$(selector).eq(index|-index)
```

其中，参数表示的索引号是从 0 开始，若为负值，则表示从最后一个开始倒数，如集合中最后一个元素的索引号应该为-1。

例如，下面一段 HTML 代码：

```
<div>
<p>我是第一个 P</p>
<p>我是第二个 P</p>
<p>我是第三个 P</p>
<p>我是第四个 P</p>
</div>
```

利用选择器 $("p").eq(1)将选中<div>元素中的第二个<p>元素。如果选择器改为 $("p").eq(-1)，则<div>中的第四个<p>元素将会被选中。

2. hasClass()函数

该函数用于检查匹配的元素是否含有指定的类，函数的返回值为布尔值，其基本语法结构如下：

```
$(selector).hasClass(class)
```

其中，参数 class 为 HTML 元素中的类别名。

例如，下面一段 HTML 代码：

```
<div>
<p>我是第一个 P</p>
<p class="p2">我是第二个 P</p>
<p>我是第三个 P</p>
<p>我是第四个 P</p>
</div>
```

利用以下 jQuery 代码，将会弹出警告框，因为页面中的确存在 class="p2"的<p>元素。

```
if($("p").hasClass("p2"))
{
alert("我里面含有 class=p2 的元素");
}
```

3. filter()函数

该函数用于筛选出与指定表达式匹配的元素集合，其基本语法结构如下：

```
$(selector).filter(expr|obj|ele|fn)
```

其中，参数 expr 表示用户与匹配的表达式；obj 表示 jQuery 对象，用于匹配现有元素，ele 用于匹配的 DOM 元素，fn 表示函数的返回值作为匹配条件。

例如，下面一段 HTML 代码：

```
<div>
<p>我是第一个 P</p>
<p class="p2">我是第二个 P</p>
<p>我是第三个 P</p>
<p>我是第四个 P</p>
</div>
```

利用选择器$("p").filter(".p2")，将获得类名为 p2 的 HTML 元素。

4. slice()函数

该函数用于从指定索引开始，截取指定个数的元素，其基本语法结构如下：

```
$(selector).slice(start [,end])
```

其中，参数 start 表示索引起始位置，参数 end 为可选项，表示结束位置(不包括结束位置自身)，如果不指定，则将匹配到最后一个。

例如，下面一段 HTML 代码：

```
<div>
<p>我是第一个 P</p>
<p class="p2">我是第二个 P</p>
<p>我是第三个 P</p>
<p>我是第四个 P</p>
</div>
```

利用选择器$("p").slice(1,3)将选中页面中第二个和第三个<p>元素，虽然结束位置索引是 3，但第四个<p>元素不会被选中。

5. children()函数

该函数用于筛选获取满足指定条件的子元素，其基本语法结构如下：

```
$(selector).children(expr)
```

其中，参数 expr 为子元素筛选条件。

例如，下面一段 HTML 代码：

```
<div>
<p>我是第一个 P</p>
<p class="p2">我是第二个 P</p>
<p>我是第三个 P</p>
<p>我是第四个 P</p>
</div>
```

利用选择器$("div").children(".p2")将选中页面中第二个<p>元素，因为该元素既是子元素，又有 class 属性为 p2。

6. find()函数

该函数用于从指定元素中查找子元素，其基本语法结构如下：

```
$(selector).find(expr|obj|ele)
```

其中，参数 expr 表示匹配表达式；obj 表示用于匹配的 jQuery 对象；ele 表示匹配的 DOM 元素。

例如，下面一段 HTML 代码：

```
<div>
<p>我是第一个 P</p>
<p class="p2">我是第二个 P</p>
<p>我是第三个 P</p>
<p>我是第四个 P</p>
</div>
```

利用选择器$("div").find(".p2")将选中页面中第二个<p>元素，因为该元素既是子元素，又有 class 属性为 p2。

children()和 find()都是用来获得元素中的子元素的，但 children()函数获得的仅仅是元素下一级的子元素，而 find()函数将获得所有下级子元素。此外，children()函数的参数是可选的，用来过滤子元素，但 find()函数的参数是必选的。

7. parent()函数

该函数用于获取指定元素的直接父元素，其基本语法结构如下：

```
$(selector).parent(expr)
```

其中，参数 expr 为筛选条件，如果直接父元素不符合条件，则不返回任何元素(无论其是否具有能与 expr 匹配的祖先元素)。

例如，下面一段 HTML 代码：

```
<div style="position:relative">
<p>
<span>我是一个 span</span>
</p>
</div>
```

利用选择器$("span").parent()将匹配得到页面中<p>元素，因为<p>元素是<span>元素的直接父元素。

8. add()函数

该函数用于将选中的元素添加到 jQuery 对象集合中，其基本语法结构如下：

```
$(selector).add(expr|elements|html|jQueryObject)
```

其参数可以是选择器表达式、DOM 表达式、HTML 片段代码或者 jQuery 对象。

例如，下面一段 HTML 代码：

```
<div>
<p>我是第一个 P</p>
<p class="p2">我是第二个 P</p>
<p>我是第三个 P</p>
<p class="p4">我是第四个 P</p>
</div>
<span>我是一个 span</span>
```

利用选择器$(".p2").add("span").css("background-color","red")将使得类名为 p2 的<p>元素和<span>元素中的文本颜色变为红色。这是因为通过 add()函数将<span>元素添加到选择器$(".p2")选中的集合中，然后使用 css()方法设置了集合中元素的文字颜色。

9. siblings()函数

该函数用于获取指定元素的兄弟元素(部分前后)，其基本语法结构如下：

```
$(selector).siblings(expr)
```

其中，参数 expr 为筛选条件。

例如，下面一段 HTML 代码：

```
<div>
<p>我是第一个 P</p>
<p class="p2">我是第二个 P</p>
<p>我是第三个 P</p>
<p class="p4">我是第四个 P</p>
</div>
```

利用选择器$(".p2").siblings()将选中 HTML 页面中第一、三、四个<p>元素，因为这些元素都是类名为 p2 元素的兄弟元素。

课 后 小 结

　　本章介绍了 jQuery 中各种类型的选择器的基本用法，选择器就是一个表示特殊语意的字符串，通过选择器可以轻松地找到文档中的元素，并且以 jQuery 包装集的形式返回。选择器是从文档页面中快速查找元素或元素集的快捷途径，也是 jQuery 后续内容学习的基础。

习　　题

一、简答题

1. 简述 jQuery 选择器的分类。
2. 简述 jQuery 中提供的筛选元素集中元素的常用方法。

二、上机练习题

1. 利用 jQuery 编写一个程序，使页面中的表格实现隔行变色的效果。
2. 利用 jQuery 编写一个程序，输出页面表单中复选框的个数。

第 12 章
jQuery 中 DOM 的操作

学习目标：

DOM(Document Object Model，文档对象模型)是一种与浏览器、语言无关的接口，利用该接口可以方便地访问页面中的标准组件。jQuery 提供了一系列方法对 DOM 进行各种操作，从而通过 DOM 实现对页面中各种元素的操作。

内容摘要：

- 理解 DOM 树的基本结构
- 掌握 jQuery 中的各种 DOM 操作

12.1　DOM 树结构

每一个 HTML 页面都可以使用 DOM 表示，在使用 jQuery 进行 DOM 操作之前，HTML 页面首先被看作一棵 DOM 树。

例如，本章的示例 HTML 页面代码如下：

```html
<html>
<head>
<title>DOM 示例页面</title>
<meta name="keywords" content="HTML,Java,JavaScript,C#">
<head>
<body>
<p title="熟悉的编程语言">你熟悉的编程语言</p>
<ul>
    <li title='Java'>Java</li>
    <li title='JavaScript'>Java</li>
    <li title='C#'>Java</li>
</ul>
</body>
</html>
```

根据上面的 HTML 页面结构构建出的 DOM 树如图 12-1 所示。

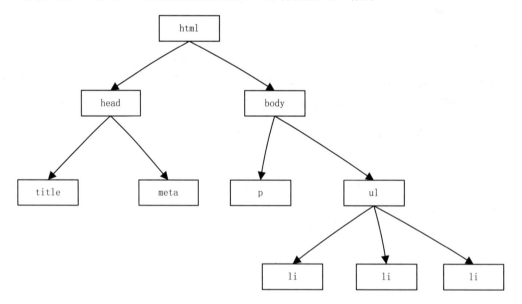

图 12-1　HTML 页面的 DOM 树结构

jQuery 中的各种 DOM 操作都将围绕着 DOM 树结构展开。

12.2　创 建 元 素

在实际应用中，常常需用动态创建 HTML 页面内容，使 HTML 页面根据用户的操作在浏览器中呈现不同的显示效果，从而达到人机交互的目的。当需要在页面中添加新内容时，就需要在 DOM 操作中进行创建元素的操作。

例如，要在本章示例页面中创建一个<li>元素，这个操作可以使用 jQuery 中工厂方法也叫工厂函数，即$()，具体代码如下：

```
$(html)
```

$(html)方法会根据传入的 HTML 标签字符串，创建一个对应的 DOM 对象，并将这个 DOM 对象封装成一个 jQuery 对象后返回。

创建一个<li>元素的 jQuery 代码如下：

```
var $li_1=$("<li></li>");
```

创建的新元素节点不会被自动添加到 DOM 树中，而是需要使用其他方法将其插入。

说明：　当创建元素时，要注意使用标准的 HTML 格式。例如，创建一个<p>元素，可以使用 $("<p/>") 或者 $("<p></p>")，但不要使用 $("<p>") 或者大写的 $("<P/>")。

上述创建的元素代码如果被添加到网页中，因为没有在<li></li>元素内部添加任何文本，所以元素中并没有文本内容。因此，如果要创建文本节点时，可以在创建元素时直接把文本内容写出来。

创建文本节点的 jQuery 代码如下：

```
var $li_1=$("<li>PHP</li>");
```

说明：　无论$(html)方法中的 HTML 代码多么复杂，都可以利用这种方式来创建文本元素。

此外，还可以创建属性节点，创建属性节点与创建文本节点类似，也是直接在创建元素节点时一起创建。

创建属性节点的 jQuery 代码如下：

```
var $li_1=$("<li title="PHP">PHP</li>");
```

由此可见，利用 jQuery 来动态创建 HTML 元素是非常灵活和便捷的。

12.3　插 入 元 素

动态创建 HTML 元素后，还需要将新创建的元素插入 HTML 文档中，才会在页面中看出效果。将新创建的节点插入 HTML 文档最简单的办法是，让该节点作为文档中已有的

某个节点的子节点。jQuery 中提供了 append()方法用来在元素结尾插入新创建的节点。该方法的语法结构如下:

```
$(selector).append(jQueryObject)
```

其中,参数 jQueryObject 表示新创建的节点。

例如,下面示例代码:

```
var $li_1=$("<li>PHP</li>");
$("ul").append($li_1);
```

表示在页面的<ul>标签中,追加新创建的<li>元素节点为其子元素。

append()方法还可以一次性追加多个新创建的节点,具体语法格式如下:

```
$(selector).append(val1, val2,…,valn)
```

在下面的示例代码中,创建若干个新元素。这些元素可以通过 HTML、jQuery 或者 DOM 方式来创建。然后通过 append()方法把这些新元素追加到文本中。

```
var txt1="<p>Text.</p>";                 // 以 HTML 创建新元素
var txt2=$("<p></p>").text("Text.");     // 以 jQuery 创建新元素
var txt3=document.createElement("p");    // 以 DOM 创建新元素
txt3.innerHTML="Text.";
$("p").append(txt1,txt2,txt3);           // 追加新元素
```

除了 append()方法外,jQuery 还提供了表 12-1 所列的其他用于插入元素的方法。

表 12-1　jQuery 中插入节点的方法

方　法	描　述
prepend()	在被选元素的开头插入内容
after()	在被选元素之后插入内容
before()	在被选元素之前插入内容
insertBefore()	将所有匹配的元素插入指定元素的前面
insertAfter()	将所有匹配的元素插入指定元素的后面

实例 12.1　向页面中插入新元素。其代码如下:

```
<html>
<head>
<script src="jquery.js" type="text/javascript">
</script>
<script>
$(document).ready(function(){
  $("#btn2").click(function(){
    $("ol").append("<li>List item 4</li>");//追加插入新元素
  });
});
</script>
</head>
<body>
```

```
<ol>
<li>List item 1</li>
<li>List item 2</li>
<li>List item 3</li>
</ol>
<button id="btn2">追加列表项</button>
</body>
</html>
```

页面中包含一个有序列表<ol>标签，在该标签中包含 3 个列表项，当单击页面中的按钮时，将触发单击按钮事件，这时将调用选择器选中页面中的<ol>元素，并且调用 append() 方法在该元素中追加插入一个新的列表项元素。插入新元素前后的页面对照如图 12-2 所示。

图 12-2　插入新元素前后的页面对比

这些插入节点的方法不仅可以将新创建的 DOM 元素插入 HTML 文档中，还可以对原有的 DOM 元素进行移动。

例如，下面示例代码：

```
var $one_li=$("ul li:eq(0)");   //获取<ul>中第一个<li>子元素
var $two_li=$("ul li:eq(1)");   //获取<ul>中第二个<li>子元素
$two_li.insertBefore($one_li); //将第一个<li>子元素插入第二个<li>子元素后面
```

上述代码通过 insertBefore()方法实现了已有元素位置的移动。

12.4　复　制　元　素

jQuery 中的 clone()方法可以生成被选择元素的副本，包含子节点、文本和属性，实现复制元素的功能。该方法的基本语法格式如下：

```
$(selector).clone(includeEvents)
```

其中，参数 includeEvents 是可选的，其值为布尔值，规定是否复制元素的所有事件处理。如果不设置该参数，默认地，副本中不包含事件处理器。

实例 12.2　在页面中复制元素。其代码如下：

```
<html>
<head>
```

```
<script src="jquery.js" type="text/javascript"></script>
<script type="text/javascript">
$(document).ready(function(){
  $("button").click(function(){
    $("body").append($("p").clone());//将复制的元素添加到页面中
  });
});
</script>
</head>
<body>
<p>This is a paragraph.</p>
<button>复制 p 元素，然后追加到 body 元素中</button>
</body>
</html>
```

在该页面中包含了一个<p>元素，当单击页面中的按钮时，将使用选择器选中页面中的<p>元素，并调用 clone()方法复制该元素，将复制后的元素使用 append()方法追加到<body>元素中。复制元素前后的页面对照如图 12-3 所示。

图 12-3　复制元素前后的页面对比

12.5　替 换 元 素

如果要替换页面中的某个节点元素，可以使用 jQuery 中的 replaceWith()和 replaceAll()方法。replaceWith()方法和 replaceAll()方法都是用指定的 HTML 内容或元素替换被选择元素。其差异在于内容和选择器的位置。

replaceWith()方法的基本语法格式如下：

```
$(selector).replaceWith(content)
```

其中，参数 selector 为必选项，表示要替换的元素；参数 content 也是必选项，表示替换被选元素的内容，其可能的值包括 HTML 代码、新元素、已存在的元素，已存在的元素不会被移动，只会被复制。

replaceWith()方法还可以使用函数把被选元素替换为新内容，其基本语法格式如下：

```
$(selector).replaceWith(function())
```

其中，参数 function()是返回待替换被选元素的新内容的函数。

replaceAll()方法也可用指定的 HTML 内容或元素替换被选元素，其基本语法格式如下：

```
$(content).replaceAll(selector)
```

实例 12.3　在页面中替换元素。其代码如下：

```
<html>
<head>
<script src="jquery.js" type="text/javascript"></script>
<script type="text/javascript">
$(document).ready(function(){
  $(".btn1").click(function(){
    $("p").replaceWith(document.createElement("div"));//替换元素
  });
});
</script>
<style>
div{height:20px;background-color:yellow}
</style>
</head>
<body>
<p>This is a paragraph.</p>
<p>This is another paragraph.</p>
<button class="btn1">用新的 div 替换所有段落</button>
</body>
</html>
```

页面中包含两个<p>标签，当单击页面中的按钮时，将通过选择器查找页面中所有的<p>元素，并且调用 replaceWith()方法，用新创建的<div>元素来替换页面中已有的<p>元素。替换元素前后的页面对照如图 12-4 所示。

图 12-4　替换元素前后的页面对比

12.6　包 裹 元 素

如果要将页面中的某个元素节点用其他元素包裹起来，jQuery 中提供了相应的 wrap()方法实现该功能。wrap()方法将把每个被选择元素放置在指定的 HTML 内容或元素中，该方法的基本语法格式如下：

```
$(selector).wrap(wrapper)
```

其中，参数 wrapper 表示包裹被选择元素的内容，其可能的值包括 HTML 代码、新元素、已存在的元素。

实例 12.4 在页面中包裹元素。其代码如下：

```
<html>
<head>
<script src="jquery.js" type="text/javascript"></script>
<script type="text/javascript">
$(document).ready(function(){
  $(".btn1").click(function(){
    $("p").wrap("<div></div>");//使用<div>元素包裹页面中的<p>元素
  });
});
</script>
<style type="text/css">
div{background-color:yellow;}
</style>
</head>
<body>
<p>This is a paragraph.</p>
<p>This is another paragraph.</p>
<button class="btn1">用 div 包裹每个段落</button>
</body>
</html>
```

页面中包含两个<p>标签，当单击页面中的按钮时，将通过选择器查找页面中所有的<p>元素，并且调用 wrap()方法，用<div>元素来包裹页面中的<p>元素。包裹元素前后的页面对照如图 12-5 所示。

图 12-5　包裹元素前后的页面对比

12.7　删 除 元 素

jQuery 中提供了 3 种删除节点的方法，分别是 remove()、detach()和 empty()方法。其中，remove()方法将移除被选择元素，包括所有文本和子节点，该方法的基本语法格式如下：

```
$(selector).remove()
```

detach()的作用与 remove()方法一样，也是将移除被选择元素，包括所有文本和子节点，该方法的基本语法格式如下：

```
$(selector).detach()
```

这两个方法的区别在于，虽然这两个方法都会保留 jQuery 对象中匹配的元素，不会把匹配的元素从 jQuery 对象中删除，因而可以在将来再使用这些匹配的元素。但 detach()会保留所有绑定的事件、附加的数据，而 remove()方法不会保留元素的 jQuery 数据。绑定的事件、附加的数据等都会被移除。

empty()方法只是从被选择元素移除所有内容，包括所有文本和子节点，但是并不将被选择元素从 DOM 中删除。

例如，对于以下 HTML 片段代码：

```
<p>Hello</p>
World
<p>welcome</p>
```

执行$("p").empty()，其结果是：

```
<p></p>
World
<p></p>
```

而执行$("p").remove()其结果是：

```
World
```

实例 12.5　在页面中移动元素。其代码如下：

```
<html>
<head>
<script src="jquery.js" type="text/javascript"></script>
<script type="text/javascript">
$(document).ready(function(){
  $("button").click(function(){
    $("p").remove();
  });
});
</script>
</head>
<body>
<p>This is a paragraph.</p>
<button>移动 p 元素</button>
</body>
</html>
```

页面中包含一个<p>标签，当单击页面中的按钮时，将通过选择器查找页面中所有的<p>元素，并且调用 remove()方法，将<p>元素从页面的 DOM 结构中删除。删除元素前后的页面对照如图 12-6 所示。

图 12-6　删除元素前后的页面对比

课 后 小 结

本章主要介绍了 jQuery 中的 DOM 操作，如创建节点、插入节点、删除节点和设置节点属性等，详细介绍了这些操作的功能和基本用法，并通过实例来加深读者对 jQuery 中的 DOM 操作的认识和理解。

习 题

一、简答题

1. 简述 jQuery 中可以用来删除元素的 remove()方法和 detach()方法的异同。

2. 简述 jQuery 中利用 DOM 实现插入元素的几个方法的具体使用方法。

二、上机练习题

1. 利用 jQuery 编写一个程序，实现页面中两个<p>元素位置的交换操作。

2. 利用 jQuery 编写一个程序，为页面中<p>元素中的文字添加加粗效果。

第 13 章

jQuery 的事件处理

学习目标：

JavaScript 和 HTML 页面之间的交互是通过用户和浏览器操作页面时引发的事件来实现的，当页面中的元素状态由于用户的操作或其他原因发生变化时，浏览器会自动生成一个事件。虽然利用传统的 JavaScript 事件处理方式可以完成这些交互，但 jQuery 中增加并扩展了事件处理机制，极大地增强了事件处理能力。

内容摘要：

- 了解 jQuery 中的事件处理机制
- 掌握 jQuery 中的页面载入事件
- 掌握 jQuery 中事件绑定
- 掌握 jQuery 中事件的模拟操作

13.1 jQuery 中的事件处理机制

事件处理程序指的是当 HTML 页面中发生某些事件时所调用的方法，jQuery 事件处理方法是 jQuery 中的核心函数，jQuery 通过 DOM 为元素添加事件。

以浏览器装载 HTML 页面事件为例，在传统的 JavaScript 代码中，将触发window.onload()方法，而在 jQuery 中，使用的是$(document).ready()方法。通过使用该方法，可以在 DOM 载入就绪时对其进行操作，并调用执行其所绑定的函数，这样可以极大地提供 Web 页面的响应速度。

传统的 JavaScript 事件处理程序代码如下：

```
<input type="button" id="btn" value="click me!" onclick="showMsg();" />
<script type="text/javascript">
    function showMsg() {
        alert("msg is showing!");
    }
</script>
```

在上述代码中，是通过为<input>元素添加 onclick 元素属性的方式来添加事件的，这种通过添加元素属性来设置事件处理程序的方式是传统 JavaScript 中事件处理程序常用的方式。

而在 jQuery 中，最基本的事件处理机制通过修改 DOM 属性的方式来添加事件，其示例代码如下：

```
<input type="button" id="btn2" value="click me!" />
<script type="text/javascript">
    function showMsg() {
        alert("msg is showing!");
    }
    $(function () {
        document.getElementById("btn2").onclick=showMsg;
    });
</script>
```

在上述代码中，是通过修改 id 为 btn2 的 DOM 元素的 onclick 属性进行事件添加的。jQuery 中的事件方法会触发匹配元素或将函数绑定到所有匹配元素的某个事件。

事件触发的示例代码如下：

```
$("button#demo").click()
```

上述代码将触发 id="demo"的 button 元素的 click 事件。

设置完事件触发方法后，可以定义绑定函数，示例代码如下：

```
$("button#demo").click(function(){$("img").hide()})
```

上述代码表示会在单击 id="demo"的按钮时隐藏所有图像。

在 jQuery 中，对于各种不同的事件定义了不同的事件处理方法，如表 13-1 所示。

表 13-1　jQuery 中的常用事件处理方法

方　法	描　述
bind()	向匹配元素附加一个或更多事件处理器
blur()	触发或将函数绑定到指定元素的 blur 事件
change()	触发或将函数绑定到指定元素的 change 事件
click()	触发或将函数绑定到指定元素的 click 事件
dblclick()	触发或将函数绑定到指定元素的 double click 事件
delegate()	向匹配元素的当前或未来的子元素附加一个或多个事件处理器
die()	移除所有通过 live()函数添加的事件处理程序
error()	触发或将函数绑定到指定元素的 error 事件
event.isDefaultPrevented()	返回 event 对象上是否调用了 event.preventDefault()
event.pageX	相对于文档左边缘的鼠标位置
event.pageY	相对于文档上边缘的鼠标位置
event.preventDefault()	阻止事件的默认动作
event.result	包含由被指定事件触发的事件处理器返回的最后一个值
event.target	触发该事件的 DOM 元素
event.timeStamp	该属性返回从 1970 年 1 月 1 日到事件发生时的毫秒数
event.type	描述事件的类型
event.which	指示按了哪个键或按钮
focus()	触发或将函数绑定到指定元素的 focus 事件
keydown()	触发或将函数绑定到指定元素的 key down 事件
keypress()	触发或将函数绑定到指定元素的 key press 事件
keyup()	触发或将函数绑定到指定元素的 key up 事件
live()	为当前或未来的匹配元素添加一个或多个事件处理器
load()	触发或将函数绑定到指定元素的 load 事件
mousedown()	触发或将函数绑定到指定元素的 mouse down 事件
mouseenter()	触发或将函数绑定到指定元素的 mouse enter 事件
mouseleave()	触发或将函数绑定到指定元素的 mouse leave 事件
mousemove()	触发或将函数绑定到指定元素的 mouse move 事件
mouseout()	触发或将函数绑定到指定元素的 mouse out 事件
mouseover()	触发或将函数绑定到指定元素的 mouse over 事件
mouseup()	触发或将函数绑定到指定元素的 mouse up 事件
one()	向匹配元素添加事件处理器。每个元素只能触发一次该处理器
ready()	文档就绪事件(当 HTML 文档就绪可用时)
resize()	触发或将函数绑定到指定元素的 resize 事件
scroll()	触发或将函数绑定到指定元素的 scroll 事件

续表

方 法	描 述
select()	触发或将函数绑定到指定元素的 select 事件
submit()	触发或将函数绑定到指定元素的 submit 事件
toggle()	绑定两个或多个事件处理器函数，当发生轮流的 click 事件时执行
trigger()	所有匹配元素的指定事件
triggerHandler()	第一个被匹配元素的指定事件
unbind()	从匹配元素移除一个被添加的事件处理器
undelegate()	从匹配元素移除一个被添加的事件处理器
unload()	触发或将函数绑定到指定元素的 unload 事件

说明： jQuery 中的事件处理程序方法比传统的 JavaScript 事件句柄属性少了 on。例如，单击事件在 jQuery 中对应的是 click()方法，而在 JavaScript 中对应的是 onclick()方法。

13.2 jQuery 中的页面载入事件

jQuery 中的页面载入方法$(document).ready()是 jQuery 事件处理中最重要的一个方法。该方法与 window.onload()方法功能相似，但是在执行时机方面是有区别的。

window.onload()方法是页面中所有元素(包括与元素关联的外部资源文件)完全加载到浏览器后执行的，此时 JavaScript 可以访问页面中的所有元素。而利用 jQuery 中的$(document).ready()方法注册的事件处理程序，在页面对应的 DOM 结构就绪时就可以被调用。此时，页面中的元素对于 jQuery 而言是可以访问的，但是，这并不意味着与元素相关联的外部资源文件全部下载完毕。例如，一个包含很多图片的页面，如果利用 window.onload()方法，则必须等到所有图片都加载完毕后才可以进行操作；如果利用 jQuery 中的$(document).ready()方法，只需要 DOM 就绪就可以操作，不需要等待所有图片下载完毕。

window.onload()方法与$(document).ready()另一个主要不同之处体现在，window.onload()方法只能一次添加一个事件处理函数，使用赋值符会将前面的函数覆盖掉。

例如，利用 JavaScript 定义以下两个函数：

```
function one(){
    ...
}
function two(){
    ...
}
```

利用以下 JavaScript 代码可以将这两个函数与页面载入事件关联起来，示例代码如下：

```
window.onload=one;
```

```
window.onload=two;
```

当页面载入后，只会执行函数 two()所对应的程序，这是因为 onload 事件一次只能保存对一个函数的引用，会自动用后面的函数覆盖前面的函数，不能在现有的行为上添加新的行为。

而每次调用 jQuery 的$(document).ready()方法都会在现有的行为上追加新的行为，事件处理程序函数会根据注册的顺序依次执行，如以下的 jQuery 代码：

```
function one(){
        ...
}
function two(){
        ...
}
$(document).ready(function(){
    one();
})
$(document).ready(function(){
    two();
})
```

这样，当页面载入后，函数 one()和 two()将依次执行。

jQuery 的页面载入事件对应的事件处理方法$(document).ready(function)总共有 3 种声明方式，最基本方式的代码如下：

```
$(document).ready(function(){
    //程序代码
})
```

其简化的声明方式代码如下：

```
$(function(){
    //程序代码
})
```

此外，$(document)可以简写为$()，当$()不带参数时，其默认值即为 document，因此，第 3 种声明方式代码如下：

```
$().ready(function(){
    //程序代码
})
```

3 种方式虽然代码格式不同，但功能是一样的。

实例 13.1　页面载入事件。其代码如下：

```
<html>
<head>
<script src="jquery.js" type="text/javascript"></script>
<script type="text/javascript">
$(document).ready(function(){//页面载入事件处理程序
$("button").click(function(){//单击按钮事件处理程序
$("p").hide();//隐藏页面中的<p>元素
```

```
});
});
</script>
</head>
<body>
<h2>This is a heading</h2>
<p>This is a paragraph.</p>
<p>This is another paragraph.</p>
<button type="button">Click me</button>
</body>
</html>
```

在页面的<head>部分定义了页面载入事件处理程序$(document).ready(function)，在该函数中定义了单击按钮事件处理程序$("button").click(function)，该函数将在页面中的按钮被单击时触发，在该函数中，利用选择器查找到页面中的全部<p>元素，并调用 hide()方法将所有<p>元素隐藏。单击按钮前后的页面对照如图 13-1 所示。

图 13-1　单击按钮前后的页面对比

13.3　jQuery 中的事件绑定

当 HTML 页面载入完成后，如果打算为元素设定对应的事件处理程序方法，除了可以通过元素直接调用对应的事件处理方法外，还可以使用 bind()、one()和 live()方法来对匹配元素进行特定事件的绑定。

13.3.1　bind()方法绑定事件

bind()方法的基本语法格式如下：

```
$(selector).bind(event,data,function)
```

其中，参数 event 是必选项，该参数用于指定添加到元素的一个或多个事件(由空格分隔多个事件)，事件类型可以是系统定义的 blur、change、submit 等标准事件，也可以是用户自定义名称；参数 data 是可选项，表示 event.data 属性值传递到函数的额外数据对象；参数 function 表示当事件发生时运行的函数，即绑定的事件处理方法。

说明：　jQuery 中提供了一系列绑定标准事件类型的简单方式，如 .click() 用于简化 .bind('click')。标准事件包括 blur、focus、focusin、focusout、load、resize、scroll、unload、click、dblclick、mousedown、mouseup、mousemove、mouseover、mouseout、mouseenter、mouseleave、change、select、submit、keydown、keypress、keyup、error 等。

实例 13.2　bind() 方法实现页面中的事件绑定。其代码如下：

```html
<html>
<head>
<script src="jquery.js" type="text/javascript"></script>
<script type="text/javascript">
$(document).ready(function(){
  $("button").bind("click",function(){//绑定事件
    $("p").slideToggle();//执行滑动隐藏效果的方法
  });
});
</script>
</head>
<body>
<p>This is a paragraph.</p>
<button>请单击这里</button>
</body>
</html>
```

在页面的 <head> 部分定义了页面载入事件处理程序 $(document).ready(function)，在该函数中通过 bind() 方法将单击按钮 click 事件与事件处理程序绑定，并在 click 事件处理程序中通过选择器查找到页面中的 <p> 元素，通过调用 slideToggle() 方法实现将页面中全部 <p> 元素滑动隐藏的效果。单击按钮实现 <p> 元素滑动隐藏前后的页面对照如图 13-2 所示。

图 13-2　单击按钮实现 <p> 元素滑动隐藏前后的页面对比

13.3.2　one() 方法绑定事件

one() 方法为每一个匹配元素的特定事件绑定一个一次性的事件处理函数。one() 方法的基本语法格式如下：

```
$(selector).one(event,data,function)
```

该方法与 bind() 方法的参数一样，与 bind() 方法的区别就是只对匹配元素的事件处理执

行一次，执行完之后，以后再也不会执行。

实例 13.3 one()方法实现页面中的事件绑定。其代码如下：

```html
<html>
<head>
<script src="jquery.js" type="text/javascript"></script>
<script type="text/javascript">
$(document).ready(function(){
  $("p").one("click",function(){//绑定事件
    $(this).animate({fontSize:"+=6px"});//执行字体增大效果的方法
  });
});
</script>
</head>
<body>
<p>这是一个段落。</p>
<p>这是另一个段落。</p>
<p>请单击 p 元素增加其内容的文本大小。每个 p 元素只会触发一次该事件。</p>
</body>
</html>
```

在页面的<head>部分定义了页面载入事件处理程序$(document).ready(function)，在该函数中通过 one()方法将鼠标单击 click 事件与事件处理程序绑定，并在 click 事件处理程序中通过选择器查找到页面中的<p>元素，通过调用 animate()方法实现将页面中全部<p>元素中文字字体增大的效果。因此，当单击页面中<p>元素中的文字时，文字的字体将增大。单击按钮实现<p>元素文字增大前后的页面对照如图 13-3 所示。但是再次单击文字时，页面中的问题将不会发生任何变化。这是因为 one()方法只运行一次事件处理器函数，如果将代码中的 one()方法换成 bind()方法，则每次单击<p>元素中的文字时，文字的字体都将增大。

图 13-3　单击按钮实现<p>元素中文字增大效果前后的页面对比

13.3.3　live()方法绑定事件

live()方法也可以为被选元素附加一个或多个事件处理程序，并规定当这些事件发生时运行的函数。该方法的基本语法格式如下：

```
$(selector).live(event,data,function)
```

该方法的参数与 bind()和 one()方法也完全相同，与这两个方法最大的区别是 live()方

法能处理动态添加的元素，这样由脚本创建的新元素也一样绑定事件。

实例 13.4　live()方法实现页面中的事件绑定。其代码如下：

```html
<html>
<head>
<script src="jquery.js" type="text/javascript"></script>
<script type="text/javascript">
$(document).ready(function(){
  $("p").live("click",function(){//绑定事件
    $(this).slideToggle();//为当前元素设置滑动隐藏的方法
  });
  $("button").click(function(){//绑定单击按钮事件
    $("<p>This is a new paragraph.</p>").insertAfter("button");
                            //将创建的新元素插入<button>元素的后面
  });
});
</script>
</head>
<body>
<p>这是一个段落。</p>
<p>单击任意 p 元素会令其消失。包括本段落。</p>
<button>在本按钮后面插入新的 p 元素</button>
</body>
</html>
```

在页面的<head>部分定义了页面载入事件处理程序$(document).ready(function)，在该函数中通过 live()方法将鼠标单击 click 事件与事件处理程序绑定，并在 click 事件处理程序中通过选择器查找到页面中的<p>元素，通过调用 slideToggle()方法实现将页面中全部<p>元素滑动隐藏的效果。在该函数中还通过 click()方法将单击按钮事件与事件处理程序绑定，在该事件的处理程序中创建新的<p>元素，并将新元素通过 insertAfter()方法插入<button>元素的后面。对于这些新创建的<p>元素，同样可以具有 live()方法对<p>元素绑定的事件处理功能。如果将程序中的 live()方法换成 bind()方法，则新创建的<p>元素，在单击时将不会具有滑动隐藏功能。单击按钮创建新的<p>元素以及单击<p>元素隐藏前后的页面对照如图 13-4 所示。

图 13-4　单击按钮创建新的<p>元素以及单击<p>元素隐藏前后的页面对比

13.4　jQuery 中的事件移除

在上一节中介绍了 jQuery 中的事件绑定方法，对于绑定的事件处理函数，jQuery 提供了 unbind()方法对其进行解除。unbind()方法用于移除匹配元素上绑定的一个或多个事件的事件处理程序，该方法适用于任何通过 jQuery 附加的事件处理程序。

unbind()方法主要有以下两种形式的用法：第一种形式是移除当前匹配元素的 events 事件绑定的事件处理函数，其具体语法结构如下：

```
$(selector).unbind([ events [, handler ]])
```

其中，参数 events 是可选的，表示要移除的元素的一个或多个用空格分隔的事件类型，如 click、focus click 等；参数 handler 也是可选的，表示从元素的指定事件移除绑定的函数名。该方法如果没有设置参数，将会移除指定元素的所有事件处理程序。

实例 13.5　移除页面中的事件绑定。其代码如下：

```
<html>
<head>
<script src="jquery.js" type="text/javascript"></script>
<script type="text/javascript">
$(document).ready(function(){
  $("p").click(function(){            //为<p>元素绑定 click 事件
    $(this).slideToggle();            //单击该元素时，为当前元素设置滑动隐藏的方法
  });
  $("button").click(function(){      //为页面中的按钮绑定 click 事件
    $("p").unbind();//为页面中的所有<p>元素移除绑定
  });
});
</script>
</head>
<body>
<p>这是一个段落。</p>
<p>这是另一个段落。</p>
<p>单击任何段落可以令其消失。包括本段落。</p>
<button>删除 p 元素的事件处理器</button>
</body>
</html>
```

在页面的<head>部分定义了页面载入事件处理程序$(document).ready(function)，在该函数中通过首先为页面中所有的<p>元素绑定了 click 事件，并在 click 事件处理程序中通过调用 slideToggle()方法实现将页面中全部<p>元素滑动隐藏的效果。然后又为页面中的<button>元素绑定了 click 事件，并在其事件处理程序中通过调用 unbind()方法为页面中全部<p>元素移除绑定。因此页面载入后，单击任何一个<p>元素中的文字，都将会使该文字滑动隐藏，但是当单击页面中的按钮后，再单击页面中的<p>元素中的文字将不会有任何变化，这是因为此时页面中的所有<p>元素上将没有任何事件处理程序。

第二种形式是使用 Event 对象来取消绑定事件处理程序，其具体语法结构如下：

```
$(selector).unbind(eventObj)
```

其中，参数 eventObj 是一个 Event 对象，用于移除传入该对象的事件处理程序。这种形式往往用于对自身内部的事件取消绑定(如当事件已被触发一定次数之后删除事件处理程序)。

在程序中使用 Event 对象非常方便，只需要为函数添加一个参数，具体示例代码如下：

```
$("element").bind("click",function(e){
  ...
});
```

这样，当单击 element 元素时，Event 对象就被创建了，这个 Event 对象只有事件处理函数才能访问到，事件处理函数执行完毕后，Event 对象将被自动销毁。

实例 13.6　通过 Event 对象移除页面中的事件绑定。其代码如下：

```
<html>
<head>
<script src="jquery.js" type="text/javascript"></script>
<script type="text/javascript">
$(document).ready(function(){
  var x=0;
  $("p").click(function(e){//绑定事件
    $("p").animate({fontSize:"+=5px"});//执行字体增大效果的方法
    x++;
    if (x>=2)//判断单击是否超过两次
      {
      $(this).unbind(e);//将根据传入的事件对象移除事件绑定
      }
  });
});
</script>
</head>
<body>
<p style="font-size:20px;">单击这个段落可以增加其大小。只能增加两次。</p>
</body>
</html>
```

在页面的<head>部分定义了页面载入事件处理程序$(document).ready(function)，在该函数中通过首先为页面中所有的<p>元素绑定了 click 事件，并将触发的事件对象保存在对象 e 中，并在 click 事件处理程序中通过选择器查找到页面中的<p>元素，通过调用 animate()方法实现将页面中全部<p>元素中文字字体增大的效果。当代表单击次数的变量 x 的值超过 2 时，将根据传入的事件对象 e 来移除事件绑定。因此，当单击页面中的按钮后，再次单击页面中的任何<p>元素都不会再出现文字字体增大的效果了。

13.5   jQuery 中的事件冒泡

在介绍 jQuery 中的事件冒泡之前，首先要清楚 jQuery 中事件及事件处理程序的内在运行机制。当一个事件发生的时候，该事件总是有一个事件源，即引发这个事件的元素对象。当事件发生后，这个事件就要开始传播。因为事件源本身并没有处理事件的能力。例如，单击页面中一个按钮时，就会产生一个 click 事件，但按钮本身不能处理这个事件，事件必须从这个按钮传播出去，到达能够处理这个事件的事件处理程序中。当事件在传播过程中，找到了一个能够处理它的函数，这时就说这个函数捕捉到了这个事件。

事件的传播是有方向的，当单击一个按钮时所产生的事件从这个按钮处开始向上传播 (就像一个水泡从杯底冒上来，这就是之所以叫事件冒泡的原因)，但这个事件总是寻找特定的事件处理程序。例如，按钮的 click 事件先寻找在按钮上是否有指向一个存在的函数或一段可执行的语句，如果有则执行这个函数或语句；然后事件继续向上传播，到达按钮的上一层对象(如一个 form 对象或 document 对象，总之是包含了按钮的父对象)，如果该对象也定义了 click 事件的事件处理程序，则事件处理程序也会被执行。

因此，这种事件按照 DOM 的层次结构像水泡一样不断向上直至顶端的现象就叫做事件冒泡。事件冒泡可能会引起预料之外的结果。例如，本想只触发某个元素的 click 事件，然后由于该元素的父元素中也定义了 click 事件的事件处理程序，因此，父元素的 click 事件也会被触发，所以，有必要对事件的作用范围进行限制。

jQuery 中阻止事件冒泡共有两种方式。第一种方式是通过 stopPropagation()方法来停止事件冒泡。jQuery 示例代码如下：

```
$('form').bind("submit",function(event){
    event.stopPropagation();//停止事件冒泡
});
```

上述代码表示，只会触发<form>元素的 submit 事件，但不会触发包含<form>元素的上一级元素的 submit 事件。

在 jQuery 中，通过使用 preventDefault()方法可以取消默认的行为。网页中的元素具有自己默认的行为。例如，单击超链接后会进行页面跳转，单击"提交"按钮后表单会提交，有时需要阻止元素的默认行为。jQuery 示例代码如下：

```
$('form').bind("submit",function(event){
    event.preventDefault();
});
```

第二种方式是在事件处理方法中通过返回 false 来取消默认的行为，并阻止事件起泡。这是对事件对象上同时调用 stopPrapagation()方法和 preventDefault()方法的一种简写方式。jQuery 示例代码如下：

```
$("form").bind("submit",function() {
    return false;
});
```

实例 13.7　阻止事件冒泡。其代码如下：

```
<html>
<head>
<script src="jquery.js" type="text/javascript">
</script>
<script>
$(document).ready(function(){
  $("span").click(function(event){//<span>元素绑定 click 事件
    event.stopPropagation();//阻止事件冒泡
    alert("The span element was clicked.");
  });
  $("p").click(function(event){ //<p>元素绑定 click 事件
    alert("The p element was clicked.");
  });
  $("div").click(function(){//<div>元素绑定 click 事件
    alert("The div element was clicked.");
  });
});
</script>
</head>
<body>
<div style="height:100px;width:500px;padding:10px;border:1px
solid blue;background-color:lightblue;">
This is a div element.
<p style="background-color:pink">This is a p element, in the div element.
<br>
<span style="background-color:orange">This is a span element in the p and
the div element.</span></p></div>
</body>
</html>
```

在页面中定义了一个<div>元素，在该元素中包含了一个<p>子元素，<p>元素中又包含了一个<span>子元素，这 3 个元素之间形成了一种包含关系。在页面的<head>部分定义了页面载入事件处理程序$(document).ready(function)，在该函数中分别为<div>、<p>和<span>元素绑定了 click 事件，当单击<p>元素时将发生事件冒泡，即触发了<p>元素的事件同时又触发了包含<p>元素的<div>元素的事件。所以单击<p>元素时将先后弹出两个警告框。当单击<span>元素时，由于在其事件处理程序中调用了 stopPropagation()方法，将阻止事件冒泡，所以包含<span>元素的<p>元素以及包含<p>元素的<div>元素上的 click 事件将不会被触发，因此单击<span>元素将只弹出一个警告框。

13.6　jQuery 中的模拟事件触发操作

通过之前的介绍可以看到，jQuery 中的事件往往是通过用户对页面中的元素进行操作而产生的，如通过单击按钮才能触发按钮元素的 click 事件。但有时候需要通过模拟用户的操作来达到相同的触发事件的效果。在 jQuery 中可以使用 trigger()方法来完成模拟操作，完成事件触发。

trigger()方法将触发被选元素的指定事件，其基本语法格式如下：

```
$(selector).trigger(event,[param1,param2,...])
```

其中，参数 event 是必选项，用来指定元素要触发的事件类型，该事件既可以是自定义事件(使用 bind()函数来绑定)，也可以是任何标准事件；参数[param1,param2,...]是可选的，表示传递到事件处理程序的额外参数。

可以使用以下示例代码来触发 id 为 btn 的按钮的 click 事件。

```
$('#btn').trigger("click");
```

这样，当页面装载完毕后，将会自动实现单击按钮的操作，触发 click 事件。

也可以直接简化代码，达到同样的效果：

```
$('#btn').click();
```

trigger()方法除了可以触发标准事件外，还可以触发自定义事件。例如，以下代码为元素绑定一个 myClick 事件，jQuery 代码如下：

```
$('#btn').bind("myClick", function(){
    $('#myview').append("<p>自定义事件内容</p>");
});
```

若要模拟触发该事件，可以使用以下代码：

```
$('#btn').trigger("myClick");
```

实例 13.8　模拟触发事件操作。其代码如下：

```
<html>
<head>
<script src="jquery.js" type="text/javascript"></script>
<script type="text/javascript">
$(document).ready(function(){
  $("input").select(function(){//绑定 select 事件
    $("input").after("文本被选中！");//在 input 元素中插入文本
  });
  $("button").click(function(){//绑定 click 事件
    $("input").trigger("select");//利用 trigger 方法模拟触发指定事件
  });
});
</script>
</head>
<body>
<input type="text" name="FirstName" value="Hello World" />
<br/>
<button>触发 input 元素的 select 事件</button>
</body>
</html>
```

在页面的<head>部分定义了页面载入事件处理程序$(document).ready(function)，在该函数中定义了<input>元素的选中事件处理程序$("input").select (function)，该函数将在页面中的<input>被单击时触发，接着又定义了单击按钮事件处理程序$("button").click(function)，该函数将在页面中的按钮被单击时触发，该函数将通过 trigger 方法为<input>元素模拟 select 事件。因此，当单击页面中的按钮时，相当于模拟页面中的<input>元素的 select 事件。单击按钮前后的页面对照如图 13-5 所示。

图 13-5　单击按钮创建选中<input>元素前后的页面对比

trigger()方法触发事件后，会执行事件在浏览器中的默认操作。例如，以下示例代码：

```
$("input").trigger("focus");
```

上述代码不仅会触发<input>元素的 focus 事件，也会使<input>元素本身得到焦点(浏览器默认操作)。如果只是想触发绑定的事件，而不想执行浏览器默认操作，可以使用 jQuery 中另一个功能类似的方法——triggerHandler()。

例如，以下示例代码：

```
$("input").triggerHandler("focus");
```

该方法将会触发<input>元素上绑定的事件，但不会执行浏览器对该事件的默认操作，即页面中的<input>元素不会得到焦点。

实例 13.9　模拟触发事件而不执行默认操作。其代码如下：

```html
<html>
<head>
<script src="jquery.js" type="text/javascript"></script>
<script>
$( document ).ready(function() {
$("input[type='checkbox']").bind("click",function(){ //绑定 click 事件
$("#test").val("www.baidu.com"); //为文本框添加文本属性
});
});
function bntClick(){
$("input[type='checkbox']").triggerHandler("click"); //设置模拟触发事件
}
</script>
</head>
<body>
<input type="checkbox" />
<input type="text" id="test"/>
<input type="button" value="button" id="bnt" onclick="bntClick()"/>
</body>
</html>
```

在页面的<head>部分定义了页面载入事件处理程序$(document).ready(function)，在该函数中定义了复选框的 click 事件的处理程序，当单击复选框时，复选框将被选中，并将文本框中赋值 www.baidu.com，而页面中按钮的 click 事件处理程序中，利用 triggerHandler()方法设置了模拟触发事件，因此，当单击按钮时，就只会给文本框赋值，而不会勾选复选框。如果将程序中的 triggerHandler()方法替换为 trigger()方法，单击按钮时，就会执行与单击复选框同样的操作。执行 trigger()方法与 triggerHandler()方法的页面对照如图 13-6 所示。

图 13-6　执行 trigger()方法与 triggerHandler()方法的页面对比

13.7　jQuery 中的合成事件

在 HTML 页面中，有些效果是通过将多个事件合并到一起实现的，如 mouseover、mouseout 等。jQuery 中提供了一些方法来实现将两种效果合并到一起。

jQuery 中主要有两个合成事件处理方法——hover()方法和 toggle()方法，与前面介绍过的 ready()方法类似，hover()方法和 toggle()方法都属于 jQuery 自定义的方法。

13.7.1　hover()方法

hover()方法用于模拟光标悬停事件，用于规定当鼠标指针悬停在被选元素上时要运行的两个函数。该方法的基本语法结构如下：

```
$(selector).hover(enter,leave)
```

其中，参数 enter 和 leave 分别代表 mouseenter 和 mouseleave 两个事件的事件处理程序函数。当光标移动到元素上时，会触发指定的第一个函数(enter)，当光标移出这个元素时，会触发指定的第二个函数(leave)。

实例 13.10　鼠标悬停事件。其代码如下：

```
<html>
<head>
<script src="jquery.js" type="text/javascript">
</script>
<script>
$(document).ready(function(){
  $("p").hover(function(){//绑定 hover 事件
```

```
    $("p").css("background-color","yellow");//设置 mouseenter 事件发生时运行
的函数
    },function(){
    $("p").css("background-color","pink");//设置mouseleave事件发生时运行的函数
  });
});
</script>
</head>
<body>
<p>鼠标悬停在该段文字上.</p>
</body>
</html>
```

在页面的<head>部分定义了页面载入事件处理程序$(document).ready(function)，在该函数中为页面中的<p>元素设置了 hover 事件的事件处理程序，在 hover()方法的两个参数中，分别定义了函数，当 mouseenter 和 mouseleave 事件触发时，<p>元素的背景色都将发生改变。鼠标移入和移出段落文本时的页面对照如图 13-7 所示。

图 13-7　鼠标移入和移出段落文本时的页面对比

13.7.2　toggle()方法

toggle()方法用于绑定两个或多个事件处理器函数，以响应被选元素的轮流的单击事件，当指定元素被单击时，在两个或多个函数之间轮流切换。该方法的基本语法结构如下：

```
$(selector).toggle(function1(),function2()[,functionN(),...])
```

其中，参数 function1()和 function2()都是必选项。分别表示当元素在每偶数次或奇数次被单击时要运行的函数；参数 functionN()为可选项，表示需要切换的其他函数。

如果 toggle()方法具有两个以上的参数，则该方法将切换调用所有函数。例如，如果存在 3 个函数，则第一次单击将调用第一个函数，第二次单击调用第二个函数，第三次单击调用第三个函数，第四次单击再次调用第一个函数，以此类推。

说明：　toggle()方法还可以用于切换元素的可见状态。如果被选元素可见，则隐藏这些元素；如果被选元素隐藏，则显示这些元素。相当于 hide()与 show()方法的作用。

实例 13.11 单击轮流切换事件。其代码如下：

```html
<html>
<head>
<script src="jquery.js" type="text/javascript"></script>
<script type="text/javascript">
$(document).ready(function(){
  $("button").toggle(function(){//绑定单击轮流切换事件
    $("body").css("background-color","green");},
    function(){
    $("body").css("background-color","red");},
    function(){
    $("body").css("background-color","yellow");}
  );
});
</script>
</head>
<body>
<button>请单击这里，来切换不同的背景颜色</button>
</body>
</html>
```

在页面的<head>部分定义了页面载入事件处理程序$(document).ready(function)，在该函数中为页面中的<button>元素设置了 toggle 事件的事件处理程序，在 toggle()方法中定义了 3 个函数，这 3 个函数分别设置了页面的不同背景色。因此，当单击页面中的按钮时，每次单击页面的背景色都会发生改变。

课 后 小 结

jQuery 中的事件处理方法是 jQuery 中的核心部分，这些方法是 jQuery 为处理 HTML 事件而特别设计的。本章主要介绍了 jQuery 中事件处理方法的绑定、移除等基本操作，以及事件冒泡、模拟事件触发操作和合成事件等高级应用。

习 题

一、简答题

1. 简述 jQuery 中 3 种绑定事件方法的异同。
2. 简述 jQuery 中两种阻止事件冒泡的方式。

二、上机练习题

1. 利用 jQuery 编写一个程序，通过单击页面中的两个按钮分别实现页面中<p>元素的隐藏和显示操作。
2. 利用 jQuery 编写一个程序，实现当用户单击链接离开本页时，弹出一个消息框的操作。

第 14 章
jQuery 的动画效果

学习目标：

在网页中嵌入动画已成为近来网页设计的一种趋势，而程序开发人员一般都比较头痛实现页面中的动画效果，但是利用 jQuery 中提供的动画方法，能够轻松地为网页添加精彩的视觉效果，瞬间成为动画高手。

内容摘要：

- 掌握 jQuery 中的显示与隐藏效果
- 掌握 jQuery 中的滑动效果
- 掌握 jQuery 中的淡入淡出效果
- 掌握 jQuery 中的自定义动画效果

14.1 显示与隐藏效果

页面中元素的显示与隐藏效果是最基本的动画效果，jQuery 中提供了 hide()和 show()方法来方便地实现此功能。

14.1.1 隐藏元素的 hide()方法

hide()方法是 jQuery 中最基本的动画方法，在 HTML 页面中，为一个元素调用 hide()方法，相当于调用 css()方法将元素的 display 属性的值设置为 none。该方法的基本语法格式如下：

```
$(selector).hide(speed,callback)
```

该方法中的两个参数都是可选的。参数 speed 表示元素从可见到隐藏的速度。其默认为 "0"，可选值为 slow、normal、fast 和代表毫秒的整数值。在设置速度的情况下，元素从可见到隐藏的过程中，会逐渐地改变其高度、宽度、外边距、内边距和透明度。参数 callback 表示 hide()函数执行完之后要执行的函数。

例如，下面示例代码：

```
$("p").hide();
```

将使得页面中的<p>元素隐藏。

在不带任何参数的情况下，其作用是立即隐藏匹配的元素，不会有任何动画效果。如果希望调用 hide()方法使元素慢慢消失，则可以为 hide()方法指定一个速度参数。例如，下面示例代码：

```
$("p").hide("slow");
```

上述代码将使元素<p>在 600ms 内慢慢地消失，其他的速度值还有 normal(400ms)和 fast(200ms)。

实例 14.1 实现页面中元素消失的效果。其代码如下：

```
<html>
<head>
<script src="jquery.js" type="text/javascript"></script>
<script type="text/javascript">
$(document).ready(function(){
  $(".btn1").click(function(){//绑定单击按钮事件
  $("p").hide(1000);//<p>元素绑定消失方法
  });
});
</script>
</head>
<body>
<p>This is a paragraph.</p>
<button class="btn1">Hide</button>
```

```
</body>
</html>
```

在页面的<head>部分定义了页面载入事件处理程序$(document).ready(function)，在该函数中将单击按钮 click 事件与事件处理程序绑定，在事件处理程序中，调用 hide()方法，并在方法中设置元素消失的时间为 1000ms，这样，当单击页面中的按钮后，页面中的<p>元素将在 1000ms 内逐渐消失。

14.1.2　显示元素的 show()方法

show()方法的功能与 hide()方法正好相反，其功能是如果被选元素已被隐藏，则显示这些元素。其基本语法格式如下：

```
$(selector).show(speed,callback)
```

其参数的含义与 hide()方法中参数的含义完全相同。

实例 14.2　实现页面中元素显示的效果。其代码如下：

```
<html>
<head>
<script src="jquery.js" type="text/javascript"></script>
<script type="text/javascript">
$(document).ready(function(){
  $(".btn1").click(function(){  //绑定单击事件
  $("p").hide(1000);            // <p>元素绑定消失方法
  });
  $(".btn2").click(function(){  //绑定单击事件
  $("p").show(1000,showColor);  // <p>元素绑定显示方法，并且设置显示后执行的方法
  $("p").css("background-color","red");
  });
});
function showColor()//定义显示方法执行后要执行的方法
{
$("p").css("background-color","green");
}
</script>
</head>
<body>
<p>This is a paragraph.</p>
<button class="btn1">Hide</button>
<button class="btn2">Show</button>
</body>
</html>
```

在页面的<head>部分定义了页面载入事件处理程序$(document).ready(function)，在该函数中首先与实例 14.1 中一样，定义了单击按钮 click 事件与事件处理程序绑定，在事件处理程序中，调用 hide()方法，并在方法中设置元素消失的时间为 1000ms，这样，当单击页面中的按钮后，页面中的<p>元素将在 1000ms 内逐渐消失。然后又定义了另一个按钮的 click 事件处理程序，在事件处理程序中，调用 show()方法，实现页面中<p>元素在 1000ms

内逐渐显示的效果，在 show()方法中通过参数还设置了执行完 show()方法后再执行的方法 showColor()。这样，当单击页面中 Show 按钮后，页面中的<p>元素将显示，并且背景色将首先被设置为红色，然后又会变为绿色。

14.1.3　交替显示隐藏元素

jQuery 中提供的 toggle()方法可以实现交替显示和隐藏元素的功能，即自动切换 hide() 和 show()方法。该方法将检查每个元素是否可见。如果元素已隐藏，则运行 show()方法。如果元素可见，则运行 hide()方法，从而实现交替显示隐藏元素的效果。该方法的基本语法格式如下：

```
$(selector).toggle(speed,callback)
```

其参数的含义与 hide()方法中参数的含义完全相同。

实例 14.3　实现页面中交替显示隐藏元素效果。其代码如下：

```
<html>
<head>
<script src="jquery.js" type="text/javascript"></script>
<script type="text/javascript">
$(document).ready(function(){
  $(".btn1").click(function(){//绑定按钮单击事件
  $("p").toggle(1000);// <p>元素绑定交替显示隐藏元素的方法
  });
});
</script>
</head>
<body>
<p>This is a paragraph.</p>
<button class="btn1">Toggle</button>
</body>
</html>
```

在页面的<head>部分定义了页面载入事件处理程序$(document).ready(function)，在该函数中将单击按钮 click 事件与事件处理程序绑定，在事件处理程序中，调用 toggle()方法，并在方法中设置元素显示或隐藏的时间为1000ms，这样，当单击页面中的按钮后，页面中的<p>元素将根据元素是否可见，在 1000ms 内逐渐地显示或隐藏。

14.2　滑　动　效　果

通过 jQuery，可以在元素上创建滑动效果。依据滑动效果的不同，jQuery 拥有以下滑动方法：slideDown()、slideUp()和 slideToggle()。

14.2.1　向上收缩效果

jQuery 中的 slideUp()方法用于向上滑动元素，从而实现向上收缩效果。该方法实际上是改变元素的高度，如果页面中的一个元素的 display 属性值为 none，则当调用 slideUp()方法时，元素将由下到上缩短显示。

slideUp()方法的基本语法格式如下：

```
$(selector).slideUp(speed,callback)
```

其参数的含义与 hide()方法中参数的含义完全相同。

实例 14.4　实现元素向上收缩效果。其代码如下：

```
<html>
<head>
<script src="jquery.js" type="text/javascript"></script>
<script type="text/javascript">
$(document).ready(function(){
  $(".flip").click(function(){//绑定 click 事件
    $(".panel").slideUp("slow");//调用 slideUp()方法实现向上收缩效果
  });
});
</script>
<style type="text/css">
div.panel,p.flip
{
margin:0px;
padding:5px;
text-align:center;
background:#e5eecc;
border:solid 1px #c3c3c3;
}
div.panel
{
height:120px;
}
</style>
</head>
<body>
<div class="panel">
<p>向上收缩效果</p>
</div>
<p class="flip">请单击这里</p>
</body>
</html>
```

在页面的<head>部分定义了页面载入事件处理程序$(document).ready(function)，在该函数中将页面中类名为 flip 的元素绑定 click 事件，在事件的处理程序中调用 slideUp()方法实现类名为 panel 的元素的向上收缩效果。这样当单击页面中的<p class="flip">元素时，页面中的<div class="panel">元素将缓慢向上收缩。

14.2.2　向下展开效果

jQuery 中提供了 slideDown()方法用于向下滑动元素，该方法通过使用滑动效果，将逐渐显示或隐藏被选择元素。该方法实现的效果适用于通过 jQuery 隐藏的元素，或在 CSS中声明 display:none 的元素。该方法的基本语法格式如下：

```
$(selector).slideDown(speed,callback)
```

其参数的含义与 hide()方法中参数的含义完全相同。

📖 **说明：**　如果元素已经是完全可见，则该效果不产生任何变化，除非规定了 callback函数。

实例 14.5　实现元素向下展开效果。其代码如下：

```
<html>
<head>
<script src="jquery.js" type="text/javascript"></script>
<script type="text/javascript">
$(document).ready(function(){
  $(".btn1").click(function(){  //绑定 click 事件
  $("p").slideUp(1000);          // 调用 slideUp()方法实现向上收缩效果
  });
  $(".btn2").click(function(){  //绑定 click 事件
  $("p").slideDown(1000);        // 调用 slideDown()方法实现向下展开效果
  });
});
</script>
</head>
<body>
<p>This is a paragraph.</p>
<button class="btn1">Hide</button>
<button class="btn2">Show</button>
</body>
</html>
```

在页面的<head>部分定义了页面载入事件处理程序$(document).ready(function)，在该函数中将页面中的两个按钮分别绑定 click 事件，在事件处理程序中分别调用 slideUp()方法和 slideDown()方法实现页面中<p>元素的向上收缩效果和向下展开效果。

14.2.3　交替伸缩效果

jQuery 中的 slideToggle()方法通过使用滑动效果(高度变化)来切换元素的可见状态。如果被选元素是可见的，则隐藏这些元素，如果被选元素是隐藏的，则显示这些元素。该方法的基本语法格式如下：

```
$(selector).slideToggle(speed,callback)
```

其参数的含义与 hide()方法中参数的含义完全相同。

📖 **说明：**　如果元素已经隐藏，则该效果不产生任何变化，除非规定了 callback 函数。

实例 14.6　实现元素交替伸缩效果。其代码如下：

```
<html>
<head>
<script src="jquery.js" type="text/javascript"></script>
<script type="text/javascript">
$(document).ready(function(){
  $(".btn1").click(function(){//绑定 click 事件
  $("p").slideToggle(1000);
  });
});
</script>
</head>
<body>
<p>This is a paragraph.</p>
<button class="btn1">Toggle</button>
</body>
</html>
```

在页面的<head>部分定义了页面载入事件处理程序$(document).ready(function)，在该函数中将单击按钮 click 事件与事件处理程序绑定，在事件处理程序中，调用 slideToggle()方法来实现通过单击按钮切换上下滑动地显示和隐藏元素的功能。

14.3　淡入淡出效果

jQuery 中提供了 fadeIn()、fadeOut()、fadeToggle()和 fadeTo()等方法，用来实现元素的淡入淡出效果。

14.3.1　淡入效果

fadeIn()方法用于淡入显示已隐藏的元素。与 show()方法不同的是，fadeIn()方法只是改变元素的不透明度，该方法会在指定的时间内提高元素的不透明度，直到元素完全显示。

fadeIn()方法的基本语法格式如下：

```
$(selector).fadeIn(speed,callback)
```

其中，参数 speed 是可选的，用来设置效果的时长，其取值可以为 slow、fast 或表示毫秒的整数；参数 callback 也是可选的，表示淡入效果完成后所执行的函数名称。

实例 14.7　实现元素淡入效果。其代码如下：

```
<html>
<head>
```

```
<script src="jquery.js" type="text/javascript"></script>
<script>
$(document).ready(function(){
  $("button").click(function(){        //绑定 click 事件
    $("#div1").fadeIn();//<div1>元素调用 fadeIn()方法实现淡入效果
    $("#div2").fadeIn("slow");        //<div2>元素调用 fadeIn()方法实现淡入效果
    $("#div3").fadeIn(3000);          // <div3>元素调用 fadeIn()方法实现淡入效果
  });
});
</script>
</head>
<body>
<p>演示带有不同参数的 fadeIn()方法。</p>
<button>单击这里，使三个矩形显示淡入效果</button>
<br><br>
<div id="div1" style="width:80px;height:80px;display:none;background-
color:red;"> </div>
<br>
<div id="div2" style="width:80px;height:80px;display:none;background-
color:green;">
</div>
<br>
<div id="div3" style="width:80px;height:80px;display:none;background-
color:blue;"></div>
</body>
</html>
```

在页面的<head>部分定义了页面载入事件处理程序$(document).ready(function)，在该函数中将单击按钮 click 事件与事件处理程序绑定，在事件处理程序中，针对页面中 3 个不同的<div>元素分别调用 fadeIn()方法，设置不同的淡入效果时长，使页面中 3 个<div>元素表示的矩形区域显示出淡入效果。单击按钮后，执行淡入效果后的页面如图 14-1 所示。

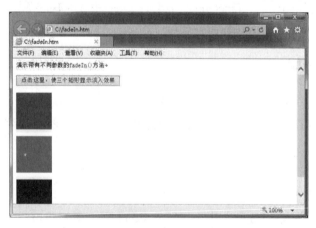

图 14-1　单击按钮执行<div>元素淡入效果后的页面

14.3.2　淡出效果

jQuery 中的 fadeOut()方法用于淡出可见元素。该方法与 fadeIn()方法相反，会在指定的时间内降低元素的不透明度，直到元素完全消失。

fadeOut()方法的基本语法格式如下：

```
$(selector).fadeOut(speed,callback)
```

其参数的含义与 fadeIn()方法中参数的含义完全相同。

实例 14.8　实现元素淡出效果。其代码如下：

```
<html>
<head>
<script src="jquery.js" type="text/javascript"></script>
<script type="text/javascript">
$(document).ready(function(){
  $("button").click(function(){       //绑定 click 事件
    $("#div1").fadeOut();//<div1>元素调用 fadeOut()方法实现淡出效果
    $("#div2").fadeOut("slow");       //<div2>元素调用 fadeOut()方法实现淡出效果
    $("#div3").fadeOut(3000);         //<div3>元素调用 fadeOut()方法实现淡出效果
  });
});
</script>
</head>
<body>
<p>演示带有不同参数的 fadeOut()方法。</p>
<button>单击这里，使三个矩形淡出</button>
<br><br>
<div id="div1" style="width:80px;height:80px;background-color:red;"></div>
<br>
<div id="div2" style="width:80px;height:80px;background-color:green;">
</div>
<br>
<div id="div3" style="width:80px;height:80px;background-color:blue;">
</div>
</body>
</html>
```

在页面的<head>部分定义了页面载入事件处理程序$(document).ready(function)，在该函数中将单击按钮 click 事件与事件处理程序绑定，在事件处理程序中，针对页面中 3 个不同的<div>元素分别调用 fadeOut()方法，设置不同的淡出效果时长，使页面中 3 个<div>元素表示的矩形区域显示出淡出效果。单击按钮后，执行淡出效果前后的页面对照如图 14-2 所示。

图 14-2　单击按钮执行<div>元素淡出效果前后的页面对照

14.3.3　交替淡入淡出效果

jQuery 中的 fadeToggle()方法可以在 fadeIn()与 fadeOut()方法之间进行切换。如果元素已淡出，则 fadeToggle()会向元素添加淡入效果。如果元素已淡入，则 fadeToggle()会向元素添加淡出效果。

fadeToggle()方法的基本语法格式如下：

```
$(selector).fadeToggle(speed,callback)
```

其参数的含义与 fadeIn()方法中参数的含义完全相同。

实例 14.9　实现元素交替淡入淡出效果。其代码如下：

```
<html>
<head>
<script src="jquery.js" type="text/javascript"></script>
<script>
$(document).ready(function(){
  $("button").click(function(){//绑定 click 事件
    $("#div1").fadeToggle();//<div1>元素调用 fadeToggle()方法实现淡入淡出效果
    $("#div2").fadeToggle("slow");
    //<div2>元素调用 fadeToggle()方法实现淡入淡出效果
    $("#div3").fadeToggle(3000);
    //<div3>元素调用 fadeToggle()方法实现淡入淡出效果
  });
});
</script>
</head>
<body>
<p>演示带有不同参数的 fadeToggle()方法。</p>
<button>单击这里，使三个矩形淡入淡出</button>
<br><br>
<div id="div1" style="width:80px;height:80px;background-color:red;"></div>
<br>
<div id="div2" style="width:80px;height:80px;background-color:green;"></div>
<br>
<div id="div3" style="width:80px;height:80px;background-color:blue;"> </div>
</body>
</body>
</html>
```

在页面的<head>部分定义了页面载入事件处理程序$(document).ready(function)，在该函数中将单击按钮 click 事件与事件处理程序绑定，在事件处理程序中，针对页面中 3 个不同的<div>元素分别调用 fadeToggle()方法，设置不同的交替淡入淡出效果时长，使页面中 3 个<div>元素表示的矩形区域显示交替的淡入淡出效果。即单击按钮后，如果元素显示，则执行淡出效果；如果元素隐藏，则执行淡入效果。

14.3.4　不透明效果

fadeTo()方法可以把元素的不透明度以渐进方式调整到指定的值。这个动画效果只是调整元素的不透明度，即匹配元素的高度和宽度不会发生变化。该方法的基本语法格式如下：

```
$(selector).fadeTo(speed,opacity,callback)
```

其中，参数 speed 表示元素从当前透明度到指定透明度的速度，可选值为 slow、normal、fast 和代表毫秒的整数值；参数 opacity 是必选项，表示要淡入或淡出的透明度，必须是介于 0.00～1.00 之间的数字；参数 callback 是可选项，表示 fadeTo()函数执行完之后要执行的函数。

实例 14.10　实现元素的不透明效果。其代码如下：

```
<html>
<head>
<script src="jquery.js" type="text/javascript"></script>
<script type="text/javascript">
$(document).ready(function(){
  $(".btn1").click(function(){//绑定 click 事件
  $("p").fadeTo(1000,0.4);//<p>元素调用 fadeTo()方法实现不透明效果
  });
});
</script>
</head>
<body>
<p>This is a paragraph.</p>
<button class="btn1">FadeTo</button>
</body>
</html>
```

在页面的<head>部分定义了页面载入事件处理程序$(document).ready(function)，在该函数中将单击按钮 click 事件与事件处理程序绑定，在事件处理程序中，利用选择器选中页面中的<p>元素，并调用 fadeTo()方法实现<p>元素的不透明效果。因此，当单击页面中的按钮过后，页面中<p>元素中的文字将逐渐变为不透明效果。

14.4　自定义动画效果

前面已经介绍了利用 jQuery 提供的方法实现 3 种动画效果，在很多情况下，这些方法无法完全满足用户的各种需求，如果需要对动画进行更多的控制，这就需要一些高级的自

定义动画效果来实现。

14.4.1　自定义动画

在 jQuery 中，可以使用 animate()方法来自定义动画，该方法的基本语法格式如下：

```
$(selector).animate(styles,speed,easing,callback)
```

其中，参数 styles 是必选项，表示产生动画效果的 CSS 样式和值；参数 speed 表示动画的速度，默认值是 normal，可选值为 slow、normal、fast 和代表毫秒的整数值；参数 easing 是可选项，表示在不同的动画点中设置动画速度的 easing 函数。jQuery 内置的 easing 函数包括 swing 和 linear。

animate()方法本质上是通过 CSS 样式将元素从一个状态改变为另一个状态。CSS 属性值是逐渐改变的，这样就可以创建动画效果了。对于这些 CSS 属性，只有数字值可创建动画(如 "margin:30px")，而字符串值无法创建动画(如 "background-color:red")。

实例 14.11　实现元素的自定义动画效果。其代码如下：

```
<html>
<head>
<script src="jquery.js" type="text/javascript"></script>
<script type="text/javascript">
$(document).ready(function(){
  $(".btn1").click(function(){//绑定 click 事件
  $("p").animate({font:"30px arial,sans-serif"});//文字变大，实现动画效果
  });
  $(".btn2").click(function(){//绑定 click 事件
  $("p").animate({font:"15px arial,sans-serif"});//文字变小，实现动画效果
  });
});
</script>
</head>
<body>
<p style="background-color:yellow;font:15px arial,sans-serif;">
This is a paragraph.</p>
<button class="btn1">Animate</button>
<button class="btn2">Reset</button>
</body>
</html>
```

在页面的<head>部分定义了页面载入事件处理程序$(document).ready(function)，在该函数中分别为两个<button>元素绑定了 click 事件，在其各自的事件处理程序中，通过选择器查找页面中的<p>元素，并分别调用 animate()方法修改 CSS 的字体属性改变<p>元素中文字的大小，从而实现自定义的动画效果。当单击 Animate 按钮时，<p>元素中的文字将显示字体变大的动画效果，当单击 Reset 按钮时，<p>元素中的文字将显示字体变小的动画效果。当单击 Animate 按钮和 Reset 按钮后页面的对照如图 14-3 所示。

图 14-3　单击 Animate 按钮和 Reset 按钮后的页面对照

14.4.2　动画队列

上述介绍的 jQuery 的实现动画效果的方法，都是在元素上实现一种动画效果，虽然可以在 animate()方法中应用多个 CSS 属性实现动画效果，但这时每个属性产生的动画效果是同时产生的。如果想在一个元素上实现连续的动画效果，就需要使用动画队列方法。

在 jQuery 中，有一组队列控制方法，这组方法包括 queue()、dequeue()和 clearQueue() 3 个方法，它们对需要连续按序执行的函数的控制可以说是简明自如，主要应用于实现动画队列的 animate()方法、ajax 以及其他要按时间顺序执行的事件中。

queue()方法的基本语法格式如下：

```
$(selector).queue(name,[callback])
```

其中，参数 name 为必选项，当只传入该参数时，方法将返回并指向第一个匹配元素的队列(将是一个函数数组，队列名默认是 fx)，参数 callback 是可选项，该参数又分两种情况，当该参数是一个函数时，它将在匹配的元素的队列最后添加一个函数。当该参数是一个函数数组时，它将匹配元素的队列用新的一个队列来代替(函数数组)。

dequeue()方法的基本语法格式如下：

```
$(selector).dequeue(queueName)
```

该方法的基本功能就是从队列最前端移除一个队列函数，并执行它。其中，参数 queueName 是可选的，表示函数序列的名称，其默认值是 fx。

页面中每个元素均可拥有一到多个由 jQuery 添加的函数队列。在大多数元素中，只使用一个队列(名为 fx)。队列运行在元素上异步地调用动作序列，而不会终止程序执行。典型例子是调用元素上的多个动画方法。例如：

```
$('#foo').slideUp().fadeIn();
```

当这条语句执行时，元素会立即开始其滑动动画，这时执行淡入效果的方法被置于 fx 队列，只有当滑动效果方法完成后才会被调用。

而 queue()方法允许直接对这个函数队列进行操作。可以新建一个数组，把动画函数依次放进去，这样更改动画顺序，新加动画效果都非常方便。然后调用 queue()方法将这组动画函数数组加入队列中，利用 dequeue()方法取出函数队列中第一个函数，并执行它，从而完成连续动画执行的效果。

说明： 当通过 queue()方法设置函数队列时，应当确保最终调用了 dequeue()方法，
这样队列中下一个排队的函数才能执行。

实例 14.12 利用 queue()方法实现动画队列效果。其代码如下：

```html
<html>
<head>
<script src="jquery.js" type="text/javascript"></script>
<script type="text/javascript">
$(document).ready(function(){
  $(".flip").click(function(){//绑定click事件
 var _slideFun=[function(){$(".panel").slideUp(500,_takeOne);},
function(){$(".panel").fadeIn(800,_takeOne);}]; //创建函数数组
$(".panel").queue('slideList',_slideFun); //通过queue()方法设置函数队列
var _takeOne=function(){
$(".panel").dequeue('slideList'); };//获取队列中下一个函数执行
_takeOne();//执行队列中的下一个函数
});
});
</script>
<style type="text/css">
div.panel,p.flip
{
margin:0px;
padding:5px;
text-align:center;
background:#e5eecc;
border:solid 1px #c3c3c3;
}
div.panel
{
height:120px;
}
</style>
</head>
<body>
<div class="panel">
<p>动画队列效果</p>
</div>
<p class="flip">请单击这里</p>
</body>
</html>
```

在页面的<head>部分定义了页面载入事件处理程序$(document).ready(function)，在该
函数中为类名为 flip 的<p>元素绑定了 click 事件，在该事件的事件处理程序中，首先定义
了包含两个动画方法的函数数组，然后调用 queue()方法利用函数数组创建函数队列，最后
调用 dequeue()方法获取队列中下一个函数并执行。这样，就可以将函数数组中的多个动画
方法在某个元素上按照队列中的顺序依次执行，从而实现某个元素上的连续动画效果。当
单击页面中的<p class="flip">元素后，页面中<div class="panel">元素中的子元素及文字将

先显示向上收缩效果，然后接着显示淡入效果。

14.4.3　动画停止和延时

在 jQuery 中，通过 animate()等方法可以实现元素的动画效果显示，但在显示的过程中，必须要考虑各种客观因素和限制性条件的存在，因此，在执行动画时，可通过 stop()方法停止或 delay()方法延时某个动画的执行。

stop()方法的作用是停止当前正在运行的动画，该方法的基本语法格式如下：

```
$(selector).stop(stopAll,goToEnd)
```

其中，可选参数 stopAll 是一个布尔值，表示是否停止正在执行的动画；另外一个可选参数 gotoEnd 也是一个布尔值，表示是否立即完成正在执行的动画，该参数只能在设置了 stopAll 参数时使用。

实例 14.13　停止动画效果。其代码如下：

```
<html>
<head>
<script src="jquery.js" type="text/javascript"></script>
<script type="text/javascript">
$(document).ready(function(){
  $("#start").click(function(){              //绑定 click 事件
    $("#box").animate({height:300},"slow"); //连续执行动画效果
    $("#box").animate({width:300},"slow");
    $("#box").animate({height:100},"slow");
    $("#box").animate({width:100},"slow");
  });
  $("#stop").click(function(){               //绑定 click 事件
    $("#box").stop(true);                    //停止动画效果
  });
});
</script>
</head>
<body>
<p><button id="start">Start Animation</button>
<button id="stop">Stop Animation</button></p>
<div id="box" style="background:#98bf21;
height:100px;width:100px;position:relative">
</div>
</body>
</html>
```

在页面的<head>部分定义了页面载入事件处理程序$(document).ready(function)，在该函数中分别为两个<button>元素绑定了 click 事件，在 id 为 start 的<button>元素的 click 事件处理程序中，定义了 id 为 box 的<div>元素上 4 个连续的动画效果执行方法。因此，当单击 id 为 start 的按钮后，页面中的 id 为 box 的<div>元素将显示连续的动画效果。而在 id 为 stop 的<button>元素的 click 事件处理程序中，调用了 stop()方法，用来停止动画效果。因此，当单击 id 为 stop 的按钮后，页面中的 id 为 box 的<div>元素上的动画效果将立刻

停止。

delay()方法的作用是设置一个延时值来推迟后续队列中动画的执行，该方法的基本语法格式如下：

```
$(selector).delay(duration,[queueName])
```

其中，参数 duration 为延时的时间值，单位是毫秒；可选参数 queueName 表示动画队列的名称，默认值是动画队列 fx。

delay()方法允许将队列中的函数延时执行。它既可以推迟动画队列中函数的执行，也可以用于自定义队列。只有队列中连续的事件会延迟。例如，不带参数的 show()或者 hide()方法不会延迟，因为它们没有使用动画队列。

实例 14.14 动画延迟效果。其代码如下：

```
<html>
<head>
<style>
div { position: absolute; width: 60px; height: 60px; float: left; }
.first { background-color: #3f3; left: 0;}
.second { background-color: #33f; left: 80px;}
</style>
<script src="jquery.js" type="text/javascript"></script>
<script type="text/javascript">
$(document).ready(function(){
$("button").click(function(){   //绑定 click 事件
$("div.first").slideUp(300).delay(800).fadeIn(400);
                                //动画方法之间添加 800 毫秒延迟
$("div.second").slideUp(300).fadeIn(400);//连续执行动画效果方法
});
});
</script>
</head>
<body>
<p><button>Run</button></p>
<div class="first"></div>
<div class="second"></div>
</body>
</html>
```

在页面的<head>部分定义了页面载入事件处理程序$(document).ready(function)，在该函数中为<button>元素绑定了 click 事件，在其事件处理程序中，分别在两个<div>元素上调用了动画效果方法，即 slideUp()和 fadeIn()，只不过在第二个<div>元素的 slideUp()和 fadeIn()之间利用 delay()方法添加了 800ms 的延时。这样，在单击页面中的按钮后，页面中的两个<div>元素将分别显示向上收缩和淡入效果，只不过第二个<div>元素将比第一个<div>元素的动画效果延时一段时间完成。

课 后 小 结

本章主要讲解的是 jQuery 中的动画，首先从简单的动画方法 show()和 hide()方法开始，接下来讲解了 fadeIn()和 fadeOut()方法、slideUp()和 slideDown()方法，这些方法都能够实现特定的动画效果。最后介绍了 animate()方法，该方法不仅能实现前面的所有动画效果，还可以实现自定义动画。在利用 jQuery 实现连续动画效果的过程中，特别需要注意动画队列的执行顺序，还可以通过动画方法的回调函数来实现。

习 题

一、简答题

1. 简述动画队列中 queue()方法和 dequeue()方法的基本作用。

2. 在各动画方法中，代表动画效果变化速度的关键字 slow、normal、fast 分别表示多少毫秒？

二、上机练习题

1. 利用 jQuery 编写一个程序，实现单击页面中一个按钮，使得页面中的某个元素交替隐藏和显示的动画效果。

2. 利用 jQuery 编写一个程序，实现单击页面中一个按钮，使得页面中的某个元素平行向右侧移动的动画效果。

第 15 章
jQuery 与 Ajax

学习目标：

Ajax(Asynchronous JavaScript and XML)是异步 JavaScript 和 XML 技术，它有机地将一系列交互式网页应用技术结合起来，它的出现揭开了无刷新更新页面的新时代，替代了传统的 Web 页面刷新模式，开创了 Web 开发应用的新的里程碑。jQuery 对 Ajax 操作进行了封装，可以在 jQuery 应用中方便地进行应用和实现。

内容摘要：

- 了解 Ajax 技术
- 掌握 jQuery 中与 Ajax 技术相关的方法
- 掌握 jQuery 中的 Ajax 事件

15.1 Ajax 简介

Ajax 是 Asynchronous JavaScript And XML 的首字母缩写。它并不是一种新的编程语言，而仅仅是一种新的技术，它可以创建更好、更快且交互性更强的 Web 应用程序。

Ajax 使用 JavaScript 在浏览器与服务器之间进行数据的发送和接收。通过在后台与服务器交换数据，而不是每当用户做出改变时重载整个 Web 页面，从而使网页更迅速地响应用户的操作。

Ajax 的原理简单来说就是通过 XMLHttpRequest 对象向服务器发送异步请求，从服务器获得数据，然后利用 JavaScript 操作 DOM 来更新页面。这其中最关键的一步就是从服务器获得请求数据。要清楚地理解这个过程和原理，必须对 XMLHttpRequest 有所了解。

XMLHttpRequest 是 Ajax 的核心机制，它是在 IE 5 中首先被引入的，是一种支持异步请求的技术。简单地说，也就是 JavaScript 可以及时向服务器提出请求和处理响应，而不阻塞用户，从而达到页面无刷新的效果。

XMLHttpRequest 对象的属性如表 15-1 所示。

表 15-1 XMLHttpRequest 对象的属性

属　性	描　述
onreadystatechange	每次状态改变所触发事件的事件处理程序
responseText	从服务器进程返回数据的字符串形式
responseXML	从服务器进程返回的 DOM 兼容的文档数据对象
status	从服务器返回的数字代码，如常见的 404(未找到)和 200(已就绪)
statusText	伴随状态码的字符串信息
readyState	对象状态值，0(未初始化)对象已建立，但是尚未初始化(尚未调用 open 方法)；1(初始化)对象已建立，尚未调用 send 方法；2(发送数据)send 方法已调用，但是当前的状态及 http 头未知；3(数据传送中)已接收部分数据，因为响应及 http 头不全，这时通过 responseBody 和 responseText 获取部分数据会出现错误；4(完成)数据接收完毕，此时可以通过 responseXML 和 responseText 获取完整的回应数据

XMLHttpRequest 对象的方法如表 15-2 所示。

表 15-2 XMLHttpRequest 对象的方法

方　法	描　述
abort()	停止当前请求
getAllResponseHeader()	把 HTTP 请求的所有响应头部作为键/值对返回
getResponseHeader("Header")	返回指定首部的串值
open("method","url")	建立对服务器的调用
send(content)	向服务器发送请求
setRequestHeader("header","value")	把指定首部设置为所提供的值

在了解了 XMLHttpRequest 对象的方法和属性之后，下面介绍如何利用 XMLHttpRequest 对象来发送简单请求，其基本步骤如下：

(1) 创建 XMLHttpRequest 对象实例。

(2) 利用 onreadystatechange 属性，设定 XMLHttpRequest 对象的回调函数。

(3) 利用 open()方法设定请求属性，包括设定 HTTP 方法(GET 或 POST)、设定目标 URL 等。

(4) 利用 send()方法将请求发送给服务器。

由于各浏览器之间存在差异，所以创建一个 XMLHttpRequest 对象的代码可能有所不同，这个差异主要体现在 IE 和其他浏览器之间。下面是一个比较标准的创建 XMLHttpRequest 对象的代码：

```
function CreateXmlHttp() {
    //非 IE 浏览器创建 XmlHttpRequest 对象
    if (window.XmlHttpRequest) {
        xmlhttp = new XmlHttpRequest();
    }
    //IE 浏览器创建 XmlHttpRequest 对象
    if (window.ActiveXObject) {
        try {
            xmlhttp = new ActiveXObject("Microsoft.XMLHTTP");
        }
        catch (e) {
            try {
                xmlhttp = new ActiveXObject("msxml2.XMLHTTP");
            }
            catch (ex) { }
        }
    }
}

function Ustbwuyi() {
    var data = document.getElementById("username").value;
    CreateXmlHttp();
    if (!xmlhttp) {
        alert("创建 xmlhttp 对象异常！");
        return false;
    }
    xmlhttp.open("POST", url, false);
    xmlhttp.onreadystatechange = function () {
        if (xmlhttp.readyState == 4) {
            document.getElementById("user1").innerHTML = "数据正在加载...";
            if (xmlhttp.status == 200) {
                document.write(xmlhttp.responseText);
            }
        }
    }
    xmlhttp.send();
}
```

如上所示，首先检查 XMLHttpRequest 的整体状态，并且保证它已经完成(readyStatus=4)，即数据已经发送完毕。然后根据服务器的设定询问请求状态，如果一切已经就绪(status=200)，那么就执行下面需要的操作。

代码中出现了 XMLHttpRequest 对象的两个方法，即 open()和 send()，其中 open()方法指定了向服务器提交数据的类型、请求的 URL 地址和传递的参数、传输方式。send()方法用来发送请求。

通过上述 XMLHttpRequest 工作流程的介绍可以看出，XMLHttpRequest 是用来向服务器发出一个请求的，其作用是整个 Ajax 实现的关键，因为 Ajax 无非是两个过程，即发出请求和响应请求，并且它完全是一种客户端的技术。而 XMLHttpRequest 正是处理了服务器端和客户端通信的问题才会如此的重要。

15.2　jQuery 中的 Ajax 方法

在 jQuery 中对 Ajax 操作进行了封装，其中$.ajax()方法属于最底层的方法，第 2 层是 load()、$.get()和$.post()方法，第 3 层是$.getScript()和$.getJSON()方法。

15.2.1　load()方法

load()方法是 jQuery 中最常用的 Ajax 方法，该方法通过 Ajax 请求从服务器加载数据，并把返回的数据放置到指定的元素中。该方法的基本语法格式如下：

```
load(url,data,function(response,status,xhr))
```

其中，参数 url 表示要将请求发送到哪个 URL；参数 data 是可选项，表示连同请求发送到服务器的数据；参数 function(response,status,xhr)也是可选项，表示当请求完成时运行的函数，其中，response 表示来自请求的结果数据，status 表示请求的状态(其值可以为 success、notmodified、error、timeout 或 parsererror)，xhr 表示 XMLHttpRequest 对象。

说明：　在 jQuery 中，还存在一个名为 load 的事件方法。在使用时调用哪个取决于方法的参数。

实例 15.1　利用 load()方法无刷新载入外部文件。

```html
<html>
<head>
<script src="jquery.js" type="text/javascript">
</script>
<script>
$(document).ready(function(){
  $("#btn1").click(function(){//绑定 click 事件
    $('#test').load('/demo_test.txt');//载入服务器端的文本文件
  })
})
```

```
</script>
</head>
<body>
<h3 id="test">请单击下面的按钮，通过 jQuery AJAX 改变这段文本。</h3>
<button id="btn1" type="button">获得外部文件的内容
</button>
</body>
</html>
```

在页面的<head>部分定义了页面载入事件处理程序$(document).ready(function)，在该函数中将单击按钮 click 事件与事件处理程序绑定，在事件处理程序中，调用 load()方法，将读取服务器中的 demo_test.txt 文件中的内容，并将读取的文本内容放置到页面的 id 为 test 的<h3>元素中。

Ajax 程序的运行需要服务器的支持，本书采用 Tomcat 6.0 作为服务器，Tomcat 服务器的安装和配置可参看相关资料。本页面 load.htm 以及 jQuery 的 js 文件和 demo_test.txt 需要被部署在 Tomcat 服务器的\webapps\ROOT 根目录中，访问该页面的 URL 地址为 http://127.0.0.1:8080/load.htm，单击页面中按钮前后的页面对照如图 15-1 所示。

图 15-1　单击按钮前后的页面对比

15.2.2　$.get()方法和$.post()方法

jQuery 中的$.get()和$.post()方法用于通过 HTTP GET 或 POST 请求从服务器请求数据。$.get()方法通过 HTTP GET 请求从服务器上请求数据。该方法的基本语法格式如下：

```
$(selector).get(url,data,success(response,status,xhr),dataType)
```

其中，参数 url 是必选项，表示将请求发送到哪个 URL；参数 data 是可选项，表示连同请求发送到服务器的数据；参数 success(response,status,xhr)也是可选项，表示当请求成功时运行的函数；参数 dataType 为可选项，表示预计的服务器响应的数据类型，包括 xml、html、text、script、json 和 jsonp。

$.get()方法与 load()方法不同，load()方法允许规定要插入的远程文档的某个部分。这一点是通过 url 参数的特殊语法实现的。

实例 15.2　利用$.get()方法无刷新载入外部文件。其代码如下：

```
<html>
<head>
<script src="jquery.js" type="text/javascript"></script>
```

```
<script>
$(document).ready(function(){
  $("button").click(function(){//绑定 click 事件
    $.get("/demo_test.txt",function(data,status){//载入服务器端文本文件
      alert("数据: " + data + "\n状态: " + status);//获取返回结果并显示
    });
  });
});
</script>
</head>
<body>
<button>向页面发送 HTTP GET 请求, 然后获得返回的结果</button>
</body>
</html>
```

在页面的<head>部分定义了页面载入事件处理程序$(document).ready(function), 在该函数中将单击按钮 click 事件与事件处理程序绑定, 在事件处理程序中, 调用$.get()方法, 将读取服务器中的 demo_test.txt 文件中的内容, 并将读取的文本内容和读取操作后的状态利用 alert()方法显示出来。单击按钮后, 弹出读取文件后的返回结果和状态的提示框如图 15-2 所示。

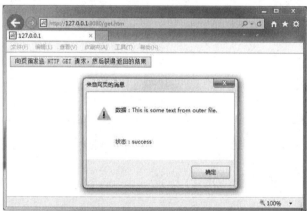

图 15-2　单击按钮后弹出的读取文件内容和状态的提示框

$.post()方法通过 HTTP POST 请求从服务器载入数据。该方法的基本语法格式如下：

```
$(selector).post(url,data,success(data, textStatus, jqXHR),dataType)
```

其参数与$.get()方法的参数含义基本相同。

下面示例代码显示了$.post()方法及其参数的基本用法：

```
$("button").click(function(){
  $.post("demo_test_post.asp",
  {
    name:"Donald Duck",
    city:"Duckburg"
  },
  function(data,status){
    alert("Data: " + data + "\nStatus: " + status);
```

```
    });
});
```

其中，$.post()方法的第一个参数是希望请求的 URL ("demo_test_post.asp")。然后连同请求(name 和 city)一起发送数据。服务器端的"demo_test_post.asp"文件中的 ASP 脚本代码读取这些参数，对它们进行处理，然后返回结果。$.post()方法中的第三个参数是回调函数，第一个回调参数存有被请求页面的内容，而第二个参数存有请求的状态。

15.2.3　$.getScript()方法和$.getJSON()方法

利用$.getScript()方法可以通过 HTTP GET 请求载入并执行 JavaScript 文件。该方法的基本语法格式如下：

```
$(selector).getScript(url,success(response,status))
```

其中，参数 url 表示将要请求的 URL 字符串；success(response,status)是可选项，表示请求成功后执行的回调函数。该回调函数的参数 response 包含来自请求的结果数据，参数 status 包含请求的状态。

$.getScript()方法直接加载 js 文件，与$.get()方法加载 HTML 文件一样简单方便，而且不需要对 JavaScript 文件进行处理，JavaScript 文件将会自动执行。

实例 15.3　利用$.getScript()方法无刷新载入外部 JavaScript 文件。其代码如下：

```html
<html>
<head>
<script src="jquery.js" type="text/javascript"></script>
<script type="text/javascript">
$(document).ready(function(){
  $("button").click(function(){              //绑定 click 事件
    $.getScript("/demo_ajax_script.js");     //载入服务器端 JavaScript 文件
  });
});
</script>
</head>
<body>
<button>使用 Ajax 来获得并运行一个 JavaScript 文件</button>
</body>
</html>
```

在页面的<head>部分定义了页面载入事件处理程序$(document).ready(function)，在该函数中将单击按钮 click 事件与事件处理程序绑定，在事件处理程序中，调用$.getScript()方法，将读取服务器中的 demo_ajax_script.js 文件中的内容，在该 JavaScript 文件中，包含 alert("This JavaScript alert was loaded by AJAX");语句，该语句将会被载入并且自动执行。单击按钮后，自动执行的 JavaScript 语句将弹出提示框，如图 15-3 所示。

图 15-3　单击按钮后读取 JavaScript 代码自动执行弹出的提示框

$.getJSON()方法可以通过 HTTP GET 请求载入 JSON 数据。该方法的基本语法格式如下：

```
$(selector).getJSON(url,data,success(data,status,xhr))
```

其中，参数 url 是必选项，表示将请求发送到哪个 URL；data 是可选项，表示连同请求发送到服务器的数据；success(data,status,xhr)也是可选项，表示当请求成功时运行的函数。

下面示例代码，实现了从 Flickr JSONP API 载入 4 张最新的关于猫的图片的功能，其中 HTML 代码如下：

```
<div id="images"></div>
```

jQuery 代码如下：

```
$.getJSON("http://api.flickr.com/services/feeds/photos_public.gne?
tags=cat&tagmode=any&format=json&jsoncallback=?", function(data){
  $.each(data.items, function(i,item){
    $("<img/>").attr("src", item.media.m).appendTo("#images");
    if ( i == 3 ) return false;
  });
});
```

15.2.4　$.ajax()方法

$.ajax()方法是 jQuery 最底层的 Ajax 实现。前面介绍过的 load()方法、$.get()方法、$.post()方法、$.getScript()方法和$.getJSON()方法，都是基于$.ajax()方法构建的，因此可以用它来代替前面的所有方法。

例如，可以使用下面 jQuery 代码代替$.getScript()方法：

```
$(function(){
    $('#send').click(function() {
        $.ajax({
```

```
        type: "GET",
        url: "test.js",
        dataType: "script"
    });
  });
})
```

$.ajax()方法可以通过 HTTP 请求加载远程数据，并返回其创建的 XMLHttpRequest 对象。该方法的基本语法格式如下：

```
$(selector).jQuery.ajax([settings])
```

其中，参数 settings 是可选项，可用于配置 Ajax 请求的键值对集合。

$.ajax()可以不带任何参数直接使用，所有的选项都可以通过 $.ajaxSetup()函数来全局设置。

实例 15.4　利用$.ajax()方法无刷新载入外部文本文件。其代码如下：

```
<html>
<head>
<script src="jquery.js" type="text/javascript"></script>
<script type="text/javascript">
$(document).ready(function(){
  $("#b01").click(function(){//绑定 click 事件
  htmlobj=$.ajax({url:"/demo_test.txt",async:false});//载入文本文件
  $("#myDiv").html(htmlobj.responseText);//将获取的文本写入 HTML 页面中
  });
});
</script>
</head>
<body>
<div id="myDiv"><h2>通过 AJAX 改变文本</h2></div>
<button id="b01" type="button">改变内容</button>
</body>
</html>
```

在页面的<head>部分定义了页面载入事件处理程序$(document).ready(function)，在该函数中将单击按钮 click 事件与事件处理程序绑定，在事件处理程序中，调用$.ajax()方法，将读取服务器的 demo_test.txt 文件中的内容，并将读取的文本内容放置到页面的 id 为 myDiv 的<div>元素中。单击页面中按钮前后的页面对照如图 15-4 所示。

图 15-4　单击按钮前后的页面对比

15.3　jQuery 中的 Ajax 事件

Ajax 请求会产生若干不同的事件，可以订阅这些事件并在其中处理业务逻辑。在 jQuery 中共有两种 Ajax 事件，即局部事件和全局事件。

jQuery 中完整的 Ajax 事件按照事件的发生顺序如表 15-3 所示。

表 15-3　jQuery 中的 Ajax 事件

事　件	全局/局部	描　述
ajaxStart	全局事件	开始新的 Ajax 请求，并且此时没有其他 Ajax 请求正在进行
beforeSend	局部事件	当一个 Ajax 请求开始时触发。如果需要，可以在这里设置 XHR 对象
ajaxSend	全局事件	请求开始前触发的全局事件
success	局部事件	请求成功时触发。即服务器没有返回错误，返回的数据也没有错误
ajaxSuccess	全局事件	全局的请求成功
error	局部事件	仅当发生错误时触发。无法同时执行 success 和 error 两个回调函数
ajaxError	全局事件	全局的发生错误时触发
complete	局部事件	不管请求成功还是失败，即便同步请求都能在请求完成时触发该事件
ajaxComplete	全局事件	全局的请求完成时触发
ajaxStop	全局事件	当没有 Ajax 正在进行中的时候触发

Ajax 的局部事件是通过$.ajax()方法来调用并且分配的。其基本语法结构如下：

```
$.ajax({
   beforeSend: function(){
    // beforeSend 事件处理程序
   },
   complete: function(){
    // complete 事件处理程序
   }
   // ...
});
```

Ajax 全局事件是每次的 Ajax 请求都会触发的，无论是$.ajax()、$.get()、$.load()还是$.getJSON()等都会默认触发全局事件，它会向 DOM 中的所有元素广播，只是通常不绑定全局事件。全局事件可以使用 bind()方法来绑定，使用 unbind()方法来取消绑定。这个跟 click、mousedown、keyup 等事件类似。

使用全局事件的基本语法结构如下：

```
$(document).ajaxStart(onStart)
          .ajaxComplete(onComplete)
          .ajaxSuccess(onSuccess);

function onStart(event) {
    //开始 Ajax 请求事件的处理程序
```

```
    }
    function onComplete(event, xhr, settings) {
        //全局请求完成事件的处理程序
    }
    function onSuccess(event, xhr, settings) {
        //全局请求成功事件的处理程序
    }
```

某一个 Ajax 请求不希望产生全局的事件，则可以通过设置$.ajax()方法的 global 选项为 false，来将全局事件禁用。示例代码如下：

```
$.ajax({
url: "test.html",
global: false,// 禁用全局 Ajax 事件
// ...
});
```

实例 15.5　利用 Ajax 全局事件显示请求完成的过程信息。其代码如下：

```
<html>
<head>
<title>jQuery Ajax - AjaxEvent</title>
<script src="jquery.js" type="text/javascript"></script>
<script type="text/javascript">
$(document).ready(function()
{
$("#btnAjax").bind("click", function(event)//绑定 click 事件
{
$.get("/demo_test.txt",function(data,status){
    alert("数据: " + data + "\n 状态: " + status);});
})
})
//AJAX 请求完成时执行函数
$("#divResult").ajaxComplete(function(evt, request, settings) { $(this).
append('<div>ajax 执行完成</div><br />'); })
//AJAX 请求发生错误时执行函数
$("#divResult").ajaxError(function(evt, request, settings) { $(this).append
('<div>ajax 执行发生错误</div><br />'); })
//AJAX 请求发送前执行函数
$("#divResult").ajaxSend(function(evt, request, settings) { $(this).
append('<div>ajax 执行发送前</div><br />'); })
//AJAX 请求开始时执行函数
$("#divResult").ajaxStart(function() { $(this).append('<div>ajax 开始执行
</div><br />'); })
//AJAX 请求结束时执行函数
$("#divResult").ajaxStop(function() { $(this).append('<div>ajax 执行结束
</div><br />'); })
//AJAX 请求成功时执行函数
$("#divResult").ajaxSuccess(function(evt, request, settings) { $(this).
append('<div>ajax 执行成功</div><br />'); })
});
</script>
```

```
</head>
<body>
<br /><button id="btnAjax">发送 Ajax 请求</button><br/>
<div id="divResult"></div>
</body>
</html>
```

在页面的<head>部分定义了页面载入事件处理程序$(document).ready(function)，在该函数中将单击按钮 click 事件与事件处理程序绑定，在事件处理程序中，调用$.get()方法，将读取服务器中的 demo_test.txt 文件中的内容，并将读取的文本内容利用 alert()方法显示出来。在浏览器向服务器发送异步请求的过程中，将会按照顺序触发 Ajax 全局事件，在该页面中，将分别执行这些全局事件的事件处理程序，将请求的状态信息显示在页面中的<div>标签中。因此，当单击页面中的按钮后，页面中将显示 ajaxStart 和 ajaxSend 事件处理程序中添加到<div>标签中的文字，页面如图 15-5 所示。

图 15-5　单击页面中按钮后显示的 Ajax 全局事件执行信息

单击弹出的提示框中的"确定"按钮后，页面中将显示 ajaxSuccess、ajaxComplete 和 ajaxStop 事件处理程序中添加到<div>标签中的文字，页面如图 15-6 所示。

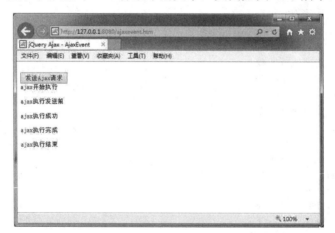

图 15-6　单击提示框中的"确定"按钮后显示的 Ajax 全局事件执行信息

课 后 小 结

　　本章首先对 Ajax 技术进行了简介，让读者充分理解 Ajax 的执行原理和适用场合。接下来介绍了 Ajax 的核心对象 XMLHttpRequest，然后系统地讲解了 jQuery 中的 Ajax 方法。最后介绍了 Ajax 中的局部事件和全局事件两个重要的概念。

习　　题

一、简答题

1. 简述 XMLHttpRequest 对象的常用属性和方法。
2. 简述 jQuery 中的 Ajax 事件。

二、上机练习题

1. 利用 jQuery 中的 Ajax 编写一个页面，实现异步载入服务器端 XML 文件的功能。
2. 利用 jQuery 中的 Ajax 编写一个简单的聊天室程序。

第 16 章
jQuery 常用插件

学习目标：

插件是一种遵循一定规范的应用程序接口。由于 jQuery 的开放性和易扩展性，吸引了大量的开发程序员编写 jQuery 的插件。目前，已经有超过几千种不同的 jQuery 插件，这些插件可以帮助用户快速开发出稳定的系统，节省开发时间和节约项目成本。

内容摘要：

- 掌握 jQuery 中表单插件
- 掌握 jQuery 中验证插件
- 掌握 jQuery 中右键菜单插件
- 掌握 jQuery 中图片弹窗插件

16.1 jQuery 中的表单插件

jQuery Form 插件是一个优秀的 Ajax 表单插件，可以非常容易地、无侵入地升级 HTML 表单以支持 Ajax。jQuery Form 有两个核心方法——ajaxForm() 和 ajaxSubmit()，它们集合了从控制表单元素到决定如何管理提交进程的功能。另外，插件还包括其他的一些方法，如 formToArray()、formSerialize()、fieldSerialize()、fieldValue()、clearForm()、clearFields()和 resetForm()等。

jQuery Form 插件的下载地址为 http://malsup.github.com/jquery.form.js。

通过 Form 插件的两个核心方法 ajaxForm()和 ajaxSubmit()，都可以在不修改表单的 HTML 代码结构的情况下，轻易地将表单的提交方式升级为 Ajax 提交方式。

实例 16.1 利用 jQuery Form 插件提交表单。其代码如下：

```html
<html>
<head>
<script src="jquery.js" type="text/javascript"></script>
<script src="jquery.form.js" type="text/javascript"></script>
   <script type="text/javascript">
       //DOM 加载完毕后执行
      $(document).ready(function() {
          //绑定'myForm'并定义一个简单的回调函数
         $('#myForm').ajaxForm(function() {
            alert("评论提交完成!");
         });
      });
   </script>
 </head>
<body>
<form id="myForm" action="" method="post">
姓名: <input type="text" name="name" id="name"/>
评论: <textarea name="comment" id="comment"></textarea>
<input type="submit" value="提交评论" />
 </form>
</body>
</html>
```

在页面的<head>部分，除了引入 jQuery 的文件 jquery.js 外，还需要引入 jQuery Form 插件的文件 jquery.form.js。然后在页面的<head>部分定义了页面载入事件处理程序 $(document).ready(function)，在该函数中利用选择器根据 id 选中页面中的 id 为 myForm 的表单元素，并调用 ajaxForm()方法实现了表单的 Ajax 方式提交，能让表单在不刷新页面的情况下发送提交请求到目标地址。提交后将弹出如图 16-1 所示的提示框。

ajaxForm()和 ajaxSubmit()方法都能接受 0 个或 1 个参数，当为 1 个参数时，该参数既可以是一个回调函数，也可以是一个 options 对象，上面的例子中 ajaxForm()方法的参数就是回调函数，下面介绍 options 对象，利用这种参数将对表单拥有更多的控制权。

图 16-1　利用 jQuery Form 插件实现表单的提交

例如，下面示例代码定义了一个 options 对象，然后在对象中设置各种参数，代码如下：

```
var options = {
target: '#output',        //把服务器返回的内容放入 id 为 output 的元素中
beforeSubmit: showRequest,  //提交前的回调函数
success: showResponse,       //提交后的回调函数
url: url,                   //默认是 form 的 action，如果声明，则会覆盖
type: type,          //默认是 form 的 method（get or post），如果声明，则会覆盖
dataType: null,      //html（默认），xml，script，json 等接受服务端返回的类型
clearForm: true,     //成功提交后，清除所有表单元素的值
resetForm: true,     //成功提交后，重置所有表单元素的值
timeout: 3000        //限制请求的时间，当请求大于 3s 后，跳出请求
}
```

定义 options 对象后，就可以把该对象传递给 ajaxForm()方法，代码如下：

```
$('myForm').ajaxForm(options);
```

实例 16.2　利用 jQuery Form 插件的 options 对象提交表单。其代码如下：

```
<html>
<head>
<script src="jquery.js" type="text/javascript"></script>
<script src="jquery.form.js" type="text/javascript"></script>
    <script type="text/javascript">
        //DOM 加载完毕后执行
        $(document).ready(function () {
//定义表单提交前与提交后的处理方法及请求的超时时间
var options = {
beforeSubmit:showRequest,
success:showResponse,
timeout:3000
};
$('#myForm').submit(function() {
$(this).ajaxSubmit(options); //表单提交
return false;// 返回 false 阻止浏览器默认的提交
```

```
});
});
//定义提交前的方法
function showRequest(formData, jqForm, options) {
    return true;
}
//定义提交后的方法
function showResponse(responseText, statusText, xhr, $form)  {
    alert("提交完成");
}

</script>
 </head>
<body>
<form id="myForm" action="" method="post">
姓名: <input type="text" name="name" id="name"/>
评论: <textarea name="comment" id="comment"></textarea>
<input type="submit" value="提交评论" />
 </form>
</body>
</html>
```

本页面也是利用 jQuery Form 插件进行表单的提交，首先定义了 options 对象，在该对象中设定了表单提交前与提交后的处理方法以及提交请求的超时时间，然后该对象作为表单提交方法 ajaxSubmit()的参数，因此，当单击页面中的"提交评论"按钮后，页面将提交，提交完成后，将执行对应的提交后处理方法 showResponse()，弹出如图 16-2 所示的信息提示框。

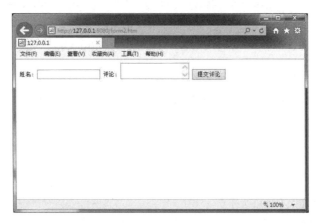

图 16-2　利用 jQuery Form 插件的 options 对象实现表单的提交

16.2　jQuery 中的验证插件

在 Web 应用程序中，有时需要验证用户输入的信息是否符合要求，所以会对用户提交的数据进行验证。验证分两次进行，一次是在浏览器页面，另一次是在服务端。浏览器中的验证可以提升用户的体验。

JavaScript 在页面中一个最主要的应用场合就是表单验证，因此，jQuery 也提供了一个优秀的表单验证插件 Validation。该插件可以简单地实现客户端信息验证，过滤不符合要求的信息。

jQuery Validation 插件的下载地址为 http://malsup.github.com/jquery.form.js。

利用 jQuery Validation 插件进行表单验证非常简单，利用页面中的表单元素调用 jQuery Validation 插件的 validate()方法即可。

实例 16.3　利用 jQuery Validation 插件进行简单表单验证。其代码如下：

```
<html>
<head>
<style type="text/css">
.error{
    color:red;
    margin-left:8px;
}
</style>
<script src="jquery.js" type="text/javascript"></script>
<script type="text/javascript" src="jquery.validate.js"></script>
<script type="text/javascript">
$(document).ready(function()
{
$("#customerForm").validate();//进行表单验证
});
</script>
</head>
<body>
<form id="customerForm" runat="server">
<div>
First Name: <input type="text" id="FirstName" class="required" name=
"FirstName" /> </br>
Last Name: <input type="text" id="LastName" class="required" name=
"LastName" />
<input type="submit" value="Register" />
</div>
</form>
</body>
</html>
```

在页面的<head>部分，除了引入 jQuery 文件 jquery.js 外，还需要引入 jQuery Validation 插件的文件 jquery.validate.js。在页面中声明了 id 为 customerForm 的表单元素，该表单中包含两个<input>文本框元素，而且每一个<input>元素中都加上了 class="required"，其作用就是在这个<input>元素为空时会提示出错信息。然后，在页面的<head>部分定义页面载入事件处理程序$(document).ready(function)，在该函数中利用选择器根据 id 选中页面中的 id 为 customerForm 的表单元素，并调用 validate()方法实现了对表单中各个子元素的格式验证。如果在页面中的文本框中没有输入内容就单击提交按钮，验证框架将在文本框的后面显示如图 16-3 所示的验证提示信息。

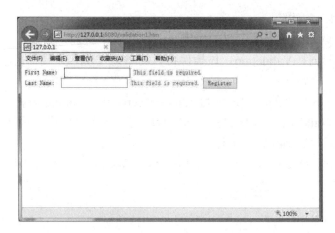

图 16-3　利用 jQuery Validation 插件实现简单的表单验证

除了可以简单地验证表单中的子元素是否为空外，还可以为子元素创建各自的自定义格式验证规则。Validation 插件自定义验证规则的基本代码如下：

```
$(function(){
    var validate = $("#myform").validate({
        rules:{  //定义验证规则
          ......
        },
        messages:{  //定义提示信息
          ......
        }
    })
});
```

实例 16.4　jQuery Validation 插件利用自定义规则进行表单验证。其代码如下：

```
<html>
<head>
<style type="text/css">
.error{
    color:red;
p    margin-left:8px;
}
</style>
<script src="jquery.js" type="text/javascript"></script>
<script type="text/javascript" src="jquery.validate.js"></script>
<script type="text/javascript">
$(document).ready(function()
{
$("#myform").validate(        //进行表单验证
{
rules:                        //定义验证规则
{
user: { required:true,        //验证不能为空
        maxlength:16,         //验证最大长度
        minlength:3, },       //验证最小长度
```

```
pass: { required:true,
        maxlength:16,
        minlength:6, }
},
messages: //定义提示信息
{
user: { required: "Name is required",
        maxlength: "The maxlength is 16",
        minlength: "The minlength is 3" },
pass: { required: "Pass is required",
        maxlength: "The maxlength is 16",
        minlength: "The minlength is 6" }
}
});
});
</script>
</head>
<body>
<form id="myform" action="" method="post">
 <table width="100%" border="0" cellspacing="0" cellpadding="0" class=
"mytable">
   <tr class="table_title">
     <td colspan="2">jquery.validation 表单验证</td>
   </tr>
   <tr>
     <td width="22%" align="right">用户名: </td>
     <td><input type="text" name="user" id="user" class="user" />
     <p>用户名为 3-16 个字符，可以为数字、字母、下划线以及中文</p></td>
   </tr>
   <tr>
     <td align="right">密码: </td>
     <td><input type="password" name="pass" id="pass"/>
     <p>最小长度:6 最大长度:16</p>
     </td>
   </tr>
 </table>
 </form>
</body>
</html>
```

　　在页面中引入 Validation 插件的文件后，在 Validation 插件的 validate()方法中利用 rules 属性和 messages 属性定义用户自定义验证规则和错误提示信息。然后将这些验证规则应用于页面表单中的对应元素上。页面中利用自定义规则验证表单中的元素，如图 16-4 所示。

　　之前介绍过的内容都是利用 jQuery Validation 插件中已有的验证规则，如果在验证过程中有特殊的需要，可以利用 jQuery Validation 插件中的 jQuery.validator.addMethod()方法来定义新的验证规则。

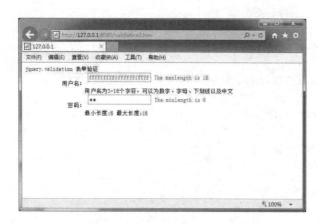

图 16-4　jQuery Validation 插件利用自定义规则进行表单的验证

jQuery.validator.addMethod()方法的基本语法格式如下：

```
jQuery.validator.addMethod(name, method [, message ] )
```

其中，参数 name 是字符串，表示新定义的验证规则的名字，该字符串必须是一个合法的 JavaScript 标识符；参数 method 是回调函数，用来定义验证规则对应的真实的验证方法，在该函数中，当验证规则成立时，将返回 true；参数 message 是可选项，表示验证规则默认的显示信息。

实例 16.5　jQuery Validation 插件中定义新的验证规则。其代码如下：

```html
<html>
<head>
<style type="text/css">
.error{
   color:red;
   margin-left:8px;
}

</style>
<script src="jquery.js" type="text/javascript"></script>
<script type="text/javascript" src="jquery.validate.js"></script>
<script type="text/javascript">
$(document).ready(function()
{
// 字符验证
jQuery.validator.addMethod("stringCheck", function(value, element) {
    return this.optional(element) || /^[u0391-uFFE5w]+$/.test(value);
}, "只能包括中文字、英文字母、数字和下划线");
$('#submitForm').validate({
    /**//* 设置验证规则 */
    rules: {
       username: {
           required:true,
           stringCheck:true
       }
```

```
        },
messages: {
        username: {
            required: "请填写用户名",
            stringCheck: "用户名只能包括中文字、英文字母、数字和下划线"
        }
}
});


});
</script>
</head>
<form class="submitForm" id="submitForm" method="get" action="">
<p>
    <label for="username">用户名</label>
    <em>*</em><input id="userName" name="username" size="25" />
  </p>
  <p>
  <input class="submit" type="submit" value="提交"/>
  </p>
</form>
</body>
</html>
```

在页面中，利用 jQuery.validator.addMethod()方法定义了验证字符的验证规则方法，该方法利用正则表达式定义了字符的验证规则。然后在表单的验证方法 validate()中，利用 rules 属性和 messages 属性设置 jQuery.validator.addMethod() 方法定义的验证规则 stringCheck，并将该验证规则应用于 name 为 username 的元素上。将该规则应用于页面表单验证的效果如图 16-5 所示。

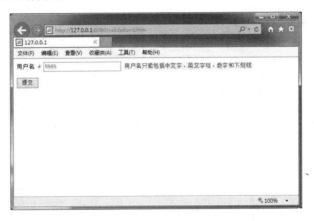

图 16-5　利用 jQuery.validator.addMethod()方法定义表单验证规则

16.3　jQuery 中的右键菜单插件

在 Web 桌面等网页中经常会用到右键菜单，jQuery 的 ContextMenu 插件提供了方便实现右键菜单的功能。

JavaScript+jQuery 程序开发实用教程

利用 ContextMenu 插件可以在页面的特定区域弹出右键菜单，可以通过参数配置和指定 ID 项两种方式添加右键菜单项，而且这两种方式都支持事件回调函数。

jQuery ContextMenu 插件的下载地址为 http://www.trendskitchens.co.nz/jquery/contextmenu/jquery.contextmenu.r2.js。

ContextMenu 插件设置右键菜单时，首先在页面中使用 HTML 标签定义菜单结构。对应每一个菜单，在一个<div>标签中定义一个无序列表<ul>标签，<ul>标签中的每一个<li>标签被作为菜单中的一个菜单项。给<li>标签添加一个唯一的 id，这样便可以为其绑定动作。设置该<div>元素的 class 属性为 contextMenu，并为其添加 id 属性。这个<div>标签可以被放置在页面的任何地方，它将被插件自动隐藏。然后调用 contextMenu()方法将<div>标签定义的右键菜单与页面中的特定区域绑定，contextMenu()方法的具体语法格式如下：

```
$(elements).contextMenu(String menu_id [, Object settings])
```

其中，参数 menu_id 表示在<div>标签中定义的 id 属性值。可以为一个或者多个标签绑定同一个菜单，如$("table td").contextMenu("myMenu")将会给所有的<td>标签添加 id 是 myMenu 的菜单；参数 settings 是可选的，用于改变菜单的样式和为菜单项绑定回调函数。参数 settings 可以为 bindings 属性，包含多个 id:function 对，用于给每一个菜单项关联单击的处理函数。触发当前菜单的标签会作为参数传给这个处理函数。参数 settings 也可以是 menuStyle 或 itemStyle 属性，包含多个 styleName:value 对，用于给包含的<ul>或<li>标签设置 CSS 样式。

实例 16.6 jQuery ContextMenu 插件实现右键菜单。其代码如下：

```
<html>
 <head>
  <title> JQuery右键菜单 </title>
  <script src="jquery.js" type="text/javascript"></script>
  <script src="jquery.contextmenu.r2.js" type="text/javascript"></script>
 </head>
 <body>
 <span class="demo1" style="color:green;">
    右键点此
 </span>
<hr />
<div id="demo2">
    右键点此
</div>
<hr />
<div class="demo3" id="dontShow">
  不显示
</div>
<hr />
<div class="demo3" id="showOne">
  显示第一项
</div>
<hr />
<div class="demo3" id="showAll">
```

```
    显示全部
</div>

<hr />
    <!--右键菜单的源-->
    <div class="contextMenu" id="myMenu1">
     <ul>
       <li id="open"><img src="folder.png" /> 打开</li>
       <li id="email"><img src="email.png" /> 邮件</li>
       <li id="save"><img src="disk.png" /> 保存</li>
       <li id="delete"><img src="cross.png" /> 关闭</li>
     </ul>
    </div>

    <div class="contextMenu" id="myMenu2">
       <ul>
        <li id="item_1">选项一</li>
        <li id="item_2">选项二</li>
        <li id="item_3">选项三</li>
        <li id="item_4">选项四</li>
       </ul>
    </div>

    <div class="contextMenu" id="myMenu3">
       <ul>
        <li id="item_1">csdn</li>
        <li id="item_2">javaeye</li>
        <li id="item_3">itpub</li>
       </ul>
    </div>
</body>
<script>
    //所有class为demo1的span标签都会绑定此右键菜单
    $('span.demo1').contextMenu('myMenu1',
    {
        bindings: //设置每个菜单项单击的处理函数
        {
          'open': function(t) {
           alert('Trigger was '+t.id+'\nAction was Open');
          },
          'email': function(t) {
           alert('Trigger was '+t.id+'\nAction was Email');
          },
          'save': function(t) {
           alert('Trigger was '+t.id+'\nAction was Save');
          },
          'delete': function(t) {
           alert('Trigger was '+t.id+'\nAction was Delete');
          }
        }
```

```
});
//所有 html 元素 id 为 demo2 的绑定此右键菜单
$('#demo2').contextMenu('myMenu2', {
  //菜单样式
  menuStyle: {
    border: '2px solid #000'
  },
  //菜单项样式
  itemStyle: {
    fontFamily : 'verdana',
    backgroundColor : 'green',
    color: 'white',
    border: 'none',
    padding: '1px'

  },
  //菜单项鼠标放在上面样式
  itemHoverStyle: {
    color: 'blue',
    backgroundColor: 'red',
    border: 'none'
  },
  //设置每个菜单项单击的处理函数
  bindings:
    {
      'item_1': function(t) {
       alert('Trigger was '+t.id+'\nAction was item_1');
      },
      'item_2': function(t) {
       alert('Trigger was '+t.id+'\nAction was item_2');
      },
      'item_3': function(t) {
       alert('Trigger was '+t.id+'\nAction was item_3');
      },
      'item_4': function(t) {
       alert('Trigger was '+t.id+'\nAction was item_4');
      }
    }
});
//所有 div 标签 class 为 demo3 的绑定此右键菜单
$('div.demo3').contextMenu('myMenu3', {
//重写 onContextMenu 和 onShowMenu 事件
  onContextMenu: function(e) {
    if ($(e.target).attr('id') == 'dontShow') return false;
    else return true;
  },

  onShowMenu: function(e, menu) {
    if ($(e.target).attr('id') == 'showOne') {
      $('#item_2, #item_3', menu).remove();
    }
```

```
        return menu;
    }

  });
</script>
</html>
```

在页面的<head>部分，除了引入 jQuery 文件 jquery.js 外，还需要引入 jQuery ContextMenu 插件的文件 jquery.contextmenu.r2.js。然后在页面中利用<div>标签定义右键单击的区域，接下来利用 class 属性为 contextMenu 的<div>标签定义右键菜单项，这些菜单项将会自动隐藏，不会在页面中显示。最后对于每个右键单击区域的<div>元素，调用 contextMenu()方法设置 bindings、menuStyle 和 itemStyle 等属性，设置右键弹出菜单的事件处理函数和菜单项外观。页面的右键弹出菜单如图 16-6 所示。

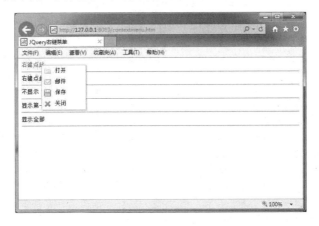

图 16-6　利用 jQuery. ContextMenu 插件实现的右键弹出菜单

16.4　jQuery 中的图片弹窗插件

Lightbox 是一款非常优秀的弹窗插件，能够为图片提供弹出缩放特效，是最流行的 jQuery 插件之一，而且原始的 Lightbox 脚本已经被无数次地克隆到几乎所有的流行 jQuery 插件库中。

Lightbox 插件的下载地址为 https://github.com/krewenki/jquery-lightbox。

在页面中使用 Lightbox 插件，首先需要在页面中添加以下两句引用 JS 文件的语句：

```html
<script type="text/javascript" src="jquery.js"></script>
<script type="text/javascript" src="lightbox.js"></script>
```

用以引入 jQuery 和 Lightbox 插件。

然后还需要引入 Lightbox 插件中的 CSS 文件，具体代码如下：

```html
<link rel="stylesheet" href="css/lightbox.css" type="text/css" media=
"screen" />
```

并且要确保 CSS 中引用的 gif 图片文件都被保存在正确的位置。

配置完成后，就可以在页面中使用 Lightbox 插件了。在页面的超链接<a>标签中添加 class="lightbox"属性，就可以使该链接调用 Lightbox 插件的功能了，示例代码如下：

```
<a href="images/image-1.jpg" class="lightbox" title="my caption">image
#1</a>
```

如果有一系列的相关图片可以被定义为组，需要在组中的每一个<a>标签中额外添加 rel 属性，示例代码如下：

```
<a href="images/image-1.jpg" class="lightbox" rel="roadtrip">image #1</a>
<a href="images/image-2.jpg" class="lightbox" rel="roadtrip">image #2</a>
<a href="images/image-3.jpg" class="lightbox" rel="roadtrip">image #3</a>
```

实例 16.7 jQuery Lightbox 插件实现一幅图片的弹窗效果。其代码如下：

```
<html>
<head>
<link rel="stylesheet" href="css/lightbox.css" type="text/css" media=
"screen" />
<script src="jquery.js" type="text/javascript"></script>
<script src="jquery.lightbox.js" type="text/javascript"></script>
    <script>
        $(document).ready(function(){
            base_url = document.location.href.substring(0,
document.location.href.indexOf('lightbox1.htm'), 0);//设置基准路径
            //调用 Lightbox 插件的 lightbox()方法实现弹窗效果
            $(".lightbox").lightbox({
                fitToScreen: true,
                imageClickClose: false
            });
        });
    </script>
    <style type="text/css">
        body{ color: #333; font: 13px 'Lucida Grande', Verdana, sans-
serif; }
    </style>
</head>
<body>
<h2>一个图片</h2>
<a href="images/image-0.jpg" class="lightbox" title="Cape Breton Island">
<img src="images/thumb-0.jpg" width="100" height="40" alt="" /></a>
</body>
</html>
```

在页面的<head>部分，除了引入 jQuery 文件 jquery.js 外，还需要引入 jQuery Lightbox 插件的文件 jquery.lightbox.js。然后利用 JavaScript 代码设置图片文件的基准路径，最后利用选择器选择 class 为 lightbox 的元素，并调用 lightbox()方法实现单击图片后的弹窗效果。包含图片的原始页面如图 16-7 所示。

图 16-7　图片原始效果

单击页面中的图片，图片将显示如图 16-8 所示的弹窗效果。

图 16-8　一幅图片弹窗效果

说明：　弹窗图片将根据浏览器的大小自动调整。

实例 16.8　jQuery Lightbox 插件实现一组图片的弹窗效果。其代码如下：

```html
<html>
<head>
<link rel="stylesheet" href="css/lightbox.css" type="text/css" media=
"screen" />
<script src="jquery.js" type="text/javascript"></script>
<script src="jquery.lightbox.js" type="text/javascript"></script>
    <script>
        $(document).ready(function(){
            base_url = document.location.href.substring(0,
document.location.href.indexOf('lightbox2.htm'), 0);
            //调用 Lightbox 插件的 lightbox()方法实现弹窗效果
            $(".lightbox-2").lightbox({
                fitToScreen: true
            });
        });
```

```
    </script>
    <style type="text/css">
        body{ color: #333; font: 13px 'Lucida Grande', Verdana, sans-
serif;  }
    </style>
</head>
<body>
<h2>一组图片</h2>
<a href="images/image-1.jpg" class="lightbox-2" rel="flowers" title="jQuery
Lightbox Sample Image"><img src="images/thumb-1.jpg" width="100" height=
"40" alt="" /></a>
<a href="images/image-2.jpg" class="lightbox-2" rel="flowers" title="Photo
by Steven Pinker"><img src="images/thumb-2.jpg" width="100" height="40"
alt=""
/></a>
<a href="images/image-3.jpg" class="lightbox-2" rel="flowers" title="Photo
by Uwe Hermann"><img src="images/thumb-3.jpg" width="100" height="40"
alt=""
/></a>
</body>
</html>
```

一组图片与一幅图片的最大差别在于\<a\>标签中增加了 rel 属性,这一组图片的\<a\>标签中的 rel 属性值都一样,这样可以在弹窗图片的左、右两边实现滚动选择按钮,实现图片的滚动。一组图片的弹窗效果如图 16-9 所示,从图中可以看到,当鼠标放在图片的左、右两侧时,将显示出滚动选择按钮。

图 16-9　一组图片弹窗效果

课 后 小 结

jQuery 插件是丰富 jQuery 功能最有力的工具。本章主要介绍了几个常用且功能强大的 jQuery 插件,涵盖了表单的提交和验证、右键弹出菜单、图片弹窗效果等。这些插件在实际开发过程中可以极大提高开发效率并且降低开发难度。

习　　题

上机练习题

1. 利用 jQuery 中 Validation 插件编写一个页面，实现验证邮箱格式的功能。
2. 利用 jQuery 中 ContextMenu 插件编写一个自定义邮件弹出菜单。